薬学生のための基礎シリーズ
6
編集委員長 入村達郎

基礎生命科学

辻 勉・入村達郎 共編

培風館

本書の無断複写は，著作権法上での例外を除き，禁じられています．
本書を複写される場合は，その都度当社の許諾を得てください．

「薬学生のための基礎シリーズ」に寄せて

　平成 18 年度から，全国の薬系大学・薬学部に 6 年制の新薬学教育課程が導入され，「薬学教育モデル・コアカリキュラム」に基づいた教育プログラムがスタートしました．新しい薬学教育プログラムを履修した卒業生や薬剤師は，論理的な思考力や幅広い視野に基づいた応用力，的確なプレゼンテーション能力などを習得し，多様化し高度化した医療の世界や関連する分野で，それらの能力を十二分に発揮することが期待されています．実際，長期実務実習のための共用試験や新薬剤師国家試験では，カリキュラム内容の十分な習得と柔軟な総合的応用力が試されるといわれています．

　一方で，高等学校の教育内容が，学習指導要領の改訂や大学入学試験の多様化などの影響を受けた結果，近年の大学新入生の学力が従前と比べて低下し，同時に大きな個人差が生まれたと指摘されています．実際，最近の薬系大学・薬学部でも授業内容を十分に習得できないまま行き詰まる例が少なくありません．さまざまな領域の学問では，1 つ 1 つ基礎からの理解を積み重ねていくことが何より大切であり，薬学も例外ではありません．

　本教科書シリーズは，薬系大学・薬学部の 1，2 年生を対象として，高等学校の学習内容の復習・確認とともに，薬学基礎科目のしっかりとした習得と専門科目への準備・橋渡しを支援するために編集されたものです．記述は，できるだけ平易で理解しやすいものとし，理解を助けるために多くの図を用い，適宜に例題や演習問題が配置され，勉学意欲を高められるよう工夫されています．本シリーズが活用され，基礎学力をしっかりと身につけ，期待される能力を備えて社会で活躍する薬学卒業生や薬剤師が育っていくことを願ってやみません．

　最後に，シリーズ発刊にあたってたいへんお世話になった，培風館および関係者の方々に感謝いたします．

　2010 年 10 月

編集委員会

まえがき

　薬学の新教育制度が平成18年度からスタートし，現在，薬科大学・薬学部では「薬学教育モデルコアカリキュラム」に準拠した教育が行われています．このモデルコアカリキュラムに沿って執筆された教科書は，現在までにいくつか出版されておりますが，一方で，薬学部の新入生に必要な基礎学力を培う教科の重要性も随所で指摘されています．そこで，高等学校の学習内容の復習・確認とともに，薬学基礎科目の習得と専門科目への準備・橋渡しを支援することを目的として「薬学生のための基礎シリーズ」が企画され，すでに「ヒューマニズム薬学入門」，「微分積分」，「基礎物理」，「基礎統計」，「基礎有機化学」の5領域について刊行されました．「基礎生命科学」は，このシリーズの6巻目として，おもに薬系大学・薬学部の1，2年生を対象とし，生物学の基礎を学ぶための教科書を意識して編集しました．

　薬学部教育では，生物学が大きな柱の1つであることは言うまでもないことですが，高等学校で「生物」を未履修の学生も多く，本書は，このような学生たちにも理解が容易で，しかも生物学への興味をもってもらえるような内容の教科書となるよう構成したつもりです．高等学校の「生物」で履修する内容のうち，薬学の専門科目の基礎となる部分については，特に重点的に解説を加え，さらに，高等学校「生物」では，あまり触れられていないが，薬学の専門教科と深く関連する「組織と器官」，「がん」，「免疫」などの領域についても概説し，専門科目に繋げられるよう配慮しました．また，近年，急速に発展している生命技術の倫理的な側面についても，薬学を学ぶ早期に考える機会を設けたいと考えました．

　本書は，薬学の6年制および4年制課程の学生に必要な基礎学力の醸成を期待して編集しましたが，理学部，農学部，工学部などの理系学生，あるいは文系の学生にとっても有用な教材になることと信じております．

　最後になりましたが，本書の刊行にあたって多大なご尽力をいただきました培風館営業部 斉藤淳，山本新，編集部 江連千賀子の諸氏に改めて深く感謝申し上げます．

　2014年1月

編者　辻 勉・入村達郎

目　次

1. 生命の基本単位 — 1
1.1 生物とは … 1
1.2 生命を構成する分子 … 4
まとめ … 14
演習問題 … 14

2. 細　胞 — 15
2.1 細胞の種類 … 15
2.2 細胞の構造 … 16
2.3 細胞小器官 … 17
2.4 細胞分裂 … 22
2.5 細胞周期 … 23
2.6 細胞骨格 … 24
2.7 タンパク質の細胞内輸送 … 25
まとめ … 26
演習問題 … 27

3. 代謝と栄養 — 29
3.1 酵　素 … 29
3.2 物質代謝 … 31
3.3 エネルギー代謝 … 34
3.4 メタボリックシンドローム … 36
3.5 薬物代謝 … 37
3.6 光合成 … 38
まとめ … 40
演習問題 … 40

4. 生殖・発生 — 43
4.1 生　殖 … 43
4.2 発生と分化 … 48
まとめ … 54

演習問題 ……………………………………………… 54

5. 遺伝 — 55

5.1 遺伝の法則 ……………………………………… 55
5.2 遺伝子と染色体 …………………………………… 59
5.3 ヒトの遺伝 ………………………………………… 63
まとめ ………………………………………………… 67
演習問題 ……………………………………………… 67

6. 遺伝情報とその発現 — 69

6.1 遺伝子とゲノム …………………………………… 69
6.2 遺伝子とDNA …………………………………… 70
6.3 DNA複製 ………………………………………… 73
6.4 遺伝子発現 ………………………………………… 75
6.5 翻訳 ………………………………………………… 77
6.6 遺伝子操作技術 …………………………………… 81
まとめ ………………………………………………… 84
演習問題 ……………………………………………… 85

7. 多細胞生物の特徴 — 87

7.1 組織の構築と働き ………………………………… 87
7.2 細胞間コミュニケーション ……………………… 94
まとめ ………………………………………………… 98
演習問題 ……………………………………………… 99

8. 組織と器官 — 101

8.1 消化器 ……………………………………………… 101
8.2 呼吸器 ……………………………………………… 105
8.3 循環器 ……………………………………………… 106
8.4 泌尿器 ……………………………………………… 108
8.5 感覚器 ……………………………………………… 110
8.6 筋 …………………………………………………… 113
8.7 内分泌系 …………………………………………… 114
まとめ ………………………………………………… 117
演習問題 ……………………………………………… 117

9. 脳と神経 — 119

9.1 神経系 ……………………………………………… 119

9.2　神経細胞とグリア細胞 …………………… 124
　9.3　神経の興奮と伝導・伝達 ………………… 125
　9.4　神経に関する疾患 ………………………… 128
　まとめ …………………………………………… 131
　演習問題 ………………………………………… 132

10. 感染と免疫 — 133

　10.1　感 染 と は ……………………………… 133
　10.2　免疫のしくみ …………………………… 134
　10.3　臓器移植の拒絶反応 …………………… 142
　10.4　免疫と疾病 ……………………………… 142
　10.5　免疫の医療への応用 …………………… 144
　まとめ …………………………………………… 145
　演習問題 ………………………………………… 146

11. が　ん — 147

　11.1　は じ め に ……………………………… 147
　11.2　がん細胞の特性とその背景 …………… 150
　11.3　がんの進行 ……………………………… 153
　11.4　がんに対する免疫応答 ………………… 156
　11.5　がんの予防，診断，治療 ……………… 156
　まとめ …………………………………………… 158
　演習問題 ………………………………………… 158

12. 生命と環境 — 161

　12.1　種の多様性 ……………………………… 161
　12.2　食 物 連 鎖 ……………………………… 165
　12.3　突 然 変 異 ……………………………… 168
　12.4　地 球 環 境 ……………………………… 170
　まとめ …………………………………………… 172
　演習問題 ………………………………………… 172

13. 生命技術と倫理 — 173

　13.1　生 命 技 術 ……………………………… 173
　13.2　生命技術と倫理 ………………………… 180
　まとめ …………………………………………… 181
　演習問題 ………………………………………… 182

演習問題解答 ——————————————— 183

索　引 ————————————————— 186

1
生命の基本単位

　この章では，生物のもつ共通の性質について，特に物質としての生物の成り立ちについて述べる．生物の大きさ，寿命，動く速度などが一定の範囲に限られているのは，すべての生物が共通の分子から成り立っており，細胞という共通のシステムにより営まれているからである．人の健康を守ることを目的とする薬学では，ヒトとヒトに近い生物のしくみを学ぶことが必要であり，ここではヒトを含む多細胞生物に共通のしくみとその分子レベルでの背景について学習する．

1.1　生 物 と は

1.1.1　生命の属性と生物の多様性と統一性

　地球上には，陸上と水中を含め，多様な生物が存在し，それらは共通の分子と共通のしくみから成り立っている．共通である重要な点は，

(1) 細胞から成り立っていること
(2) 自己複製すること
(3) 自己複製のしくみとして遺伝というしくみをもつこと
(4) 代謝とよばれる生化学的な反応を進行させること
(5) 外界の変化に適応するしくみをもつこと

の5つである．

　一方，多様性については，例えば細胞の大きさは極めて多様であり，また個々の生物をつくっている細胞の数も，細菌のような単細胞生物から，ヒトのように60兆個の細胞から成り立つ生物もある．重要な共通点は，5つの重要な属性を支えている分子がほとんど同一であることである．これらについて，以下にもう少し詳しく述べる．約38億年前に地球上に生物が出現して以来，共通の分子としくみに基づいて，複雑化，多様化して数百万年前に人類が誕生している (図1.1)．このような生物の進化については12章で解説する．

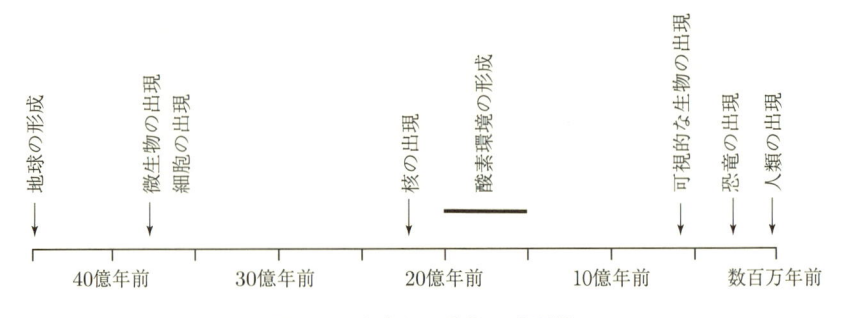

図 1.1　地球上の進化の時間軸

1.1.2　細胞とは

2章で詳しく述べるように，生物の最小単位は細胞である．生物には，1つの細胞で生きていて上記の属性をもつ単細胞生物と，多数の細胞が個体を形成する多細胞生物とがある．細胞とは，細胞膜 (脂質二重層) によって囲まれた構造体であり，生命における共通のしくみを運営している．あらゆる細胞は，生化学的な組成は類似しているが，外観は種類によって著しく異なる．単細胞生物である細菌などの原核生物の細胞 (原核細胞) と，多細胞生物および酵母などの一部の単細胞生物を含む真核生物の細胞 (真核細胞) に大きく分けられる．後者の特徴は，生物の自己複製と遺伝というしくみを担う分子である遺伝子，すなわち DNA(デオキシリボ核酸) を核という部分に局在してもっていることである．これらの真核細胞は，核以外の部分である細胞質に様々な細胞小器官をもつ．細胞小器官のうち，細胞内での有酸素呼吸を担うミトコンドリアや植物細胞で光合成を担う葉緑体は，細胞内に共生した原核生物に由来し，独自の DNA をもつ．小胞体やゴルジ体 (ゴルジ装置) などの細胞小器官は，タンパク質の生合成やタンパク質への糖の付加にかかわる．また，細胞質には，細胞の運動や細胞分裂などにかかわる細胞骨格系も存在する．細菌，動物細胞，植物細胞を比較した模式図を図 1.2 に示す．

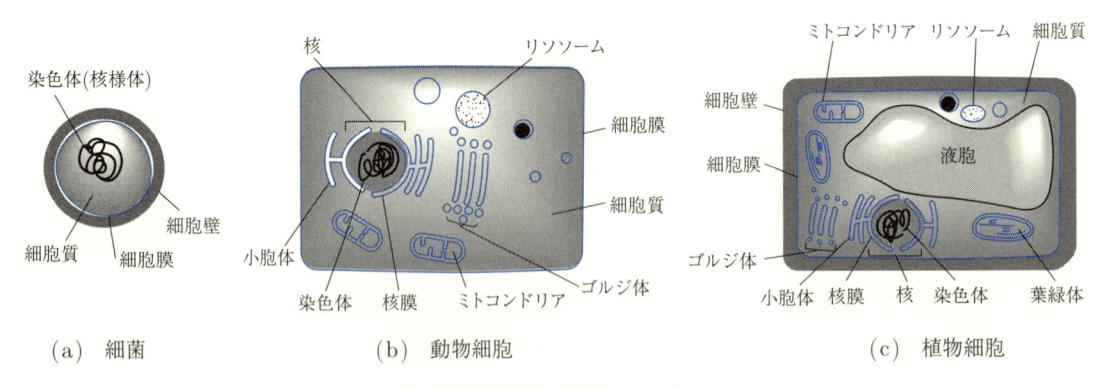

図 1.2　典型的な細胞の模式図
(a) 細菌　(b) 動物細胞　(c) 植物細胞

1.1 生物とは

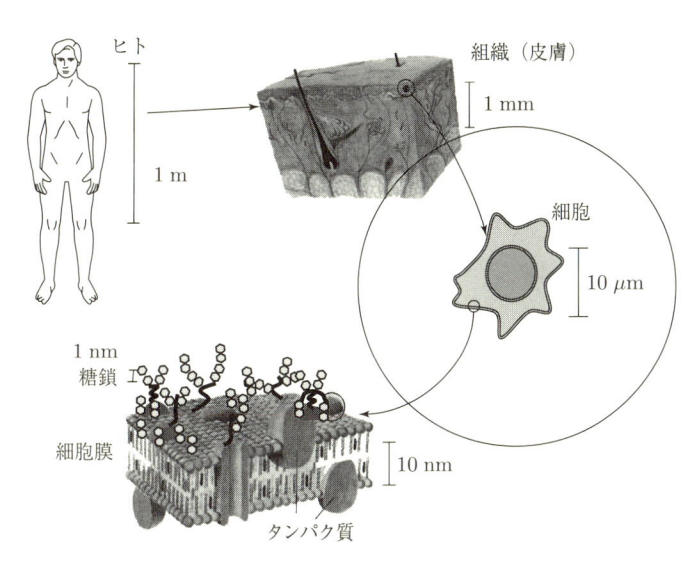

図 1.3 生命体と細胞と生体分子の大きさ

多細胞の生物である哺乳類などの脊椎動物の典型的な細胞の直径は約 10〜20 μm であり，それらがつくる組織，個体，細胞の一部を分子レベルにまで拡大したときの大きさの関係を図 1.3 に示す．

1.1.3 生命の基本的属性と細胞

生命を分子の言葉で理解し，生命現象の謎を解こうとする分子生物学は，単細胞生物と多細胞生物のもつ基本的な属性が同一であることを前提に体系立てられてきた．しかし，上述のように，薬学において基本となる生物学はヒトの生物学であり，多細胞生物，脊椎動物，哺乳類であるヒトと単細胞生物とでは，個々の細胞の機能や，細胞と個体との関係，異なる細胞どうしの相互関係が大きく異なる．

単細胞生物は，細胞の分裂によって自己複製し増殖する．多細胞生物における自己複製と遺伝は，個々の細胞としてではなく，限られた数の細胞からの発生，分化，形態形成という過程を経て起こる．この過程で，遺伝子の情報は細胞ごとに厳密に制御されて発現される．多細胞生物では，細胞内の代謝は臓器の特性を反映し，また個体として統合的に制御されている．外界に対する応答に関しても，多くの多細胞生物では，そのために発達して特殊化し複雑化した脳神経系や免疫系などの細胞が存在する．以下に述べる生体分子に関しても，ヒトなどの多細胞生物においては，特定の機能をもつ細胞において特殊化した分子が重要な役割を担っていることが多い．

本書では，おもにヒトなどの高等動物の生物学における法則を学ぶことを目指すとともに，生化学や分子生物学を通して，生命を司る分子と化学において扱う分子との接点を知ることに重点をおいて解説する．

1.2 生命を構成する分子

1.2.1 生体高分子

生物の最小単位である細胞の構造と機能を担う分子は生体高分子，すなわち核酸，タンパク質，糖鎖，脂質である．これらの分子には，それぞれ特有の単量体があり，多量体形成のための特有の化学結合を有し，それらの結合が形成されるしくみをもつ．表 1.1 に，これらの生体高分子がおもに細胞内外のどこに存在するか，それらのおもな機能は何かを，多細胞生物の細胞の場合を例にまとめる．生体分子が細胞内でつくられる過程を生合成という．また，原則的にすべての細胞は，これらの生体高分子を細胞内で分解することができる．

表 1.1 細胞を構成するおもな生体高分子

名称 (構成単位/多量体形成 にかかわる化学結合)	細胞内外での局在	細胞における役割
核酸 (ヌクレオチド/ホスホジエステル結合)	核，一部の細胞小器官	遺伝情報の保持，複製，発現
タンパク質 (アミノ酸/ペプチド結合)	核，細胞質，細胞小器官，細胞外マトリックスなど	細胞内代謝，細胞内外の情報の授受，細胞運動，細胞内外の物質の移動など
糖鎖 (単糖/エーテル結合)	細胞表面，細胞外マトリックス	タンパク質機能の修飾，細胞内外の情報の授受，細胞接着
脂質 (脂質/疎水結合)	細胞膜，核膜，細胞小器官膜	細胞自身および細胞内の区画，シグナル伝達分子の素材

1.2.2 遺伝子，DNA，RNA，ゲノム

生物のもつ遺伝的な情報を担う DNA(デオキシリボ核酸) は，遺伝子の実体であり生物の設計図である．遺伝子を複製することによって生物は自己複製する．また，DNA の配列が RNA(リボ核酸) に転写され，それがアミノ酸の配列に翻訳されることによって機能をもつ高分子であるタンパク質がつくられる (6 章参照)．DNA や RNA はヌクレオチドとよばれる単位 (核酸塩基，糖，リン酸からなる) が繰り返す鎖状の構造をもつ．核酸塩基は，プリンまたはピリミジンとよばれる基本構造をもち，それぞれアデニン (A) またはグアニン (G)，シトシン (C) またはチミン (T) (RNA ではウラシル (U)) の 4 種類である (図 1.4)．

糖については，DNA では 2-デオキシリボース，RNA ではリボースという炭素原子 5 個からなる五炭糖を含み，3 番目の炭素と 5 番目の炭素を連結するホスホジエステル結合で多量体化している．また，DNA は，反対方向を向いた二本鎖によって二重らせんを形成し，らせんの内部では，アデニン (A) とチミン (T)，グアニン (G) とシトシン (C) が相補的に非共有結合によって結合

ヌクレオチド: 塩基，糖，リン酸からなる分子の総称．アデノシン三リン酸 (ATP)(図 3.6) やサイクリック AMP (cAMP)(7.2.3 項) などもその仲間である．

1.2 生命を構成する分子

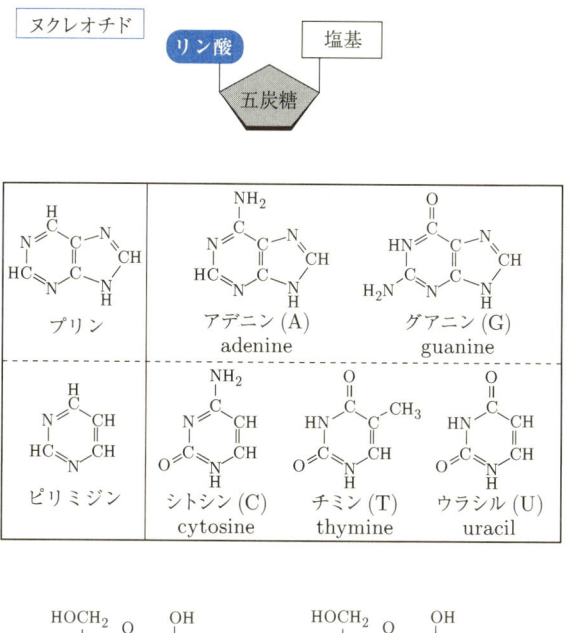

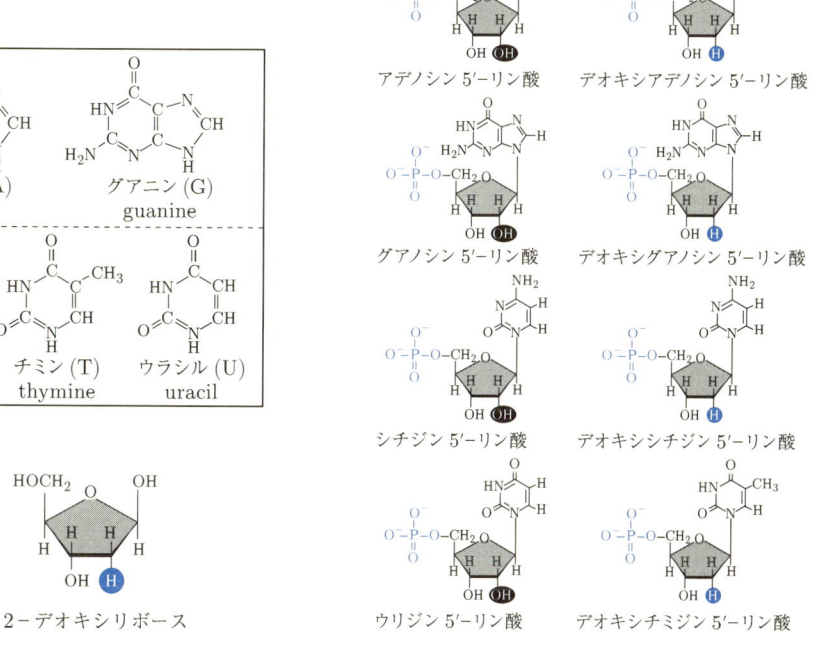

図1.4 核酸の構成単位としてのヌクレオチド

している(図1.5).その相補性によって,あらゆる生物の自己複製の正確さが担保されている.遺伝子情報が発現する際には,DNAから相補的な配列をもつmRNAが転写され(6.4節参照),コドンとよばれるヌクレオチド3個分が1つのアミノ酸に対応して,DNAの配列情報に基づいてタンパク質が合成される(6.5節参照).

真核生物においては,DNAは,DNA結合タンパク質であるヒストンと複合体を形成し,ヌクレオソームとなる.これが,さらに超らせん構造を形成しているものが通常クロマチンとよばれる(図2.6参照).細胞分裂に際して,複製が終わったDNAは,クロマチンがさらに折り畳まれた形で二倍体の染色体を形成し,これが分裂して生じる2つの細胞に分配される(2.4節参照).

ゲノムとは,ある生物のDNA全体のことで,翻訳されてタンパク質(あるいはRNAそれ自身)として機能をもつ遺伝子と,その複製や発現を制御する部分や機能不明な部分とからなる.ゲノム内における遺伝子のあり方は,生物種によって異なる.翻訳される領域や翻訳されたタンパク質の構造は,ゲノム構造(DNA配列)から予測できる.多細胞生物のゲノムにはタンパク質に翻訳されない部分が多く,これらも重要な役割をもつと考えられている.2003年にヒトゲノムの全配列が決定され,2万ないし3万の遺伝子が存在すること

コドン: 4種類の塩基3個の配列が1つのアミノ酸に対応する遺伝暗号となる.$4^3 = 64$通りの配列は,20種のアミノ酸のいずれか,またはタンパク質合成の終止を指示する(6.5.1項).この3塩基の暗号をコドンという.

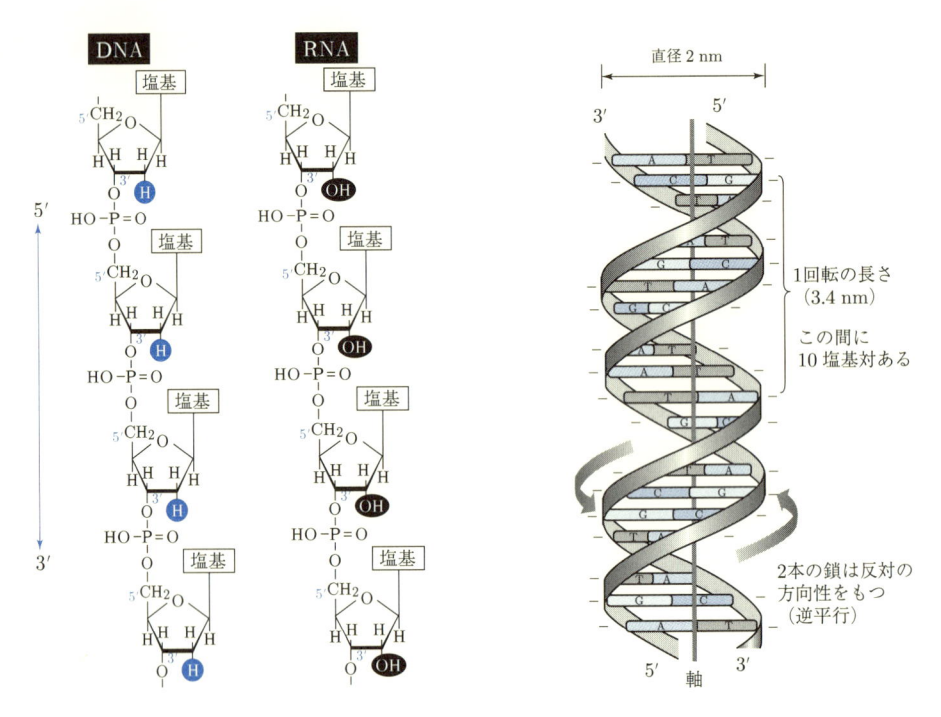

図 1.5 核酸の構造

が明らかになった (6.1 節参照). これらのいずれが発現するかは細胞の種類によって異なり, また RNA として再構成したり, 翻訳後修飾によって多様な遺伝子産物が生じたりする (1.2.3 項参照).

1.2.3 アミノ酸とタンパク質

タンパク質は, アミノ酸のポリマーであり, ポリペプチドともいう. アミノ酸は, 図 1.6(a) に示すような一般構造をもち, カルボキシ基とアミノ基を含むため両イオン性である. タンパク質を構成するアミノ酸は 20 種で, それぞれ側鎖 (図中の R) が異なる. 側鎖は, 疎水性 (非極性) 基, 極性 (塩基性, 酸性, 中性) 基, 芳香族などに分類される. これらの構造を, 3 文字表記, 1 文字表記, 分子量とともに表 1.2 に示す. アミノ酸の分子量は, 最小のグリシンで 75, 最大のトリプトファンで 204 である.

(a) アミノ酸の一般構造

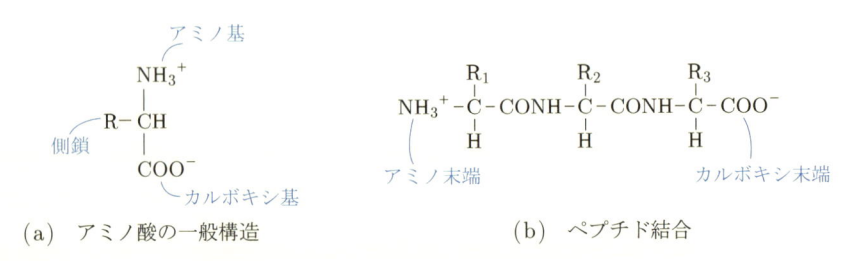

(b) ペプチド結合

図 1.6 アミノ酸の一般構造とペプチド結合

1.2 生命を構成する分子

アミノ酸が多量体を形成するための結合はペプチド結合 (アミド結合) である．図 1.6(b) に，アミノ酸がペプチド結合で結合したときの構造式を示す．タンパク質のアミノ酸の配列のことを一次構造という．特定のアミノ酸配列はモチーフとよばれ，生物学的な意味をもつことがある．二次構造とは，ペプチド結合の配置に基づきポリペプチド鎖の一部がつくる立体配座 (コンホメーション) のことである．いくつかの規則的な構造が知られ，それらは α ヘリックス，β シート，β ターンなどとよばれる．三次構造とは，タンパク質の立体構造であり，フォールディング (折り畳み) ともいう．タンパク質が安定に存在し機能するために，正しいフォールディングが必須である．2 つのシステインが架橋を形成するジスルフィド結合 (S-S 結合) や，強固に結合した金属イオンによって安定化されていることが多い．タンパク質の四次構造とは，複数のポリペプチド鎖が集合した複合体のことで，サブユニット構造ともいう．これらをまとめて図 1.7 に示す．

アミノ酸配列モチーフ: タンパク質が機能するうえで，比較的短いアミノ酸の配列が重要な役割を果たすことがある．これをモチーフという．

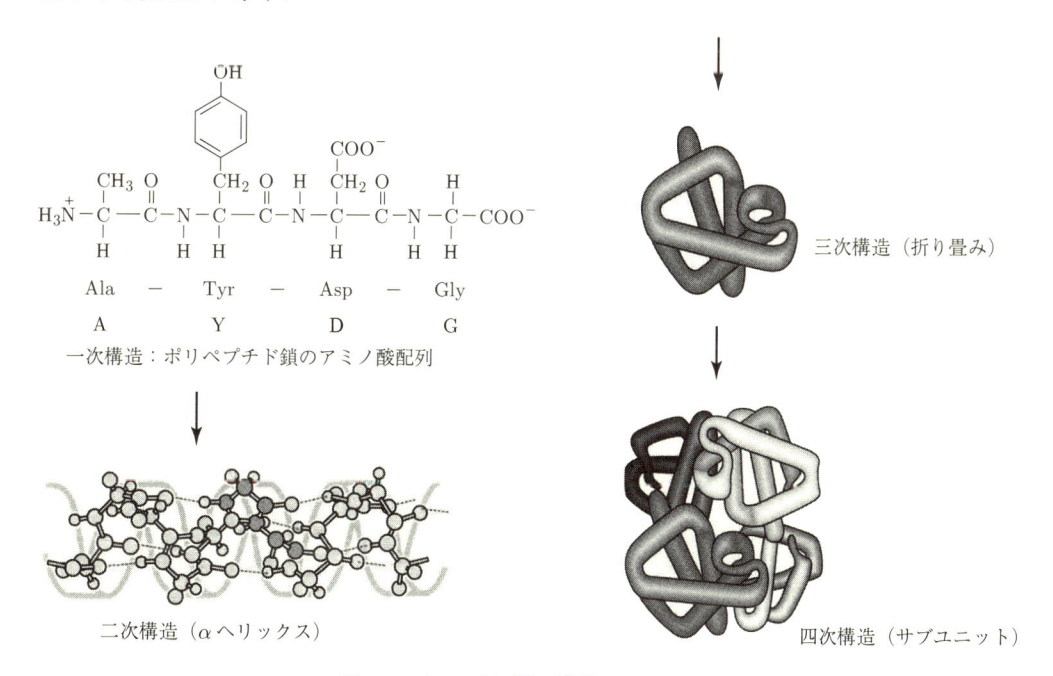

図 1.7 タンパク質の構造

タンパク質中のアミノ酸が生合成の過程で修飾を受けたり，ペプチド結合が切断されたりすることもある．これらを翻訳後修飾という．よく知られた翻訳後修飾には，チロシン残基へのリン酸基または硫酸基の付加，アスパラギン残基への糖鎖の付加，システイン残基への脂肪酸の付加，セリン残基およびトレオニン残基へのリン酸基または糖鎖の付加などがある (1.2.4 項参照)．タンパク質によっては，特有の翻訳後修飾を受けるものもある．例えば，DNA に結合してヌクレオソームを形成するヒストンは，リシン残基にアセチル基が付加

表 1.2 タンパク質を構成するアミノ酸

名　称 3文字表記 1文字表記	構造式	分子量
非極性側鎖アミノ酸		
グリシン Gly G	$H-\underset{\underset{NH_3^+}{\mid}}{\overset{\overset{COO^-}{\mid}}{C}}-H$	75.1
アラニン Ala A	$H-\underset{\underset{NH_3^+}{\mid}}{\overset{\overset{COO^-}{\mid}}{C}}-CH_3$	89.1
バリン Val V	$H-\underset{\underset{NH_3^+}{\mid}}{\overset{\overset{COO^-}{\mid}}{C}}-\underset{CH_3}{\overset{CH_3}{CH}}$	117.1
ロイシン Leu L	$H-\underset{\underset{NH_3^+}{\mid}}{\overset{\overset{COO^-}{\mid}}{C}}-CH_2-\underset{CH_3}{\overset{CH_3}{CH}}$	131.2
イソロイシン Ile I	$H-\underset{\underset{NH_3^+}{\mid}}{\overset{\overset{COO^-}{\mid}}{C}}-\underset{H}{\overset{CH_3}{C}}-CH_2-CH_3$	131.2
メチオニン Met M	$H-\underset{\underset{NH_3^+}{\mid}}{\overset{\overset{COO^-}{\mid}}{C}}-CH_2-CH_2-S-CH_3$	149.2
プロリン Pro P	(環状構造：プロリン側鎖)	115.1
フェニルアラニン Phe F	$H-\underset{\underset{NH_3^+}{\mid}}{\overset{\overset{COO^-}{\mid}}{C}}-CH_2-\bigcirc$	165.2
トリプトファン Trp W	$H-\underset{\underset{NH_3^+}{\mid}}{\overset{\overset{COO^-}{\mid}}{C}}-CH_2-\text{(インドール環)}$	204.2

1.2 生命を構成する分子

極性電荷側鎖アミノ酸

名称	構造	分子量
リシン Lys K	H−C(NH₃⁺)(COO⁻)−CH₂−CH₂−CH₂−CH₂−NH₃⁺	146.2
アルギニン Arg R	H−C(NH₃⁺)(COO⁻)−CH₂−CH₂−CH₂−NH−C(NH₂)=NH₂⁺	174.2
ヒスチジン His H	H−C(NH₃⁺)(COO⁻)−CH₂−(イミダゾール環)	155.1
アスパラギン酸 Asp D	H−C(NH₃⁺)(COO⁻)−CH₂−COO⁻	133.1
グルタミン酸 Glu E	H−C(NH₃⁺)(COO⁻)−CH₂−CH₂−COO⁻	147.1

極性無電荷側鎖アミノ酸

名称	構造	分子量
セリン Ser S	H−C(NH₃⁺)(COO⁻)−CH₂−OH	105.1
トレオニン Thr T	H−C(NH₃⁺)(COO⁻)−C(H)(OH)−CH₃	119.1
アスパラギン Asn N	H−C(NH₃⁺)(COO⁻)−CH₂−C(=O)−NH₂	132.1
グルタミン Gln Q	H−C(NH₃⁺)(COO⁻)−CH₂−CH₂−C(=O)−NH₂	146.1
チロシン Tyr Y	H−C(NH₃⁺)(COO⁻)−CH₂−C₆H₄−OH	181.2
システイン Cys C	H−C(NH₃⁺)(COO⁻)−CH₂−SH	121.1

することによって DNA 結合能が制御される．また，結合組織に豊富に存在するコラーゲンでは，リシン残基がヒドロキシ化され，さらにガラクトースやグルコースが付加する．

タンパク質のアミノ酸配列が，遺伝子に基づいて精緻に決定されることは上述の通りである．そのメカニズムについては 6 章で詳しく述べる．1 つの細胞に含まれるタンパク質として検出できるものは数千種類あると言われている．しかし，検出される量は多いものと少ないものとがある．また，脂質膜に強く会合したものと可溶性のものとがある．上述のサブユニット構造の他に，弱い非共有結合で複数のポリペプチドが複合体を形成している場合も多い．

タンパク質の混合物や，他の分子との混合物からタンパク質を分離精製する方法が考案され，微量化されることによって，生化学や分子生物学に大きな発展がもたらされた．精製には，ゲル浸透クロマトグラフィー，細孔膜，イオン交換クロマトグラフィー，アフィニティークロマトグラフィー，SDS 存在下におけるポリアクリルアミドゲル電気泳動，キャピラリー電気泳動，等電点電気泳動などが組み合わせて用いられる．タンパク質の一次構造，すなわちアミノ酸の配列は，ポリペプチドをタンパク分解酵素によって断片化し，得られた断片を精製し解析することによって決められる．エドマン分解法，MALDI-TOF MS などがアミノ酸配列の決定に用いられる．タンパク質の一部であってもアミノ酸配列が決定されると，全ゲノム配列がすでに明らかになっている生物においては，対応する遺伝子が推定できる．タンパク質の二次構造および三次構造の解析には，核磁気共鳴法や X 線結晶解析法などが用いられる．

タンパク質の大きさは多様である．小さいものの例としては，約 50 個のアミノ酸からなる分子量約 5,800 のインスリン (ポリペプチドホルモン)，大きいものの例としては，21 個のサブユニットがジスルフィド結合で連結した分子量約 900,000 の免疫グロブリン M (抗体の一種) がある (10.2.6 項参照)．ラミニンという糖タンパク質のサブユニットは，1 つのポリペプチドで分子量が約 400,000 であり，さらに糖鎖が付加している．初期の分子生物学では触媒活性をもつタンパク質，すなわち酵素 (3.1 節参照) が注目されたが，酵素以外にもタンパク質は非常に多様な機能をもち，1 つのタンパク質が複数の機能をもつ例も多い．また，医薬品の多くはタンパク質に結合し，その機能を変えることによって作用する．最近では，それ自身が医薬品となっているタンパク質も多い．

1.2.4 糖と糖鎖

糖は $(CH_2O)_n$ の組成をもつ炭水化物とその誘導体で，その構成単位は単糖である．地球上に最も豊富に存在する有機化合物 (炭素を含む化合物) は糖であり，植物ではグルコースの多量体であるセルロース，昆虫などの節足動物では

SDS (ドデシル硫酸ナトリウム)：界面活性剤の一種．タンパク質に結合し三次構造をほどき棒状にするため，タンパク質は，おおよそ分子量に比例した長さになる．非共有結合で会合している複数のタンパク質を解離させるためにも用いられる．

エドマン分解法：タンパク質のアミノ末端から順番に分解し，蛍光色素で標識してアミノ酸配列を決定する方法．

MALDI-TOF MS：マトリックス支援レーザー脱離イオン化飛行時間計測型質量分析器のこと．タンパク質，ペプチド，それらの分解物の質量を正確に測定することにより，アミノ酸配列が推定できる．

核磁気共鳴法 (NMR)：タンパク質を構成する原子の磁気的な性質の違いに基づいてアミノ酸の位置関係を決定し，三次構造 (立体構造) を決定する方法．

X 線結晶解析法：タンパク質を結晶化し，その X 線回折像を得ることにより，電子密度の分布を計算して三次構造を決定する方法．

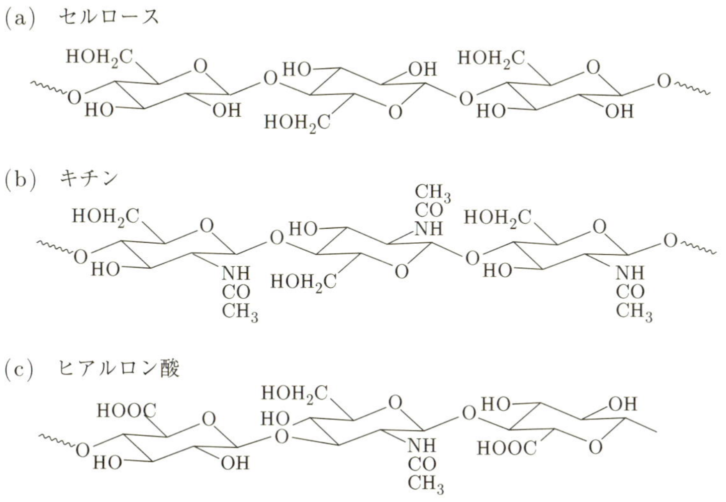

1.2 生命を構成する分子

(a) セルロース

(b) キチン

(c) ヒアルロン酸

図 1.8 地球上に豊富に存在する多糖

N-アセチルグルコサミンの多量体であるキチンの外骨格に覆われている．脊椎動物では皮膚の表面はケラチンというタンパク質に覆われているが，その内側の結合組織に N-アセチルグルコサミンとグルクロン酸の繰り返し多量体であるヒアルロン酸が多量に含まれている (図 1.8)．このように，生物は糖の多量体である多糖で覆われている．一方，グルコースの多量体であるデンプンやグリコーゲンは，エネルギー代謝に用いられるグルコースの貯蔵体である．脊椎動物の産生するタンパク質の少なくとも半数以上は，翻訳後修飾により糖が付加された糖タンパク質である．また，脂質にも糖が共有結合したものがある．これらの糖や多糖を含む複合的な分子の糖部分を糖鎖という．

　高等動物の糖鎖は10種類の単糖から構成されている (図 1.9)．糖と糖の結合はエーテル結合であり，グリコシド結合ともいう．アミノ酸の結合したペプチドと違って，結合位置が多様であり枝分かれも生じるので，化学的には非常に多様な構造をとる．糖鎖の生合成ではグリコシド結合が形成される．これは糖転移酵素とよばれる酵素の触媒により，細胞内のゴルジ体において行われる．ポリペプチドの生合成が DNA という鋳型の情報に基づくのに対して，糖鎖の生合成には鋳型は存在しない．しかし，糖転移酵素の特異性によって厳密に制御されるため，ABO 式血液型抗原 (糖鎖の構造的な違いに基づく) のように遺伝情報に対応した構造がつくられる (5.3.2 項参照)．

　多細胞生物では，多くの細胞はその置かれた場によって分化した機能を発揮している．このような場を形成しているのが細胞外マトリックスである (7.1 節参照)．細胞外マトリックスには多量に糖鎖が付加しているタンパク質が存在する．最も特徴的な分子がプロテオグリカンであり，その糖鎖部分はグリコサミノグリカンとよばれる硫酸基やカルボキシ基を含む二糖の繰り返し構造をもつ多糖である (図 1.10)．粘膜上皮など，多細胞生物が外界と接している場に

糖タンパク質: タンパク質中のアスパラギン (Asn), セリン (Ser), トレオニン (Thr) は糖の付加を受けることがある．Asn に付加した糖はアミド結合をしていて，N 結合型糖鎖とよばれ，Ser や Thr のヒドロキシ基にエーテル結合で付加した糖は O 結合型糖鎖とよばれる．糖が結合したタンパク質を糖タンパク質とよぶ．

糖転移酵素: 真核生物のゴルジ体に局在し，ポリペプチドへの糖の付加や糖鎖の伸長にかかわる酵素群である．

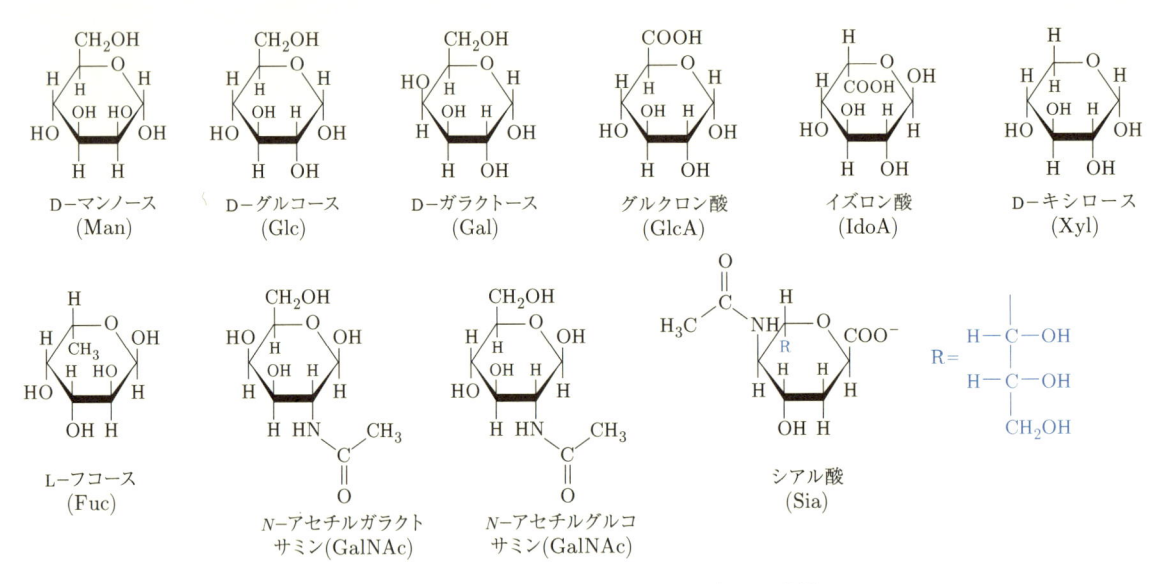

図1.9 動物細胞の産生する糖鎖を構成する単糖

図1.10 プロテオグリカンの糖鎖であるグリコサミノグリカンの構成ユニット

おいては，多種類，また大量の微生物が共生している．このような上皮の表面には**ムチン**とよばれる糖鎖に富む糖タンパク質が存在し，表面の保護と潤滑，外来微生物との相互作用の場の提供などの役割を果たしている．

1.2.5 生体膜と脂質

細胞は生体膜に囲まれていることによって成り立っている．生体膜は脂質の二重層であり (2.3.1 項参照)，厚さは 7〜10 nm である．脂質とは，脂肪酸 (16 または 18 の炭素数のものが多い) とアルコールがエステル結合した化合物の総称である．コレステロール などのステロイド類も脂質に含まれる．脂質は，

1.2 生命を構成する分子

グリセロールを骨格とするグリセロ脂質 および スフィンゴシンを骨格とするスフィンゴ脂質 (図 1.11) に分類される．生体膜を構成する脂質のうち，特に含量が高いのが，両親媒性であるグリセロリン脂質とコレステロールである．リン脂質は，リン酸を含む複合脂質に分類される．代表的なグリセロリン脂質は，ホスファチジルセリン，ホスファチジルコリン，ホスファチジルエタノールアミン，ホスファチジルイノシトールである (図 1.12)．リン脂質は水溶液中で会合し膜を形成する．その際に，分子中の脂肪酸が疎水部分を形成し，この部分を介して他の分子と相互作用をもつ．つまり，他の生体高分子と異なり，脂質の多量体形成は共有結合ではなく疎水結合による．

生体膜ではリン脂質が非対称に分布している．脂質二重層の外側にはホスファチジルコリンとスフィンゴ脂質であるスフィンゴミエリンが豊富に存在し，内側ではホスファチジルセリンとホスファチジルエタノールアミンの割合が高い．細胞は，エネルギーを使って，この非対称性を保っており，細胞死によって非対称性は失われる．

両親媒性: 1 つの分子中に水に溶けやすい性質 (親水性) と油に溶けやすく水に溶けにくい性質 (疎水性) をもつこと．リン脂質や糖脂質は両親媒性であり，水または塩類の水溶液の中では，二重層やミセルを形成する．

複合脂質: 脂肪組織に蓄積している中性脂肪 (トリアシルグリセロールなど) は単純脂質であるが，リン酸や糖が付加した脂質は複合脂質とよばれる．

図 1.11　スフィンゴ脂質
(R_1 は脂肪酸，R_2 は糖やリン酸)

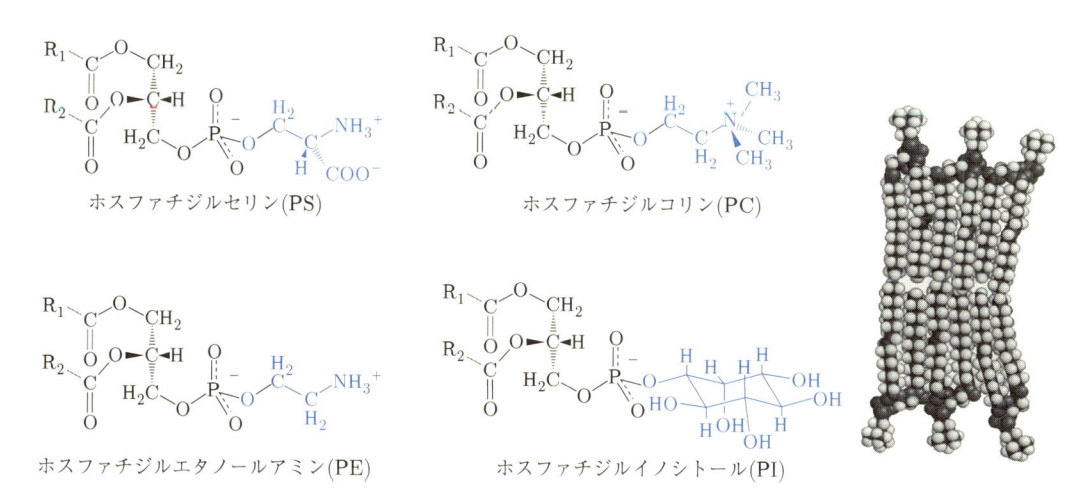

図 1.12　生体膜に豊富な 4 種のグリセロリン脂質とその水溶液中での集合状態
(R_1 と R_2 は脂肪酸)

プロスタグランジン，ロイコトリエン：アラキドン酸などの高度不飽和脂肪酸から生合成される強い生理活性を有する一群の化合物．血管系や平滑筋への作用や炎症惹起物質としての作用をもつ．それら自身またはそれらの生合成や作用を阻害する物質が医薬品となっている．

脂肪酸には不飽和結合を含むものがあり，不飽和脂肪酸とよばれる．炭素数20の不飽和脂肪酸であるアラキドン酸からは，重要な生理活性物質であるプロスタグランジンやロイコトリエンがつくられる．また，リン脂質から脂肪酸が1つ切り取られたリゾ型のリン脂質もシグナル分子として病態や生理学的な細胞応答にかかわっている．

■まとめ
- すべての生物は，共通の原理に基づいて，共通の生体高分子からつくられている．
- すべての生物は細胞によって構成され，遺伝というしくみを通して自己複製し，代謝を行い，外界(環境)に応答するしくみをもつ．
- 細胞は生命の最小単位であり，生命科学における未解決の謎を解く鍵である．
- 生体分子は多様な多量体で，DNA，タンパク質，複合糖質，脂質が重要な機能分子として知られている．

■演習問題

1.1 生体分子に関する記述の空欄に適切な語句を下の選択肢から選べ．
(1) DNAは[①]とよばれるユニットが繰り返す鎖状の構造をもち，核酸塩基，[②]，リン酸から構成される．核酸塩基は[③]種類あり，DNAの[④]構造において，アデニンと[⑤]，グアニンと[⑥]がそれぞれ塩基対を形成する．
(2) タンパク質は，[⑦]種類の[⑧]から構成される．多数の[⑧]が，DNAの遺伝情報に従って，[⑨]結合とよばれる共有結合によって結び付けられる．
(3) 高等動物の糖鎖は，約10種類の[⑩]から構成され，これらは[⑪]結合により結び付けられている．[⑪]結合は，[⑫]とよばれる酵素の触媒により形成される．
(4) 生体膜に含まれる主要な脂質成分は，[⑬]とコレステロールである．[⑬]は，グリセロール骨格に2分子の[⑭]がエステル結合し，さらに[⑮]を含む親水性部分を有し両親媒性を示す．
【選択肢】アミノ酸，脂肪酸，単糖，ヌクレオチド，シトシン，グリコシド，チミン，ペプチド，グリセロリン脂質，4，20，2-デオキシリボース，リン酸，二重らせん，糖転移酵素

1.2 ヒト細胞に含まれるDNAの太さと長さについて，図1.5を参考にして考察しなさい．ただし，ヒトゲノムの大きさは約60億塩基対とする．

1.3 タンパク質の分離精製法は，タンパク質の大きさ(分子量)と電荷の違いに基づくものが多い．タンパク質の種類によって，これらの性質の違いがなぜ生じるのか，タンパク質がアミノ酸の多量体であることを念頭に説明しなさい．

1.4 N-アセチルグルコサミンとN-アセチルガラクトサミンの構造的な違いについて説明しなさい．また，これらの単糖は，どのようなグリコサミノグリカン(プロテオグリカンの糖鎖部分)に含まれているか述べなさい．

2 細 胞

すべての生物は，細胞を基本単位として成り立っている．さらに，1つの生物個体のすべての細胞には，同じ「遺伝情報」としてのDNA(デオキシリボ核酸)が存在する．そして，生物は内外の「環境情報」に対応して，DNA中に点在する「遺伝子」という設計図から適切にタンパク質をつくることによって，生命の営みを円滑に維持している．生命の営みを理解するためには，生命の基本単位である細胞の構造と機能を理解する必要がある．この章では，生命の営みが，細胞のどのような働きによって支えられているのかについて学習する．

2.1 細胞の種類

細胞は原核細胞と真核細胞に大別される．原核細胞からなる生物は，大腸菌やコレラ菌などの細菌である．真核細胞からなる生物は，酵母やキノコなどの菌類，ゾウリムシやミジンコなどの原生生物，動物，植物である．現在の地球に生息する生物は，これら5つの界に分類される(図2.1)．これを五界説という．細菌は原核単細胞生物である．酵母やゾウリムシは真核単細胞生物であり，ヒトは真核多細胞生物である．

原核生物は，真正細菌と古細菌に分けられる．ほとんどの細菌や光合成菌が真正細菌に分類される．古細菌は，酸素のない沼地などで生育できるメタン生

五界説: アメリカの生物学者ロバート・ホイタッカー(ウィタッカーともよばれる)によって提唱された．

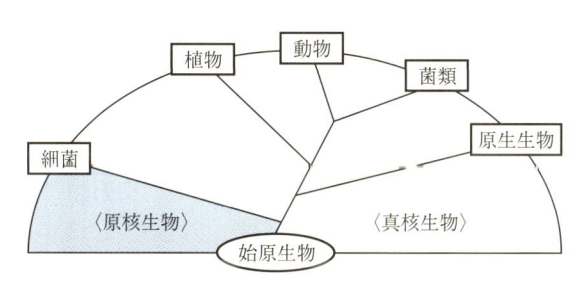

図 2.1 五界説

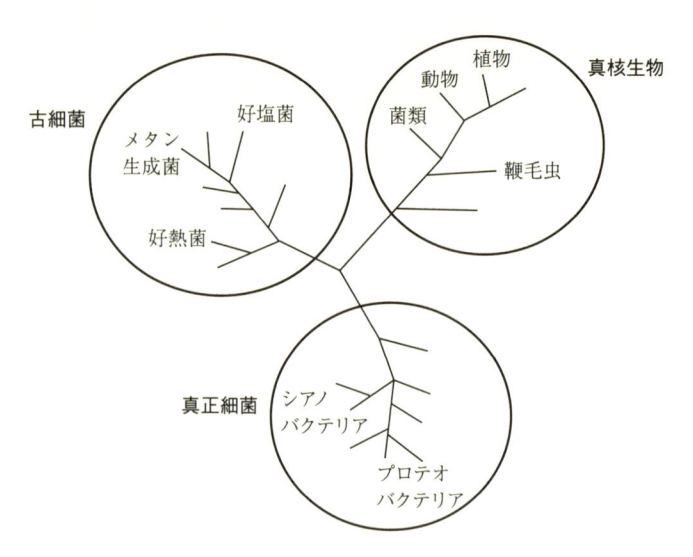

図 2.2 超生物界

成菌，高塩濃度の環境に生育する好塩菌，温泉，火山や海底の熱水噴出口周囲などの高温強酸性条件下などで生育できる好熱菌などがある．このように，極限環境に生息する生物として認知されている．最近の研究から，古細菌は進化上，真核生物や原核生物とは異なる第3の系統であり，この3つで超生物界 (ドメイン) を形成していると考えられている (図 2.2, 12.1.4 項参照)．

ヒトのように有性生殖を行う多細胞生物の真核細胞は，生殖を担う生殖細胞 (精子や卵子) と，体を構成する体細胞に分けられる．体細胞は，父親と母親から受け継ぐ2セットのゲノムをもつ二倍体細胞である．これに対して，生殖細胞は，減数分裂によって生じた1セットのゲノムをもつ一倍体細胞である (4章参照)．

ゲノム: 生物のもつ遺伝子全体を表す用語 (6.1.1 項参照)．

2.2 細胞の構造

細胞: 生命体 (生体，個体) を構成する基本的最小単位．

1つの生命体 (個体) は，細胞 (個) と個体 (全) という二重の生命構造をとっている．細胞の大きさは多種多様であるが，単細胞生物である細菌の多くは1 μm 程度である．高等動植物の細胞の大きさは，一般的には10〜30 μm 程度であるが，直径7 μm の赤血球から直径200 μm の卵子まで様々な大きさの細胞がある．また，神経細胞のように長さが数十 cm 以上に及ぶ突起をもつ細胞もある．

組織と器官: 細胞の集合体が組織であり，さらに高度な機能を発揮するために集合したものが器官である．

原核細胞は核構造を欠き，環状の DNA がそのまま細胞質に存在する．一方，真核細胞では核膜で囲まれた核構造を有し，DNA は線状で複数個の染色体に分かれて存在し，クロマチンとよばれる形態をとっている．原核細胞の細胞内構造は単純で，動物細胞などの真核細胞では細胞内に複雑な構造体としての細胞小器官 (オルガネラ) が存在する (図 2.3)．

```
                    ┌─ 細胞膜              ┌─ ミトコンドリア
                    │                      ├─ 小胞体
                    │                      ├─ ゴルジ体
        細胞 ───────┼─ 細胞質 ── 細胞小器官─┼─ リソソーム
                    │                      ├─ ペルオキシソーム
                    │                      └─ 細胞骨格
                    │         ┌─ 核膜
                    └─ 核 ────┼─ クロマチン
                              └─ 核小体
```

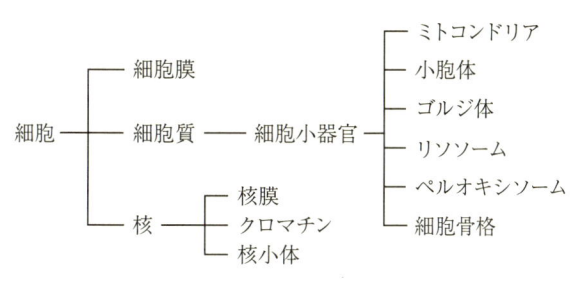

図 2.3 細胞と細胞小器官

　私たちヒトの成人の細胞数は約 60 兆個にも達し，その種類は 200 以上もあることがわかっている．基本的な細胞型としては，上皮細胞，結合組織細胞，筋肉細胞，神経組織細胞の 4 つに分類される (7.1 節参照)．

　上皮細胞は，体の内外の表面を覆う細胞で，互いに強く密着してバリアを形成している．上皮細胞は，体の外部に接する面と内部に接する面をもち，非対称な構造 (極性) をつくり，物質の吸収や分泌といった機能としての方向性を有する．代表的な例としては，小腸内腔の絨毛細胞，胃壁の外分泌腺細胞，内分泌腺細胞などがある．

　結合組織細胞は，他の細胞を支えるための細胞外マトリックスを形成するタンパク質を分泌する．また，他の細胞に分化できる前駆細胞としての線維芽細胞も含まれる．

　筋肉細胞は，収縮性をもつ特徴があり，骨格筋細胞，心筋細胞，平滑筋細胞，筋上皮細胞がある．骨格筋細胞と心筋細胞は，筋芽細胞が融合し，1 つの細胞内に多くの核をもつ長く伸びた多核細胞である．一方，平滑筋細胞は単核で，血管や消化管をつくる．

　神経組織細胞は，記憶や学習など神経機能を担う神経細胞 (ニューロン) とこれを支えるグリア細胞がある．

2.3　細胞小器官

　様々な細胞機能は，細胞を構成する細胞小器官 (オルガネラ) の働きによって支えられている．図 2.4 に基本的な動物細胞の構造を示すが，細胞内には核と細胞質があり，細胞質は可溶性部分である細胞質ゾル (サイトゾル) と各種の細胞小器官からなる．細胞小器官としては，核に加えて，小胞体，ゴルジ体，ミトコンドリア，リソソーム，ペルオキシソームなどがある．これら細胞小器官も膜で囲まれている．細胞膜，核膜，細胞小器官膜を総称して生体膜とよんでいる．

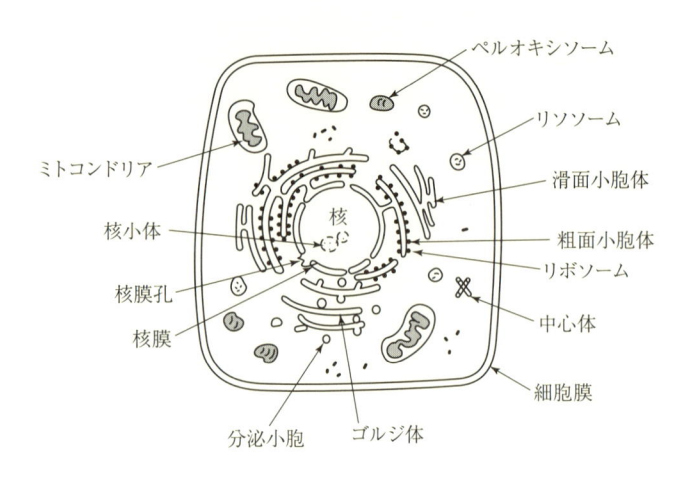

図 2.4 動物細胞の模式図

2.3.1 細 胞 膜

細胞膜: 物質や情報の窓口になるだけでなく，排泄物，分泌物の出口にもなる．

細胞は細胞膜という厚さ 7～10 nm の膜に囲まれている．細胞膜の役割は，細胞の内部と外部と隔てることによって，細胞の自律性を維持することである．また，細胞膜には，細胞を維持するために，必要な物質を選択的に取り込んだり，排泄したりする重要な物質輸送の役割もある．細胞膜は，おもにリン脂質の二重層からなり，疎水性基を互いに内側に向け，親水性基を外側に向けて形成される (図 1.12，図 2.5)．その中にタンパク質が浮かぶようにして，膜を貫通する内在性タンパク質や表在性タンパク質が存在する．これらのタンパク質が細胞機能の維持・制御に必要な Na^+，K^+，Ca^{2+} などのイオン濃度の調節，グルコースやアミノ酸のような栄養源の取り込みやホルモンなどの細胞外からのシグナルを細胞内に変換して伝える役割などを担っている．

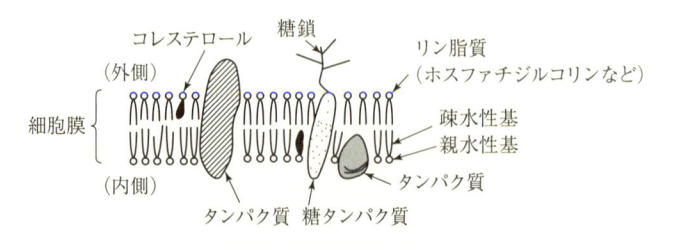

図 2.5 細胞膜の構造

トランスポート: 細胞内外の物質の細胞膜を介する物質輸送．

ATP: adenosine triphosphate，アデノシン三リン酸 (図 3.6 参照).

細胞膜を介する物質輸送 (トランスポート) には受動輸送と能動輸送がある．能動輸送は，細胞内外の物質の濃度勾配に逆らって行われる物質輸送をいう．すなわち，物質の濃度が低い方から高い方へ輸送される．このような輸送は自発的には起こらないため，エネルギーを必要とする．例えば，細胞内外の Na^+ と K^+ 濃度調節を行う Na^+/K^+-ATPase は，ATP をエネルギーとしている．受動輸送は物質の濃度勾配に従って進む．この場合，輸送体 (トランス

2.3 細胞小器官

ポーター) を必要としない単純拡散，輸送体を必要とする促進拡散とがある．促進拡散では，輸送される物質に特異的な結合タンパク質が輸送体として働く．例として，グルコースの輸送タンパク質であるグルコーストランスポーター (GLUT) が知られている．

原核細胞は，細胞膜の外側に細胞壁をもっている．大腸菌などでは，細胞膜の外側にリン脂質二重層からなる外膜をもっている．この外膜は細菌にとって外界に対するバリア機能を果たしている．細胞膜と外膜の間にはペプチドグリカンの層がある．また，ブドウ球菌のように外膜が存在せず，ペプチドグリカンからなる層が厚く発達している細菌もいる．植物細胞では，動物細胞には存在しないセルロースからなる細胞壁が形成されている．

ペプチドグリカン: 細胞膜の外側を取り囲む多糖とペプチドからなる構造体．

2.3.2 核

真核細胞の中で最も目立つ構造体が核である．通常，核は細胞に 1 つ存在する．ただし，骨格筋のように複数の核が存在する細胞もある．核は内膜と外膜の脂質二重膜からなる核膜で囲まれている．核膜は所々に核膜孔という穴があり，これを介して核内部と細胞質との間で物質の移動が可能になっている．核内部を核質という．

核: 遺伝情報物質の DNA の存在場所で，複製や転写が行われる．

核の主成分は何と言っても遺伝情報物質の DNA である．DNA はタンパク質と複合体をつくってクロマチン (染色質) を形成している (図 2.6)．クロマチンは，DNA がヒストンタンパク質に結合した複合体であるヌクレオソームとよばれる基本構造からなっている．通常の核内では，ヌクレオソームの線維がさらに高次の構造 (ソレノイド→スーパーソレノイド) をとって存在している．細胞が分裂する際には，スーパーソレノイドがさらに凝縮して棒状の染色体になる．核内にはリボソーム RNA(rRNA) が合成される場所である核小体が 1 個から複数個存在する．

これに対して，原核細胞には核膜はなく，環状 DNA はほぼ裸のまま，細胞の中心部にコンパクトに存在している．

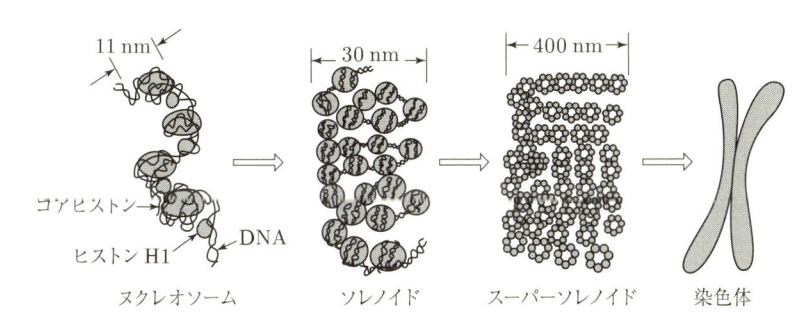

図 2.6 クロマチンの構造

2.3.3 小胞体

小胞体: 細胞内の物質代謝の中心を担う.

小胞体は，核膜の外膜と繋がる一重の脂質二重膜で囲まれた袋状もしくは管状の構造をして細胞質に存在する．これらは互いに連結して網状の構造をとっている．小胞体には，表面がなめらかな滑面小胞体と，リボソームが表面に付着している粗面小胞体の2種類がある．

滑面小胞体は，一般的には脂質代謝や Ca^{2+} の貯蔵の場である．肝臓では，多くの薬物代謝酵素が存在する場所でもある．一方，粗面小胞体では，リボソーム上で膜タンパク質や分泌タンパク質がつくられている (図 2.7)．また，それらのタンパク質の品質管理も行っている．つまり，合成された膜タンパク質や分泌タンパク質は，小胞体の内腔や膜上で正しく折りたたまれる．しかし，アミノ酸の変異などによって，正しく折りたたまれなかったタンパク質は，プロテアソームによって分解される．このしくみは異常タンパク質を除去し，正常な細胞機能を維持するために重要な役割を果たしている．

プロテアソーム: 真核細胞において，変性あるいは異常タンパク質を分解するタンパク質分解酵素 (複合体). 分解されるタンパク質はユビキチン化されている.

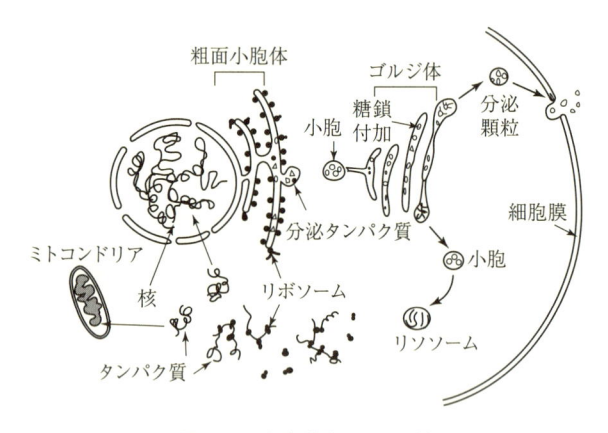

図 2.7 小胞体とゴルジ体

2.3.4 ゴルジ体

ゴルジ体: 細胞内の物質輸送の中継地.

ゴルジ体 (ゴルジ装置) は，扁平な円盤状の嚢が規則正しく積み重なった層板構造をとっている．ゴルジ体は核の周囲に存在することが多く，粗面小胞体と近接している (図 2.7)．ゴルジ体のおもな役割は，粗面小胞体に付着するリボソームでつくられたタンパク質を含む小胞を取り込んで仕分け，それぞれ目的の場所に送り出すことである．その仕分けの目印のための糖鎖を付加したり，リン酸化などの修飾が行われる．糖鎖が付加された分泌顆粒は，エキソサイトーシスで細胞外へ分泌される．

エキソサイトーシス: 細胞が輸送小胞に取り込まれた高分子物質 (タンパク質や核酸など) を細胞膜を介して細胞外へ放出するプロセス.

2.3.5 ミトコンドリア

ミトコンドリアは，直径 0.2〜1.0 μm，長さ 1〜2 μm で，大腸菌と同じくらいの大きさである．通常，1 個の細胞に 100〜2000 個存在する．ミトコンドリアは，外膜と内膜の脂質二重膜をもち，球状または細長い形をしている．内膜のひだ状部分をクリステとよび，内膜に囲まれた内部をマトリックスという (図 2.8)．クリステには，電子伝達系で働くタンパク質複合体やそれと共役して ATP をつくる酸化的リン酸化を担う ATP 合成酵素が存在する (3.3 節参照)．一方，マトリックスには，クエン酸回路 (TCA サイクル) や脂肪酸 β 酸化系などのエネルギー代謝にかかわる酵素が存在する．

ミトコンドリア: 生体エネルギーの ATP の 90%以上を生成する．

電子伝達系: ミトコンドリア内膜に存在し，ATP をつくるためのプロトン (電子) をマトリックス側から膜間腔へ運ぶプロトンポンプ複合体．

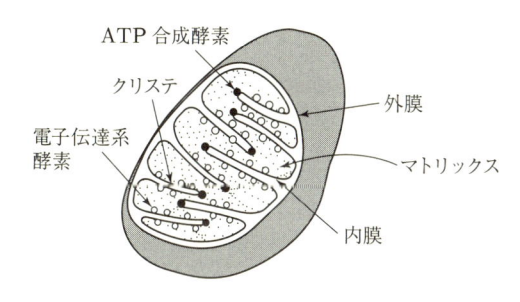

図 2.8 ミトコンドリアの構造

ミトコンドリアには，ミトコンドリア DNA という独自の環状 DNA が存在する．核 DNA に比較して短いが，内膜に存在する重要な酵素の遺伝子となっている．原核細胞にはミトコンドリアは存在しないが，ATP をつくる ATP 合成酵素や電子伝達系は細胞膜に存在する．

ミトコンドリアはまた，アポトーシスという細胞死に関与する多くのタンパク質因子の収納場所となっている (4.2.4 項参照)．このように，ミトコンドリアは，エネルギー代謝のみならず細胞死にも関与し，正常な細胞機能を維持するために重要な役割を果たしている．

2.3.6 リソソーム

リソソームは，一重の脂質二重膜に囲まれた直径 0.2〜0.5 μm の球状の構造体である．内部はプロトン (H^+) ポンプの働きで酸性 (約 pH 5.0) に保たれていて，酸性領域で働くタンパク質・多糖・脂質・核酸などの加水分解酵素 (リソソーム酵素) が存在している．リソソームは，細胞外からエンドサイトーシスで取り込んだ病原体などの異物や不要になった細胞や細胞小器官の分解を行っている．また，酵母や植物細胞では似たようなものとして液胞という小器官がある．この液胞も様々な加水分解酵素を含み，栄養分と老廃物の貯蔵庫になっている．

リソソーム: 細胞内の掃除係．

エンドサイトーシス: 細胞が高分子物質 (タンパク質や核酸など) を細胞膜とともに膜小胞を形成して取り込むプロセス．

2.3.7 ペルオキシソーム

ペルオキシソーム:
過酸化水素の生成と分解を行う.

ペルオキシソームは，一重の脂質二重膜に囲まれた直径約 $0.5\ \mu m$ の球状体構造である．内部には多くの酸化酵素が存在している．また，ミトコンドリアとは異なる脂肪酸 β 酸化系が存在する．この系はミトコンドリアの脂肪酸 β 酸化系では処理されない極長鎖脂肪酸 (炭素数 22 以上) の処理を行っている．この極長鎖脂肪酸は生体に必要な成分ではあるが，異常に蓄積すると神経変性を起こす．このように，ペルオキシソームも正常な細胞機能を維持するために重要な役割を果たしている．

2.4 細胞分裂

無糸分裂: 細胞分裂の際に，紡錘糸が形成されることなく，単純に細胞がくびれて 2 分裂する細胞分裂.

有糸分裂: 細胞分裂の際に形成された染色体が赤道面に並び紡錘糸によって両極に分配される分裂様式.

細胞分裂の様式は，原核細胞は無糸分裂であるのに対し，真核細胞は有糸分裂を行う．ヒトの場合の有糸分裂では，46 本 (23 対) の染色体が複製され，一度 46 対 (四倍体) となり，半分の 23 対 (二倍体) に分かれて 2 個の娘細胞に分配される (図 2.9)．

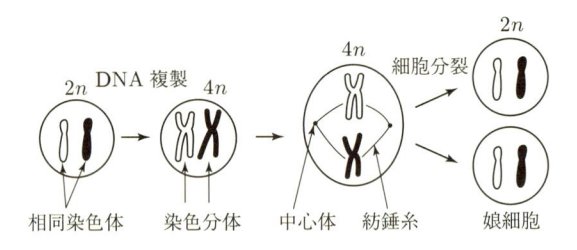

図 2.9 有糸分裂

対をなす染色体どうしは，父親由来と母親由来のものであり，相同染色体とよばれる．一方，有糸分裂のときに複製された染色体どうしは染色分体とよばれる．

卵子や精子 (生殖細胞) の形成過程では，相同染色体は 1 回複製されるのに続いて，細胞分裂のみが 2 回起こる．その結果，23 種類の染色体を 1 本ずつもつ一倍体細胞が 4 つ生まれる．これを減数分裂という (図 2.10, 4.1.2 項参照)．

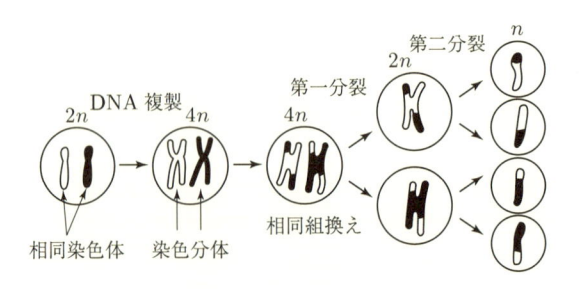

図 2.10 減数分裂

減数分裂では，一倍体細胞は各 22 対の常染色体の 1 対のうちのいずれか 1 つを，性染色体については X か Y いずれか 1 つをもつことになるので，生殖細胞がもつ染色体の組み合わせの数は 2 の 23 乗 (= 約 840 万) 通りとなる．

さらに，卵子をつくる減数分裂の過程では，複製された相同染色体どうしが相同組換え (交叉) を起こす．そのため，生じる卵子がもつ染色体の多様性は，さらに増大する．精子をつくる減数分裂の過程でも，常染色体では相同組換えが起こるが，X と Y の性染色体の間では，基本的には組換えは起きない．

2.5　細 胞 周 期

哺乳類の細胞が細胞分裂によって 2 倍に増殖していくのにかかる時間は，細胞の種類や環境条件によって異なるが，約 1 日である．

細胞分裂する時期を M 期 (mitotic phase) とよぶが，それに先立って DNA の複製が起こる．この DNA を合成する時期を S 期 (synthetic phase) という．さらに，分裂を終わらせた細胞が DNA 合成を開始するまでの準備期を G_1 期 (gap1 phase)，DNA 合成を終わらせて細胞分裂を開始するまでの準備期を G_2 期 (gap2 phase) とよぶ．

増殖している細胞は，このように M, G_1, S, G_2 期を繰り返すことによって増殖するため，これを細胞周期 (cell cycle) とよぶ (図 2.11)．

一般に，哺乳類細胞では，M 期は 1 時間程度，S 期は 8 時間程度，G_2 期は 1 ~ 3 時間，G_1 期は細胞によって著しく異なるが，長いもので数十時間に及ぶ．

生体内では，増殖を停止して，その細胞に特有な機能を果たしている細胞が多い．その状態を静止期 (G_0 期) とよぶ．

細胞が増殖するとき，遺伝子である DNA は正確に複製され，娘細胞に分配されなければならない．そのために，細胞周期の各ポイントで巧妙なチェックポイントのしくみが働いている．これらのチェックポイントをクリアして，はじめて細胞周期は回転する．それができない細胞はアポトーシス (4.2.4 項参照) を誘導して消滅する．

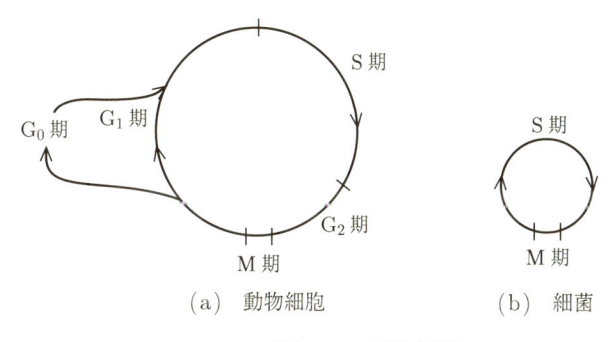

(a) 動物細胞　　(b) 細菌

図 2.11　細胞周期

一方，大腸菌のような原核細胞では，栄養素，水，温度などの条件が満たされれば，20～30分間で倍に分裂増殖していく．ここでは，M期とS期のみが存在し，G_1, G_2, G_0期はみられない．

2.6 細胞骨格

細胞骨格: 細胞の支持と細胞内での物質輸送や細胞運動などに関与する．

細胞の形状や運動に重要な働きをしているのが細胞骨格をつくる中間径フィラメント，アクチンフィラメント，微小管とよばれる成分である．これらの成分は，常に集合と分散を繰り返すことによって，細胞の特徴的な骨格をつくったり，動的変化にかかわっている(表2.1)．

表 2.1 細胞骨格

名称	構成タンパク質	機能
中間径フィラメント	ケラチン，デスミン，ビメンチン，ラミンなど	細胞や組織の形状安定化 核の位置決定
アクチンフィラメント	Gアクチン，Fアクチン	細胞膜裏打ち(細胞の構造支持) 細胞運動(アメーバ運動) 筋収縮
微小管	αチューブリン βチューブリン	細胞内輸送(細胞軸索内輸送など) 細胞運動(繊毛，鞭毛などの運動) 有糸分裂時の染色体移動(紡錘糸の形成)

2.6.1 中間径フィラメント

中間径フィラメントは，αヘリックス構造をもつフィラメントタンパク質が織り合わさった径が10 nmのロープ状線維からなり，細胞に構造的な強度を与える役割を果たしている．

代表的なものとして，上皮細胞に存在するケラチン，神経細胞にあるニューロフィラメント，線維芽細胞にあるビメンチンなどがある．核膜の内側の裏打ちをしている中間径フィラメントとしてラミンがある．

2.6.2 アクチンフィラメント

アクチンフィラメントは，すべての真核細胞の細胞表層に存在し，柔軟性に富んだ径7 nmの細い線維である．アクチンは球状タンパク質であるが，重合してフィラメント状の構造になる．これをFアクチンという．もとの球状のものはGアクチンとよぶ．

アクチンは，多くの細胞で全タンパク質の5%程度あり，骨格筋細胞では20%にも達する．アクチンフィラメントは，重合と解離によって細胞の速やかな収縮や運動を可能にしている．

2.6.3　微小管

微小管は，αチューブリンとβチューブリンの二量体が重合して数珠状に連なった径が 15 nm の中空のチューブ構造をした線維である．細胞が有糸分裂をするときにできる紡錘糸は微小管からなり，染色体を 2 つの娘細胞に分配する働きをしている．植物成分であるコルヒチンは，チューブリンの重合を阻害する物質として有名である．これ以外にも，微小管の重合や脱重合に影響を与える化学物質は，細胞分裂を阻害するので抗がん剤として用いられる．

コルヒチン：チューブリンと結合して，微小管の重合を阻止する．

2.6.4　モータータンパク質

細胞骨格に沿って ATP のエネルギーを使って細胞内輸送を行うタンパク質はモータータンパク質と総称される．アクチンフィラメントに結合するミオシン，微小管に結合するダイニンとキネシンに代表される．

微小管は細胞内の線路 (レール) にたとえられ，これに沿って小胞を結合したモータータンパク質複合体が動き，細胞内輸送が行われる．ダイニンは，細胞内小胞や顆粒を内向きに輸送するのに対して，キネシンは外向きに輸送する．

2.7　タンパク質の細胞内輸送

新たに合成されたタンパク質は，どのようにして目的の場所に運ばれるのだろうか．その経路には 2 通りある．1 つは，合成されたタンパク質が他の小器官を経由せずに直接運ばれるもので，核内タンパク質やミトコンドリア，ペルオキシソーム，小胞体のタンパク質がこれにあたる．もう 1 つは，核膜，ゴルジ体，リソソームのタンパク質で，これらは小胞体上のリボソームで合成された後に小胞体内腔に入り，ゴルジ体を経由して各小器官に運ばれる．分泌タンパク質や細胞膜タンパク質もこの間接的経路によって運ばれる．どちらの経路で運ばれるのかは，合成開始直後に小胞体内腔に運ばれるか否かによって決まる (図 2.7)．

2.7.1　シグナル配列による直接輸送

各小器官に直接運ばれるタンパク質は，タンパク質自身の中に選別システムに認識されるシグナル配列がある．表 2.2 に示すシグナル配列が欠失すると，タンパク質は本来の小器官へ運ばれなくなる．逆に，細胞質に存在するタンパク質に特定のシグナル配列を付加するとその小器官に運ばれる．これらのことは，シグナル配列が選択輸送のために必要十分なシグナルになっていることを示す．

表 2.2 タンパク質の直接輸送のためのシグナル配列

シグナルの機能	シグナル配列の特徴
核移行	タンパク質内部に存在する塩基性アミノ酸残基に富みプロリンを含む配列. 例えば，-Pro-Pro-Lys-Lys-Lys-Arg-Lys-Val-*
ミトコンドリア移行	N末端に存在し，塩基性アミノ酸残基をαヘリックスの片面にもつアミノ酸配列．ミトコンドリアの内腔で切断除去される．
ペルオキシソーム移行	C末端に存在する-Ser-Lys-Leu-*の3アミノ酸残基からなる配列．あるいは，N末端の9アミノ酸配列． C末端の配列は除去されないが，N末端配列は除去される．
小胞体移行	N末端に存在し，極性アミノ酸残基に挟まれた疎水性に富む20ほどのアミノ酸配列．多くは小胞体膜上で切断除去される．

* アミノ酸の表記は表 1.2 参照.

2.7.2 輸送小胞による間接輸送

小胞体で合成されたタンパク質は，小胞体保持シグナルをもたない場合，ゴルジ体に輸送され，さらに標的区画に送られる．つまり，小胞体からゴルジ体へと膜構造を介した小胞によって移動することから，膜輸送 (メンブレントラフィック) とよばれる．

これらの輸送小胞によって輸送されるタンパク質の選別と標的区画の特異的な認識は，タンパク質–タンパク質相互作用の特異性によって行われている．

膜輸送: 小胞体やゴルジ体などの膜構造を介した小胞による物質輸送．

▎まとめ
- 生命体は細胞を基本最小単位として成り立っている．
- 細胞の内部には膜で区切られた細胞小器官があり，それぞれの機能を分担している．
- 現代の生物学では，細胞は原核細胞と真核細胞に大別される．
- 生物界は，細菌，原生生物，菌類，動物，植物の5つの界に分けられる (五界説)．
- 細胞が分裂増殖する様式として，有糸分裂と無糸分裂がある．
- 生殖細胞が行う減数分裂では一倍体の卵子または精子ができる．
- 真核細胞は，M, G_1, S, G_2 期を繰り返す細胞周期を回転することによって増殖する．
- 細胞の形状や運動に重要な役割を果たしている細胞骨格には，中間径フィラメント，アクチンフィラメント，微小管がある．
- 各細胞小器官へのタンパク質の輸送はタンパク質内にある特殊なシグナル配列によって決定される．

■演習問題

2.1 次の記述のうち，正しいものはどれか．
 (1) 微小管は有糸分裂時に紡錘糸を形成し，染色体の移動を行う．
 (2) リソソームの内部には，グリコシダーゼ，ペプチダーゼ，ホスファターゼなどの酵素が存在し，pH はアルカリ性に傾いている．
 (3) ミトコンドリアはタンパク質合成は行っていない．
 (4) 小胞体には独自の DNA があり，タンパク質合成を行っている．

2.2 次の記述のうち，正しいもの 2 つの組み合わせはどれか．
 (1) リソソームは多種類の加水分解酵素を含んでいる．
 (2) ゴルジ体は過酸化水素を生成するオキシダーゼと過酸化水素を分解するカタラーゼを含んでいる．
 (3) ミトコンドリアは内膜と外膜の二重の膜構造をもっていて，内膜はひだ状に折れ込んでいる．
 (4) ペルオキシソームでは，リボソームで合成されたタンパク質が糖鎖付加の修飾を受ける．

2.3 ゴルジ体に関する記述の空欄に適切な語句を記入せよ．
 ゴルジ体は，[①]で合成され輸送小胞として運ばれたタンパク質に[②]を付加して[③]を形成する．

2.4 次の記述のうち，正しいものはどれか．
 (1) ミトコンドリアのマトリックスでもタンパク質合成は行われている．
 (2) 大部分の分泌タンパク質はゴルジ体でリン酸化を受け，分泌顆粒に移行してから細胞外に放出される．
 (3) 卵子も精子も減数分裂の過程で性染色体の組換えが起こる．
 (4) 哺乳類細胞も大腸菌も細胞周期の 4 つの時期 (M, G_1, S, G_2 期) を回転することによって細胞増殖する．

2.5 次の記述のうち，正しいもの 2 つの組み合わせはどれか．
 (1) 滑面小胞体はタンパク質の合成に関与し，粗面小胞体は脂質代謝や薬物代謝に関係する．
 (2) 細胞はエンドサイトーシスによって物質を放出し，エキソサイトーシスによって取り込む．
 (3) 核小体はリボソーム RNA 合成の場である．
 (4) G アクチンは重合して F アクチンを形成する．

3
代謝と栄養

　生体内では，化学反応によって物質が絶えず合成されたり分解されたりしている．生体内における化学反応によって起こる物質の変化のことを代謝という．代謝は，そのほとんどが特定の酵素タンパク質の触媒作用によって進行する．栄養素は，代謝を行うために外界から摂取する必要がある物質のことで，生体構成成分の原料となったり，エネルギーを産生するために利用されたりする．人間は適度な量の栄養素を毎日摂取する必要があるが，過剰に摂取し続けるとメタボリックシンドロームのような病態を引き起こすことがある．この章では，酵素，代謝，エネルギー産生などについて学習する．

3.1　酵　素

　生体内における物質の化学的変化は，酵素によって触媒される．酵素は一般にタンパク質からなっていて，生体内で起こるほとんどの化学反応には，その反応を触媒する特定の酵素タンパク質が関与している．

　酵素反応は温度の影響を受けることが知られている．酵素反応にとって最適な温度のことを最適温度という．酵素の最適温度は 37°C 前後のことが多い．通常，化学反応は温度が高くなるほど活発になるが，酵素の場合，最適温度を大幅に越えるとタンパク質が変性し，酵素活性は低下する．

　酵素反応は溶液の pH の影響を強く受ける．酵素反応にとって最適な pH の値のことを最適 pH という．一般に，酵素活性は pH が 7 付近で活性が最も高いことが多く，4 以下や 10 以上になると活性は大幅に低下する．ただし，これには例外もあり，胃で働くペプシンのように最適 pH が 2 付近というような酵素もある．

　酵素と結合し，化学変化を受ける物質のことを基質という．基質は酵素タンパク質の特定の部位に結合し，エネルギーが高い状態である酵素–基質複合体を形成する．次いで，基質は生成物へと化学変化し，複合体から遊離する．これに伴って酵素タンパク質はもとの状態に戻り，次の基質と結合する (図 3.1)．

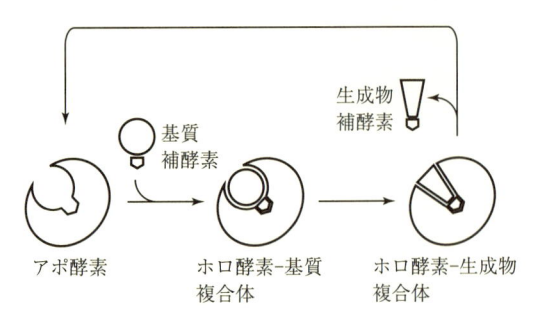

図 3.1 酵素反応と活性部位

酵素が触媒作用を行う際に，補酵素とよばれる低分子量の有機化合物を必要とすることがある．補酵素とアポ酵素 (酵素のタンパク質部分) は，それぞれ単独では触媒として機能しないが，両者が結合すると酵素として機能を発揮するようになる．補酵素が酵素の活性中心に結合したものをホロ酵素という．一般に，補酵素と酵素のタンパク質部分の結合は緩やかなもので，補酵素は解離すると遊離型になる．補酵素には，ニコチン酸の誘導体であるニコチンアミドアデニンジヌクレオチド (NAD) やパントテン酸を含むコエンザイム A (CoA) など，水溶性ビタミンに由来するものが多い．

酵素の中には，活性の発現に補因子として金属イオンを必要とするものがある．このような酵素のことを金属酵素という．カタラーゼは，過酸化水素を水と酸素に分解する酵素であるが，金属酵素で鉄とマンガンを補因子として含んでいる．金属イオンは，酵素タンパク質に結合して立体構造を維持するのに役立っているほか，酵素タンパク質と基質の相互作用にも関与するなど，酵素が活性を発現するうえで重要な役割を演じている．

酵素の最大の役割は，特定の化学反応に必要な活性化エネルギーを下げて反応の進行を容易にすることである (図 3.2)．常温では進行しないような化学反応であっても，反応を触媒する酵素の存在下では容易に進行するようになる．

NAD: ニコチンアミドアデニンジヌクレオチド．酸化還元反応に関与する酵素とともに働く補酵素の 1 つ．

CoA: 補酵素 A ともいう．アシル基転移反応のアシル基の担体として働く．

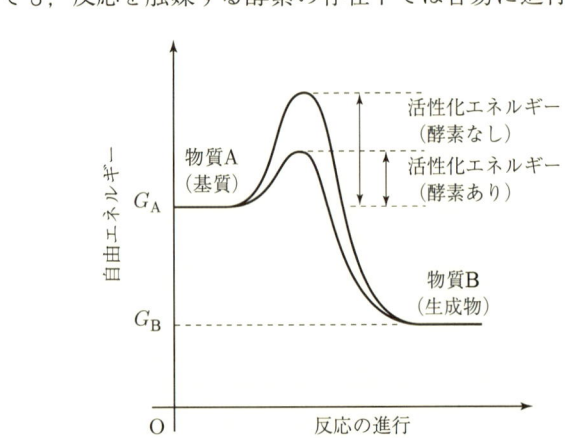

図 3.2 活性化エネルギー

酵素は基質特異性を示すが，基質とよく似た化合物が基質と一緒に存在すると，酵素の活性部位で競争が起こるため酵素反応は阻害を受ける．このような酵素反応の阻害様式のことを競合的阻害という．これに対し，酵素の活性部位以外の場所に化合物が結合することによって酵素反応が阻害を受ける阻害様式のことを非競合的阻害という．

> 基質特異性: 酵素は活性部位の構造に適合する特定の物質のみに作用すること.

複数の酵素が関与する一連の反応では，最終産物が初期の反応に関与する酵素に作用して，反応の速度を調節することがある．このような機構をフィードバック調節という．生成物によって初期の酵素反応が抑制を受ける場合のことを負のフィードバック調節，促進を受ける場合のことを正のフィードバック調節とよぶ．負のフィードバック調節は，生成物が過剰になるのを防ぐのに有効である．

酵素は，反応形式により，酸化還元酵素 (オキシドレダクターゼ)，転移酵素 (トランスフェラーゼ)，加水分解酵素 (ヒドロラーゼ)，脱離酵素 (リアーゼ)，異性化酵素 (イソメラーゼ)，結合酵素 (リガーゼ) の 6 種類に分類することができる (表 3.1).

表 3.1 酵素の分類

分類	反応	例
酸化還元酵素 (オキシドレダクターゼ)	基質の酸化還元	アルコール脱水素酵素
転移酵素 (トランスフェラーゼ)	基質の転移	アミノ基転移酵素
加水分解酵素 (ヒドロラーゼ)	加水分解	タンパク質分解酵素
脱離酵素 (リアーゼ)	基質の脱離と結合	アルドラーゼ
異性化酵素 (イソメラーゼ)	異性体の相互変換	ホスホグルコムターゼ
結合酵素 (リガーゼ)	分子の結合	DNA リガーゼ

酵素の例として，酸化還元酵素にはアルコール脱水素酵素，乳酸脱水素酵素など，転移酵素にはアミノ基転移酵素，リン酸化酵素など，加水分解酵素にはタンパク質分解酵素，リパーゼ，アミラーゼなど，結合酵素には DNA リガーゼ，カルバモイルリン酸合成酵素などがある．

3.2 物質代謝

植物のように，外界から取り込んだ無機物だけを利用して有機物を合成することができる生物のことを独立栄養生物という．これに対し，動物や多くの細菌などは自分で無機物から有機物を合成することができないので，独立栄養生物が合成した有機物を摂取して必要な物質に作り変えている．このような生物のことを従属栄養生物という．

生物が外界から摂取した無機物や有機物を原料にして自らの生命活動のために必要な物質を合成したり，食物由来あるいは体内の糖質，脂質，タンパク質

由来のエネルギーを，生体内の化学反応に利用できる形に変化させたりすることを**代謝**という．代謝反応は，そのほとんどが特定の酵素タンパク質の触媒作用によって進行する．**物質代謝**とは，おもに細胞内における物質の変換を意味する言葉で，**同化**(合成反応) と**異化**(分解反応) に分けられる．同化の例としては糖新生，脂肪酸合成，植物が行う光合成などが，異化の例としては解糖系，クエン酸回路，脂肪酸の β 酸化などがある．

解糖系は，**エムデン−マイヤーホフ経路**ともよばれ，グルコースがピルビン酸あるいは乳酸にまで代謝される経路である (図3.3)．生物にとって最も基本的な代謝経路の1つで，一連の反応は細胞質で進行する．酸素を必要とする反応が存在しないので，嫌気的条件下でも反応は進行し，筋肉などではグルコースから生成したピルビン酸は乳酸にまで代謝される．一方，好気的条件下ではピルビン酸はミトコンドリアに運ばれてクエン酸回路で代謝される．解糖系で1分子のグルコースは2分子のピルビン酸に変換されるが，この過程で2分子のATPが消費され，4分子のATPが生成するので，正味2分子のATPが生成することになる．

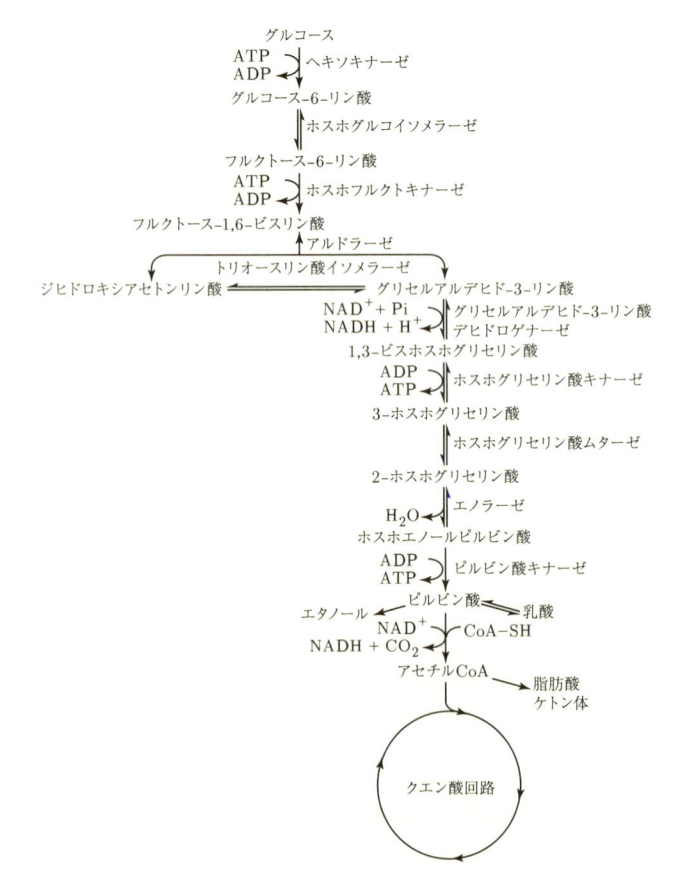

図3.3 解糖系

解糖系

$$C_6H_{12}O_6 \longrightarrow 2\,C_3H_4O_3 + 4\,[H] + エネルギー$$
グルコース　　　　ピルビン酸　　　　　(2ATP)

乳酸菌が行う乳酸発酵や酵母が行うアルコール発酵なども，解糖系を含む代謝過程である．乳酸発酵の場合には，筋肉の場合と同様の機構によって乳酸が産生される．一方，アルコール発酵の場合には，解糖系で生じたピルビン酸からエタノールと二酸化炭素が生成する．酸素が少ない条件下で，グルコースなどの有機化合物を分解してエネルギーを取り出すことを嫌気呼吸というが，乳酸発酵やアルコール発酵は嫌気呼吸の代表的な例である．

乳酸発酵

$$C_6H_{12}O_6 \longrightarrow 2\,C_3H_6O_3 + エネルギー$$
グルコース　　　　乳酸　　　(2ATP)

アルコール発酵

$$C_6H_{12}O_6 \longrightarrow 2\,C_2H_5OH + 2\,CO_2 + エネルギー$$
グルコース　　　　エタノール　　二酸化炭素　　(2ATP)

クエン酸回路は，TCAサイクルともよばれる代謝経路で，解糖系の産物であるピルビン酸から生成したアセチル CoA を，二酸化炭素と水素に分解する経路である．反応は好気的条件下で進行する．アセチル CoA は，まずオキサロ酢酸と反応し，クエン酸となる．クエン酸は，cis-アコニット酸，イソクエン酸，2-オキソグルタル酸，スクシニル CoA，コハク酸，フマル酸，リンゴ酸などを経て，最終的にオキサロ酢酸に代謝される．生成したオキサロ酢酸は別のアセチル CoA 分子と反応し，サイクルが形成されることになる (図 3.4)．

クエン酸回路の反応はミトコンドリアのマトリックス (基質) で進行する．クエン酸回路が 1 回転すると，2 分子の二酸化炭素，3 分子の NADH，1 分子の $FADH_2$，1 分子の GTP が生成する．生成した NADH や $FADH_2$ の水素は，水素イオンと電子に分けられた後，電子伝達系に渡されてエネルギー産生に利用される (3.3 節参照)．

グルコースが解糖系とクエン酸回路によって完全に分解されると，最終的に二酸化炭素と水が生成する．

解糖系とクエン酸回路によるグルコースの好気的分解

$$C_6H_{12}O_6 + 6\,O_2 + 6\,H_2O \longrightarrow 6\,CO_2 + 12\,H_2O + エネルギー$$
グルコース　酸素　　水　　　　　二酸化炭素　水　　(38ATP)

脂肪酸の β 酸化は，長鎖脂肪酸をアセチル CoA に代謝する経路で，効率よくエネルギーを産生できることから，動物におけるエネルギーの供給系として重要なものである．長鎖脂肪酸は，いったん，脂肪酸アシル CoA の形に変換された後，一連の酵素の作用によって最終的にはすべてアセチル CoA に分解される．生成したアセチル CoA はクエン酸回路に入り，二酸化炭素に代謝さ

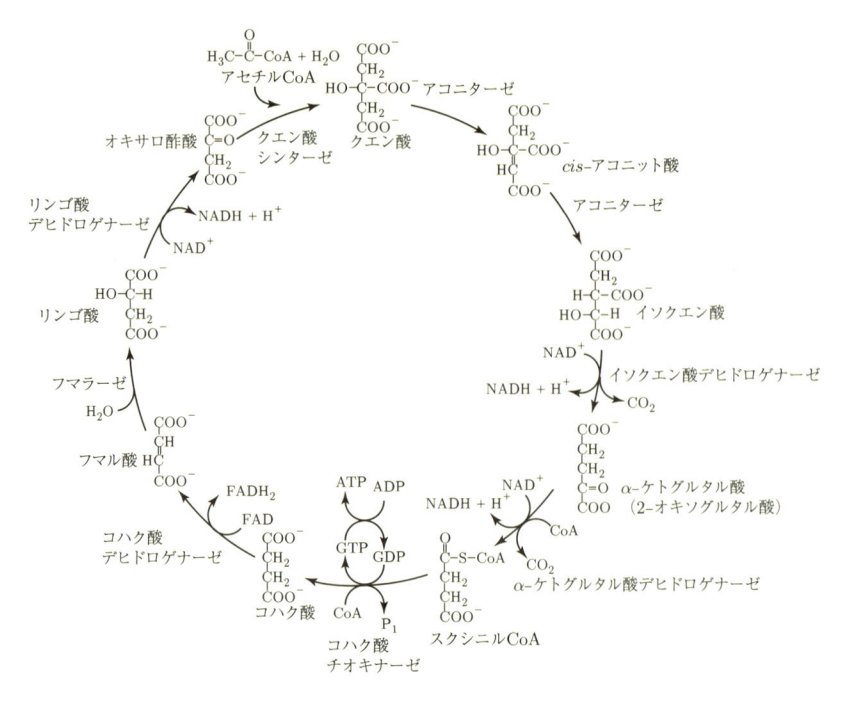

図 3.4 クエン酸回路

れる．脂肪酸の β 酸化に関与する酵素はミトコンドリアとペルオキシソームに存在しているが，パルミチン酸やステアリン酸などの炭素数が 16 や 18 の脂肪酸は，おもにミトコンドリアで代謝される．

3.3 エネルギー代謝

同化や異化の過程では，物質の変化に伴ってエネルギーの出入りが起こる．これをエネルギー代謝という．エネルギー代謝には，エネルギー吸収反応とエネルギー放出反応がある．同化はエネルギー吸収反応で，異化はエネルギー放出反応である (図 3.5)．

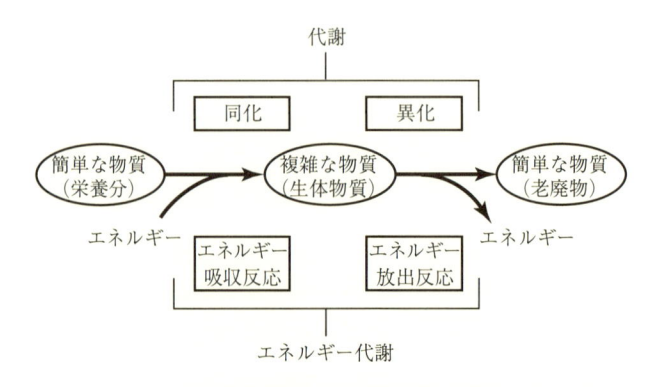

図 3.5 代謝とエネルギー代謝

3.3 エネルギー代謝

図 3.6 ATP の構造

ATP は，微生物から高等動物に至るすべての生物において，「エネルギー通貨」とでもいうべき重要な役割を演じている物質で，アデニンとリボースに 3 つのリン酸が直列に結合した構造をもっている (図 3.6).

ATP のリン酸-リン酸間の結合が切断されると大きなエネルギーが放出される．ATP 分子内に存在するリン酸-リン酸間の結合のように，高いエネルギーをもっているリン酸結合のことを，高エネルギーリン酸結合という．ATP

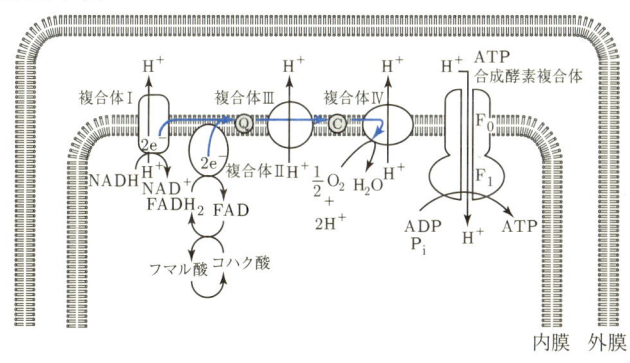

図 3.7 電子伝達系と酸化的リン酸化
複合体 I: NADH からの電子は，複合体 I を通り，ユビキノン (図中に Q と表記) に伝達される．その際，H^+ がマトリックスから膜間腔 (内膜と外膜の間のスペース) に移動する (複合体 I は H^+ ポンプとして働く).
複合体 II: クエン酸回路でコハク酸から生じた $FADH_2$ 由来の電子は，ユビキノンに伝達される．H^+ の移動は伴わない．
複合体 III: ユビキノンは膜内を移動して電子を複合体 III に渡す．複合体 III は，その電子をシトクロム C (図中に C と表記) に伝達する (複合体 III は H^+ ポンプとして働く).
複合体 IV: シトクロム C は，電子を複合体 IV に渡す (複合体 IV は H^+ ポンプとして働く)．複合体 IV は電子を酸素に渡し，還元する．
ATP 合成酵素複合体 (F_0F_1 複合体，複合体 V ということもある): H^+ の通過孔である F_0 と，ATP 合成酵素である F_1 からなる．膜間腔に汲み出された H^+ が，F_0 を通ってマトリックスに戻るとき，F_1 部分がスクリューのように回転し，その力で ADP と無機リン酸から ATP が合成される．

ユビキノン: 補酵素 Q ともいう．ミトコンドリアの内膜に存在する電子伝達系を構成している有機化合物．

シトクロム: ミトコンドリアの内膜に存在している鉄を含むタンパク質．

に保存されたエネルギーは，運動，光など様々なエネルギーに変換され，生命活動に広く利用されている．

ATPは，解糖系やクエン酸回路の過程で直接生成するほか，解糖系やクエン酸回路で生じた水素を利用することによっても合成される．水素は電子 (e^-) と水素イオン (H^+) に分けられ，電子はミトコンドリアの内膜にある電子伝達系のタンパク質 (複合体 I～IV) の間を次々に受け渡されていく．一方，水素イオンはミトコンドリアの内膜と外膜の間の膜間腔に移動する．膜間腔に蓄積した水素イオンのマトリックスへの流入に伴って放出されるエネルギーを使ってATP合成酵素が作動し，ATP がつくられる (図 3.7)．

電子伝達系を経由してきた電子と水素イオンは酸素と反応し，最終的に水 (H_2O) を生じる．電子伝達系に共役して ATP がつくられる反応過程のことを酸化的リン酸化という．

2,4-ジニトロフェノール:

電子伝達系と酸化的リン酸化の共役を妨げる物質のことを脱共役剤 (アンカプラー) という．代表例である 2,4-ジニトロフェノールは ATP の生成を抑制し，体重を減少させることから，1930 年代のアメリカで痩せ薬として短期間使用されたことがある．しかし，毒性が強く危険なため使用はすぐ中止された．

3.4　メタボリックシンドローム

数百万年に及ぶ人類の歴史は，飢餓との長い戦いの歴史であった．先進国においてさえ，毎日，十分な食事が摂れるようになったのは比較的最近のことで，世界に目を向ければ，現在でも飢餓の状態にある人がまだたくさんいるというのが実情である．

糖新生: ピルビン酸，乳酸，アミノ酸などからグルコースを生成する代謝経路．

トリアシルグリセロール: グリセロールに 3 分子の脂肪酸がエステル結合した中性脂肪．トリグリセリドともいう．

動物は飢餓に陥ると，体をつくっているタンパク質を分解してアミノ酸にし，生じたアミノ酸から糖新生によってグルコースを合成するようになる．また，脂肪組織に蓄えられているトリアシルグリセロールを分解して脂肪酸とグリセロールにし，エネルギー源として放出する．一方，過剰な食糧があるときには，余剰の糖質やアミノ酸を脂肪酸に変え，トリアシルグリセロールに代謝した後，体脂肪として体内に蓄積して飢餓や寒さに備えるようになっている．

長い飢餓との戦いの中で，人間は食糧から得たエネルギーをできるだけ節約して消費し，残りのエネルギーは体脂肪として貯蔵するように進化してきた．ところが，余剰のエネルギーを体脂肪として貯蔵するというしくみは，飢餓に対する対策としては有用であるが，十分な食糧があるときには脂肪を蓄積しすぎて容易に肥満を生じてしまうことになる．

最近，肥満，特に内臓脂肪型肥満 (内臓脂肪の蓄積) が，高血糖 (耐糖能異常)，脂質異常症，高血圧などの病態を引き起こし，心血管疾患をはじめとする様々な疾患の原因になっていることがわかってきた．このような内臓脂肪型肥満を共通の要因として，高血糖，脂質異常症，高血圧が引き起こされる状態の

3.5 薬物代謝

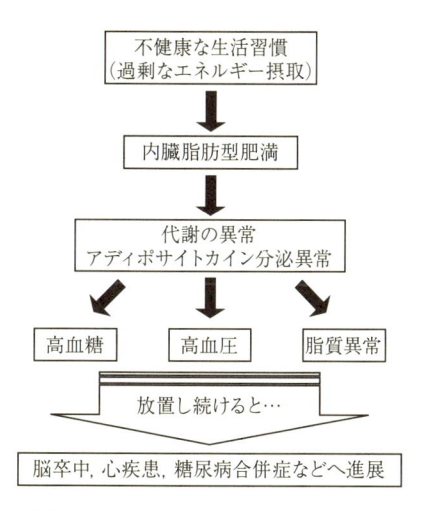

図 3.8 メタボリックシンドローム

ことをメタボリックシンドロームとよんでいる (図 3.8).

内臓脂肪 (腹腔内脂肪) が蓄積すると，インスリン感受性の亢進，動脈硬化の抑制，抗炎症などの作用を有するアディポネクチンのような "善玉的" な生理活性物質の脂肪細胞からの分泌が低下し，インスリン抵抗性や炎症を惹起する作用を有する TNF-α などの "悪玉的" な生理活性物質の産生が増大するようになる．肥大化した脂肪組織では，脂肪細胞が大型化しているほか，マクロファージが浸潤してきて一種の慢性的な炎症が起きている．このような脂肪組織における慢性的な炎症が，メタボリックシンドロームの病態の基盤になっていると考えられている．

メタボリックシンドロームは，食べ過ぎや運動不足など，健康的でない生活習慣の積み重ねが原因となって起こる．放置すると，糖尿病，心筋梗塞，脳梗塞などになる危険性が高い．逆に，体重減量，特に内臓脂肪を減量することにより，これらの疾患に対する予防効果が期待できる．現在，メタボリックシンドロームの早期発見と生活習慣病の予防を目的として，特定健康診査が 40 歳から 74 歳までの公的医療保険加入者を対象に実施されている．特定健康診査では，内臓脂肪の蓄積に加えて，高血糖，脂質異常症，高血圧のうち 2 つ以上が該当するとメタボリックシンドロームと診断される．

3.5 薬物代謝

代謝の中には，栄養素以外の生体外物質 (異物) を対象とするものもある．薬物や毒物などを対象とするものを薬物代謝という．薬物代謝を行う酵素のことを薬物代謝酵素とよぶ．薬物代謝は肝細胞の小胞体で行われることが多いが，細胞質やミトコンドリアで行われることもある．

薬物の多くは細胞膜を通過する必要があるため脂溶性であるが，これを分解

インスリン: 膵臓のランゲルハンス島の B 細胞から分泌されるホルモン．血糖値を下げる働きがある．

アディポネクチン: 脂肪細胞から分泌されるタンパク質で，インスリン感受性亢進作用や動脈硬化抑制作用などがある．アディポサイトカインの 1 つ．

TNF-α: 腫瘍壊死因子 α のこと．

マクロファージ: 白血球の一種．食作用を活発に行う (10.2.4 項参照).

表 3.2 薬物代謝の種類

第一相反応	酸化，還元，加水分解
第二相反応	硫酸抱合，グルタチオン抱合，グルクロン酸抱合，アミノ酸抱合，アセチル抱合，メチル抱合

して排出しやすくするためには親水性を高める必要がある．薬物代謝酵素は薬物の親水性を高める方向に作用することが多い．薬物代謝は薬物がもっている生体に対する有害作用を軽減する役割があると考えられるが，ベンゾ(a)ピレンの場合のように，代謝の結果，逆に毒性や発がん性が増すこともある．

薬物代謝は，第一相反応と第二相反応に分類される (表 3.2)．

第一相反応は，薬物に比較的小さな修飾を加えたり分解したりするもので，薬物の分子量は大きく変化しないか，あるいは分解によって低下する．シトクロム P450 による酸化反応や還元反応，エステラーゼによるエステルの加水分解などがこれに該当する．

シトクロム P450:
細菌から植物，哺乳動物に至るまでのほとんどすべての生物に存在する酵素．細胞内では小胞体などに存在し，薬物代謝において重要な役割を演じている．
CYP1A1, CYP2E1 など多くの種類がある．

薬物の多くはシトクロム P450 によって代謝されるので，シトクロム P450 による代謝は薬物代謝の中でも重要な位置を占めている．シトクロム P450 は鉄を含むヘムタンパク質で，ヒトの場合は約 60 の分子種があり，それぞれ基質特異性が異なっている．例えば，CYP1A1 にはベンゾ(a)ピレンなどの芳香族炭化水素をエポキシ体に酸化する作用が，CYP2E1 にはエタノールを酸化してアセトアルデヒドにする作用がある．CYP3A4 は正常状態で最も多量に発現しているシトクロム P450 分子種で，様々な薬物の代謝に関与している．

シトクロム P450 には個体差や人種差のあることが知られている．例えば，日本人の場合，約 20% の人が CYP2C19 の遺伝子を欠損しているが，欧米の白人の欠損率は 2〜3% 程度でしかない．したがって，CYP2C19 が代謝する薬物の代謝能には大きな差異が生じることになる．シトクロム P450 以外の薬物代謝酵素の場合にも，抗結核薬であるイソニアジドを代謝する N-アセチル転移酵素やアセトアルデヒド脱水素酵素のように，遺伝子多型のために活性が個体間で大きく異なっているものがあるので注意が必要である．

第二相反応は抱合反応である．硫酸，グルタチオン，グルクロン酸，アミノ酸，アセチル，メチル基などが付加され，分子量は増大する．また，アセチル抱合とメチル抱合の場合を除くと，生成物はもとの薬物より水溶性が高くなる．抱合を受けた薬物はそのままの形で，あるいはさらに代謝された後，腎臓や肝臓から速やかに排泄される．

3.6 光合成

高等植物や緑藻などが二酸化炭素を取り込み，光エネルギーを使って炭水化物 (糖類) などの有機物を合成することを光合成という．クロロフィルなどの光合成色素を有するこれらの生物は，太陽光のエネルギーを使って水と空気中

3.6 光合成

の二酸化炭素からデンプンやセルロースなどの炭水化物を合成し，水を分解する過程で生じた酸素を大気中に放出している．

光合成の全体の反応は，次式で表される．

$$12\,H_2O + 6\,CO_2 + 光エネルギー \longrightarrow C_6H_{12}O_6 + 6\,H_2O + 6\,O_2$$

光合成は高等植物や緑藻の葉緑体で行われる．種子植物の葉緑体は外側を二重の膜によって覆われていて，内部には袋状の膜構造であるチラコイドが並んでいる．チラコイドとチラコイドの間を満たしている液状の部分をストロマという．ストロマには二酸化炭素を同化するための多数の酵素が存在している．一方，チラコイド膜には光合成色素が多量に含まれている．

> 光エネルギーは光合成色素を活性化する．

光合成の過程は，大きく2つのステップに分けることができる (図 3.9)．

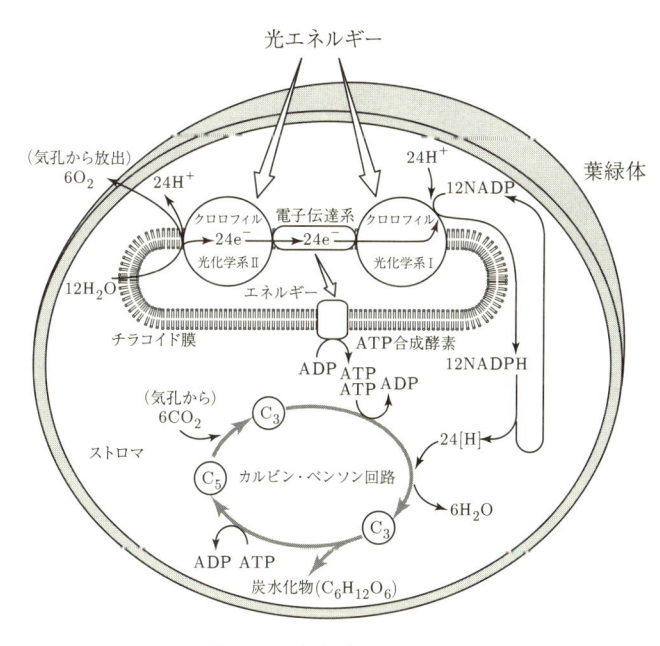

図 3.9 光合成のしくみ

第1のステップは，光のエネルギーを利用して水を分解して酸素，水素イオン，電子を産生するとともに，二酸化炭素の還元に必要な還元型補酵素である NADPH と ATP を生成する過程である．これらの反応は，すべてチラコイド膜で行われる．水の分解に関係する反応系を光化学系 II，NADPH の生成に関係する反応系を光化学系 I とよぶ．どちらの反応系にもクロロフィルなどの光合成色素が深く関与している．

第2のステップは，NADPH と ATP を使って，気孔から取り込んだ二酸化炭素を原料にして炭水化物を合成する過程で，ストロマで行われる．反応系はサイクルを形成していて，1サイクルあたり，6分子の二酸化炭素が取り込まれ，1分子の炭水化物 (ヘキソース，$C_6H_{12}O_6$) を生じる．この際，18分子

のATPと12分子のNADPHが使われる．この過程は発見者の名前に因んでカルビン-ベンソン回路とよばれることもある．生成したヘキソースはデンプンなどに変換され，植物内に貯蔵される．

　従属栄養生物である動物は，無機物から有機物を作り出すことができない．動物は，独立栄養生物である植物が光合成によって作り出したデンプンなどの有機物をエネルギー源として摂取して生活している．植物が行っている光合成は，生物界に太陽光のエネルギーを取り込む経路として，また，酸素の主要な供給経路として極めて重要なものであり，人間をはじめとする動物が地球上で生きていくうえで不可欠なものである (12.2.2 項参照)．

■まとめ
- 生体内における化学反応は，タンパク質を主成分とする酵素によって触媒される．それぞれの反応には，対応する特定の酵素が存在する．
- 物質代謝は，細胞内における物質の変換を意味する言葉であり，同化 (合成反応) と異化 (分解反応) に分けられる．
- 同化や異化の過程で，物質の変化に伴いエネルギーの出入りが起こる．これをエネルギー代謝という．
- 栄養素の過剰な摂取や運動不足などの生活習慣は，メタボリックシンドロームとよばれる病態を引き起こす．代表的なものは，高血糖，脂質異常症，高血圧であり，内臓に蓄積した脂肪が原因となる．
- 薬物や毒物などを代謝することを薬物代謝という．これにより薬物の有害作用が軽減されることが多いが，逆に毒性が増強されることもある．
- 高等植物や緑藻などが，光エネルギーを使って二酸化炭素から糖質などの有機物を合成することを光合成という．この過程で，水の分解により生じた酸素が大気中に放出されている．

■演習問題
3.1 以下の空欄にあてはまる適切な語句を下の選択肢から選べ．

　生体内で行われるほとんどの化学反応は [①] によって [②] される．[①] の主成分は [③] である．[①] 反応には，最適な [④] および [⑤] がある．最適 [④] は 37°C 前後のことが多く，最適 [⑤] は中性付近のことが多いが，胃の中で働く [①] には，[⑥] 条件で働くものがある．[①] と結合し，反応により化学変化を受ける物質を [⑦] とよぶ．[①] によっては，反応に低分子量の化合物を必要とするものがある．この化合物を [⑧] とよぶ．

　【選択肢】　タンパク質，酵素，補酵素，触媒，基質，酸性，温度，pH

3.2 酸化還元酵素はどれか．1つ選べ．
(1) アルコール脱水素酵素　　(2) アミノ基転移酵素　　(3) タンパク質分解酵素
(4) アルドラーゼ

3.3 グルコースを分解してピルビン酸を生成する代謝経路はどれか．1つ選べ．
(1) クエン酸回路　　(2) 解糖系　　(3) β酸化　　(4) 糖新生

演習問題

3.4 1分子のグルコースが解糖系によってピルビン酸に変換されるとき，何分子のATPが生成されるか．

3.5 解糖系は細胞内のどこで行われるか．1つ選べ．
(1) 細胞質 (2) ミトコンドリア (3) 小胞体 (4) 細胞膜

3.6 クエン酸回路は細胞内のどこで行われるか．1つ選べ．
(1) 細胞質 (2) ミトコンドリア (3) 小胞体 (4) 細胞膜

3.7 薬物代謝において重要な役割を演じているのはどれか．1つ選べ．
(1) ユビキノン (2) シトクロム P450 (3) シトクロム C

3.8 以下の空欄にあてはまる適切な語句を下の選択肢から選べ．

[①]生物である植物は，無機物から[②]によって[③]などの有機物を作り出す．この過程は大きく2つのステップに分けられる．第1のステップは，[④]のエネルギーを利用して[⑤]を分解する反応である．第2のステップは，[⑥]を原料として，第1のステップで生じた還元型補酵素[⑦]とATPを用い糖質を合成する反応である．

【選択肢】独立栄養，従属栄養，二酸化炭素，光合成，水，光，NADPH，デンプン

4
生殖・発生

　私たち人間に限らず，この地球上で生きるいかなる生物種も個体の寿命には限りがある．限りある寿命をもつ個体はその体に内在するゲノム情報を何らかの形で子孫に伝えることによって，種の存続を図ってきた．このように個体の情報を伝え，新たな個体を生み出す手段が生殖である．この章では，どのように生殖が行われ，どのように個体が形成されていくかについて学習する．

4.1 生　殖

4.1.1 生殖の方法

　新たな個体を生み出すには，その個体のもつ情報をそのままコピーする方法である無性生殖と，異なる個体から半分ずつ情報をもらって新たな個体を生み出す有性生殖とがある．無性生殖には，アメーバのような単細胞生物が増えるときの分裂，酵母やミズクラゲが増殖する際の出芽，植物の根や茎から新しい個体をつくる栄養生殖などがある (図 4.1)．無性生殖では新しく生じた個体は親と同じ情報 (遺伝子) をもつため，その形質は同一となる．

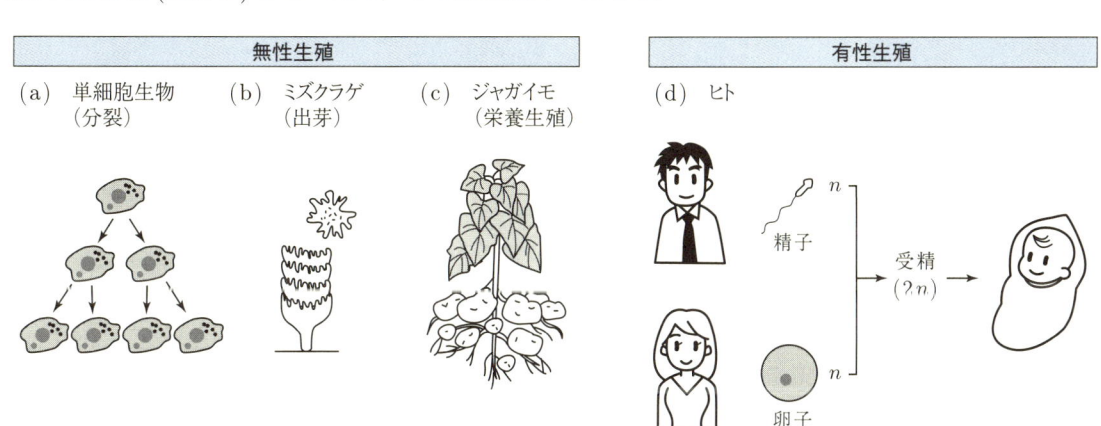

図 4.1　無性生殖と有性生殖

これに対し，ヒトをはじめとする多細胞生物は，2つの個体が配偶子 (ヒトでは精子または卵子) とよばれる生殖細胞をつくり，この配偶子が接合することで接合子 (ヒトでは受精卵) を形成する．これが有性生殖である．有性生殖では無性生殖に比べ，両親からの遺伝情報が新たな個体に伝えられるため，子孫の遺伝情報に多様性が生まれることになる．

4.1.2 減数分裂

このように有性生殖では2つの配偶子が融合して受精卵の核が形成される．すでに述べたように，体細胞の染色体は二倍体 ($2n$) であるため，もし配偶子の染色体が体細胞と同じならば，受精卵の染色体数は四倍体 ($4n$) になってしまい，さらにその子孫の染色体は2の乗数的に増加してしまう．しかし，実際には，受精卵の染色体数は親の体細胞の染色体数と同じになる．これは配偶子である生殖細胞をつくる際に，その染色体数を半数にする特殊な細胞分裂が起こるためである．この生殖細胞をつくるための細胞分裂を減数分裂という (2.4節参照)．

(1) 体細胞分裂と減数分裂

一倍体細胞と二倍体細胞: ヒトなどの高等生物は，両親からそれぞれ染色体を受け継ぐので染色体を2セットもっている．これを二倍体という．配偶子 (精子や卵子) では，染色体が半分の1セットになるので一倍体という．

細胞を増やすための分裂は体細胞分裂とよばれ，すでに2章で学んだように細胞周期に沿って二倍体 ($2n$) の親細胞が DNA を倍 ($2n × 2$) に複製した後，2個の娘細胞に分配し，染色体数を一定に保っている (図 4.2(a))．一方，減数分裂では2回の連続した細胞分裂を行い，4個の一倍体 (n) の細胞を作り出す (図 4.2(b))．

染色体数の増減からみれば，減数分裂の最初の細胞分裂は体細胞分裂と同じく，二倍体の細胞 ($2n$) を2個作り出す．しかし，続けて起こる2回目の細胞分裂では，DNA 複製を起こさず，二倍体の染色体を分配するため，生じる細胞は一倍体になる．

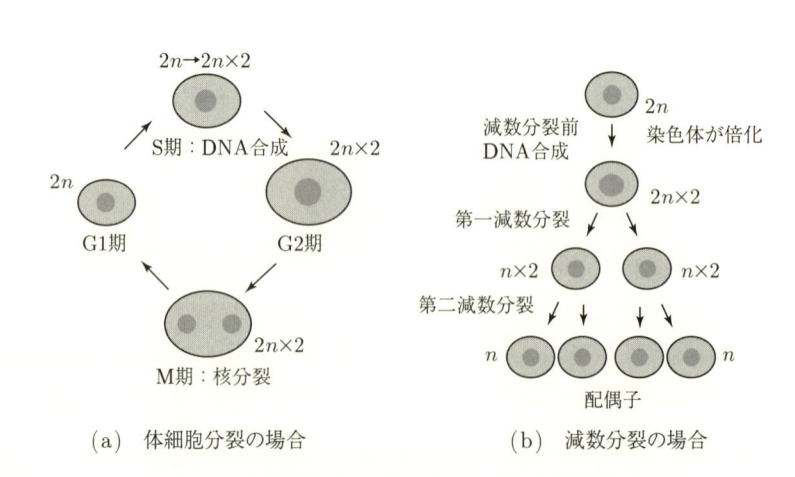

図 4.2 体細胞分裂と減数分裂の染色体数の変化

(2) 減数分裂の過程

二倍体の細胞には，父親由来の染色体と母親由来の染色体がペアとなっていて，これらを相同染色体とよぶ．これらの染色体は DNA 複製により倍加して，姉妹染色分体を形成する (図 4.3)．

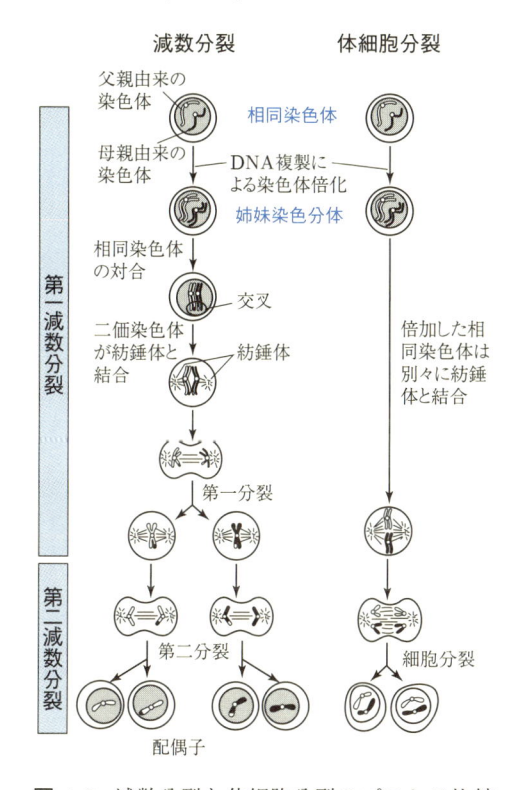

図 4.3 減数分裂と体細胞分裂のプロセス比較

姉妹染色分体は，各分裂過程でそれぞれ父親由来染色体と母親由来染色体に分かれ，2 つの細胞に分配される．一方，減数分裂では倍加した姉妹染色体が接着する (対合)．対合している状態の染色体を二価染色体 とよび，4 本の染色体からなるようにみえる．しかし，二価染色体は動原体の部分では分かれていないため，1 つの染色体のように行動する．この対合の際に減数分裂において最も重要な遺伝子の組換えが起こる．対合した父親由来染色体と母親由来染色体間で交叉が起き，染色体の乗換え，すなわち遺伝子の組み合わせが変わる (遺伝的組換え)．この交叉により，父親由来の染色体と母親由来の染色体が混在した多様な染色体が形成される (図 2.10 参照)．この遺伝的組換えこそが減数分裂における最も重要な意義であり，それによって生じる遺伝的多様性が，様々な性質をもった子孫を生み出す．多様な性質をもつ子孫は，たとえ環境変化が起こったとしても，それに適応した性質をもった個体が環境変化に耐え，生存競争を勝ち抜く要因となる．このようにして遺伝的多様性は種の保存に有利に働く．

動原体: 染色体上の構造で，多くのタンパク質が結合する領域であり，分裂時にはこの部分に微小管が結合して，染色体を分配する．

微小管: 細胞内で細胞骨格を形成する線維タンパク質．様々な他のタンパク分子モーターの「レール」としての役割をもつ (2.5.3 項参照).

対合した二価染色体は動原体で微小管と結合し，紡錘体によって 2 つの細胞に分配される (第一分裂)．こうして生じた娘細胞は続いて第二分裂に入っていく．第二分裂は DNA 複製が起こらないという点を除いて，ほぼ体細胞分裂と同じ過程で行われ，最終的に 4 個の一倍体 (n) 娘細胞が生じる．

4.1.3 生殖細胞と受精

(1) 配偶子の形成

減数分裂によって生じた一倍体細胞が，そのまま配偶子として働くわけではない．配偶子になるためには，生じた一倍体細胞が分化・成熟する必要がある．植物と動物ではこの成熟過程が異なる．それぞれの配偶子形成過程をみてみよう．

植物 (被子植物) の配偶子形成 (図 4.4)　多くの被子植物では，めしべで胚のう母細胞 ($2n$) が減数分裂して 4 個の一倍体細胞をつくるが，この細胞はさらに 3 回の核分裂を経て 8 個の核をもった胚のうを形成する．8 個の核は，それぞれが 1 個の細胞が卵細胞 (n)，2 個の助細胞 (n)，3 個の反足細胞 (n)，極核 2 個を含む 1 個の中央細胞 ($n+n$) になる．

(a) 雌性配偶子 (めしべ)

(b) 雄性配偶子 (おしべ)

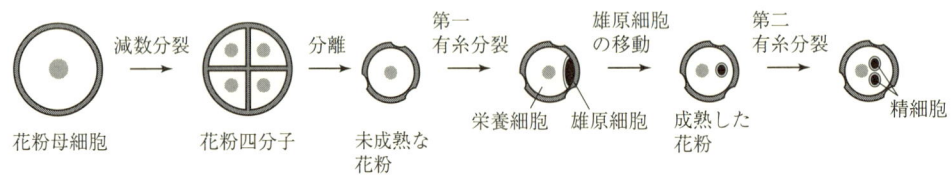

図 4.4　植物の配偶子形成過程

一方，おしべの葯の中では，花粉母細胞 ($2n$) が減数分裂して 4 個の花粉分子 (n) となり，さらにもう 1 回分裂することで生殖細胞である雄原細胞とそれを支える栄養細胞に分かれ，受粉後に雄原細胞は花粉管の中でさらに分裂して 2 つの精細胞になる．

動物の配偶子形成 (図 4.5)　動物における配偶子は，オスの配偶子である精子とメスの配偶子である卵 (卵子) であり，これらのもととなる細胞を始原生殖細胞 ($2n$) とよぶ．始原生殖細胞はヒトではすでに胎児に出現し，生殖巣に移動した後，卵巣であれば将来卵になる卵原細胞 ($2n$) になり，精巣であれば精

4.1 生　殖

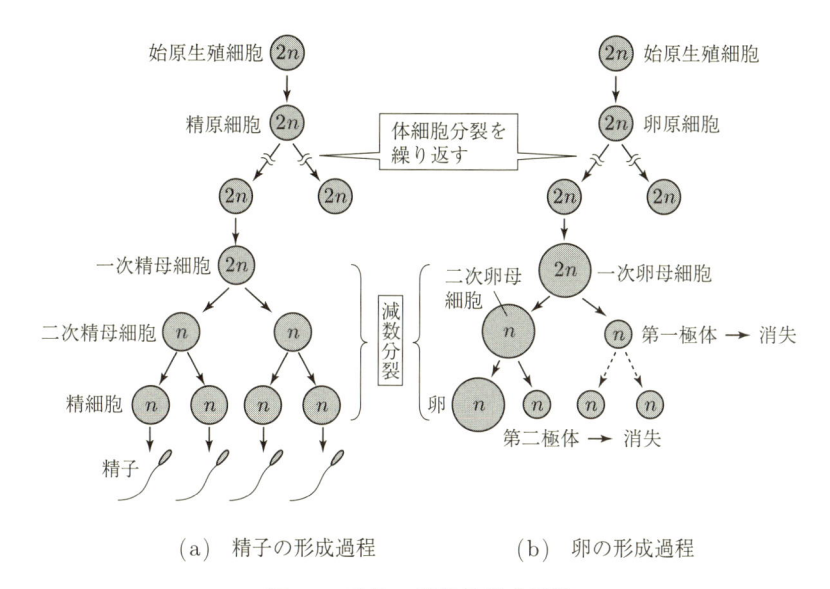

(a) 精子の形成過程　　　(b) 卵の形成過程

図 4.5　動物の配偶子形成過程

子になる精原細胞 ($2n$) になる．卵巣内では卵原細胞が体細胞分裂を繰り返し，多数の卵原細胞が生じる．その後分裂を止めた卵原細胞は細胞内に栄養を蓄えた一次卵母細胞 ($2n$) となる．この細胞が減数分裂の第一分裂を行うが，この分裂は不均等分裂であり，多量の栄養分を含んだ二次卵母細胞と極体 (第一極体) とよぶ細胞質の少ない小さな細胞を生じる．二次卵母細胞はさらに減数分裂第二分裂を行い，栄養分 (卵黄) を含む卵と極体 (第二極体) を生じる．極体には受精能力はなくやがて消失してしまう．

一方，精巣では精原細胞が体細胞分裂を繰り返して増殖し，一次精母細胞 ($2n$) となり，卵母細胞と同様に減数分裂を行う．卵母細胞の場合と異なり，精母細胞の減数分裂は均等分裂であり，同一の二次精母細胞 (n) および引き続く精細胞 (n) を生じる．精細胞は形成後に大きな形態変化を起こし，核とミトコンドリアが残り精子 (n) になる (図 4.6)．

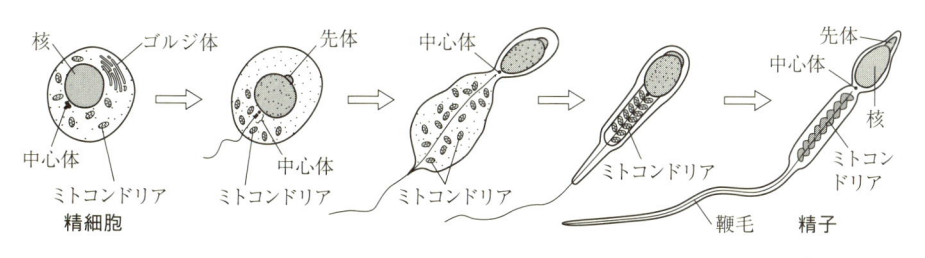

図 4.6　精細胞から精子への形態変化

(2) 受　精

卵の核と精子の核が合体することを受精とよぶ．植物と動物では受精の形態が異なる．

植物 (被子植物) の受精　めしべの柱頭についた花粉は発芽して胚珠に向かって花粉管を伸ばす．この際に，雄原細胞が分裂して 2 個の精細胞 (n) となる．このうちの 1 つが胚のう中の卵細胞と受精して受精卵 ($2n$) となるが，他の 1 個は中央細胞 ($2n$) と受精して，将来，胚乳をつくる細胞 ($3n$) となる．このように，被子植物では 2 個の精細胞がそれぞれ卵細胞と中央細胞と同時に受精する．このような現象を重複受精とよび，被子植物に特徴的な受精方法である．

動物の受精　哺乳類，鳥類，爬虫類などの陸生動物は雌の体内で受精する体内受精を行う．一方，魚類や両生類などの多くは体外受精を行う (魚類などの一部には卵胎生とよばれる繁殖方法を行うものがあり，これらは体内受精を行う)．体内受精の瞬間をリアルタイムで観察することは不可能なので，ウニやヒトデの卵を用いた研究結果から，動物の受精は図 4.7 のように行われることがわかっている．動物の受精では，精子の侵入の際に卵膜がもち上がり受精膜ができる．受精膜は，他の精子の侵入を防ぐ働きがあると考えられている．

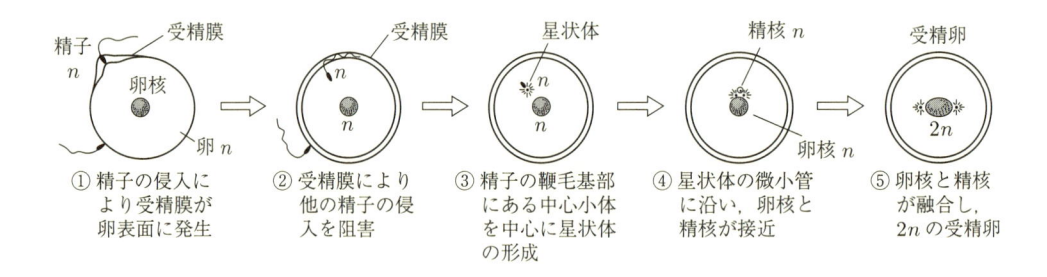

図 4.7　動物の受精プロセス

4.2　発生と分化

卵は受精をきっかけに体細胞分裂を繰り返して多数の細胞になり，その過程で細胞がそれぞれ異なった形態や機能をもつように変化していく．受精卵の初期体細胞分裂では，細胞分裂の速度が速く，細胞の成長は起こらずに，受精卵が小さな細胞へと別れていく．このような受精卵に特徴的な体細胞分裂のことを卵割といい，卵割によってできる細胞を割球とよぶ．カエルやウニの受精卵はその発生初期に割球を分離しても，1 つ 1 つの割球がそれぞれ完全な個体を形成する (図 4.8)．このような機能をもつ卵を調整卵とよぶが，発生が進むにつれてこのような機能は消失する．調整卵のように，まだどのような細胞になるかが定まらず，様々な細胞になりえる能力を潜在的にもっている細胞を未分化細胞 (幹細胞) とよぶ．

4.2 発生と分化

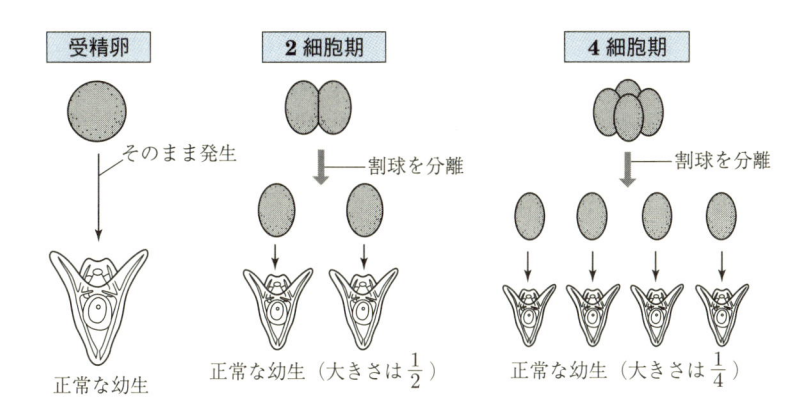

図 4.8 ドーシュの実験による調整卵の証明
ウニの受精卵を分割すると，それぞれの割球が完全な個体を形成する．

4.2.1 幹細胞と細胞分化

多くの未分化細胞は発生の進行に伴い，様々な特異的機能をもつ特殊な細胞へ変化していく．これを細胞分化とよび，ほとんどの場合この変化は不可逆である．分化した細胞では，細胞に特異的な機能を果たすために必要な一部の遺伝子の発現が増強し，一方で必要のない遺伝子の発現は抑制されている．

受精卵から発生した細胞は，このように，ほとんどが細胞分化によって組織を構成する組織細胞へと変化していくが，組織の中には個体の成長後にも多種類の細胞に分化する潜在的な能力を維持している，ごく一部の未分化細胞群が存在する．これらの細胞は体性幹細胞とよばれ，組織の修復や再生に関与していると考えられている．体性幹細胞の分化能は，組織によりまちまちであり，例えば骨髄の幹細胞は，すべての血液中の細胞になることができるだけでなく，血管内皮細胞や神経・筋肉細胞にも分化することが可能である．一方で，消化器をはじめとする内臓器 (例えば肝臓や肺) の幹細胞は，多くの場合その組織を構成する細胞 (肝臓の幹細胞なら数種類の肝臓の細胞群，肺の幹細胞なら肺の細胞群) にしか分化できない．

カエルやウニでみられた調整卵と同じように，ヒトをはじめとする哺乳類でも，発生初期の受精卵は各々の細胞が体を構成するすべての器官になりえる分化能を保持していて，これらの細胞を胚性幹細胞 (ES 細胞) とよぶ．

4.2.2 ES 細胞と iPS 細胞

ES 細胞はすべての細胞に分化する全能性をもっている．したがって，どのような組織の細胞でも ES 細胞から誘導することが理論的には可能であり，組織の人為的な修復や再生医療にとって夢の細胞であると考えられた．しかし，ES 細胞は受精卵であり，ES 細胞から個体の形成も可能であることを意味す

る．また，ES細胞は受精卵であるが故に，移植される宿主とは異なる遺伝子をもち，移植に際しては拒絶反応などの問題を解決しなければならない．これらの点から，ES細胞は生命倫理の面で，また技術面でも医療への応用には高いハードルが存在する．

一方，分化した体細胞には様々に発現が増強された遺伝子と抑制された遺伝子が混在していて，分化は不可逆であると考えられてきた．しかし，分化型に発現が変化した遺伝子をもとの状態に戻す(初期化する)ことによって，体細胞もES細胞のような全能性を得ることができることが最近の研究からわかってきた．このような体細胞からつくられた未分化細胞をiPS細胞とよぶ(13章参照)．iPS細胞は各個人の体細胞から誘導が可能なため，拒絶反応なく再生医療などへの応用が期待されているものの，癌化しやすいなどの技術的な問題が残されている．

4.2.3 形態形成

受精卵から細胞分裂を経て細胞分化を起こした細胞が，生体器官を構築していく．受精卵の卵割が進むと，桑実胚，胞胚，原腸胚へと変化していく．原腸胚では胚が3層に分かれ，外側から外胚葉，中胚葉，内胚葉とよばれる．これらの胚葉から生じる器官は，この時点でほぼ決定されている．例えば，外胚葉からは表皮や神経系が生じるし，中胚葉からは脊索，体節，腎臓，心臓などが，また内胚葉からは消化管や肝臓などがそれぞれつくられる．このような器官を構築する形態形成は，どのようなメカニズムで行われているのだろうか．

形態形成は数多くのマスター遺伝子によって制御されている．マスター遺伝子とは，他の一群の遺伝子に連鎖的な反応を引き起こすことによって，個体発生において器官形成の引き金を引く役割を担う遺伝子群である．例えば，ショウジョウバエで見つかったホメオティック遺伝子は，体節の発生を決定づける遺伝子であり，その変異は体節の異常をもたらすことが知られている(図4.9)．その他に，筋肉の発生を制御するMyoD遺伝子，目の形成にかかわるPax6遺伝子など，多くのものが知られている．

マスター遺伝子は多くの場合，他の遺伝子の発現を調節する遺伝子である．マスター遺伝子が引き金を引いた結果，いろいろな遺伝子からタンパク質がつくられ，隣接する未分化な細胞群に作用して特定の構造をもつ器官を形成させ

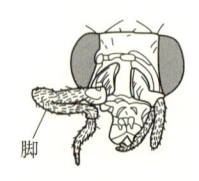

桑実胚，胞胚，原腸胚: 受精卵から卵割によって次第に細胞数が増えて細胞の塊ができる．その過程につけられた名称．桑実胚→胞胚→原腸胚と移行する．胞胚では細胞塊は中空となり，さらに細胞の移動を伴って層状構造をもつ原腸胚となる．

脚

図4.9 ホメオティック遺伝子変異
顔から触角に代わって脚が生えている．

4.2 発生と分化

る．このような作用を誘導とよび，マスター遺伝子が働いて誘導の働きを示す細胞領域を形成体 (オーガナイザー) とよぶ．シュペーマンらは，色の異なる 2 種類のイモリの初期原腸胚を用い，一方の胚の原口背唇部を切り取って，同じ時期の色違いのイモリの胚の本来表皮になる部分に移植する実験を行った．その結果，表皮になるはずだった移植片は，接する外胚葉から神経管の分化を誘導し，本来の胚とは別に第二の胚 (二次胚) を形成させた (図 4.10)．この結果は，移植された原口背唇部が形成体として機能し，胚 (二次胚) を誘導したものと考えられる．

ハンス・シュペーマン (1869 - 1941): ドイツの発生生物学者．動物の発生の研究により 1935 年にノーベル生理学・医学賞を受賞した．

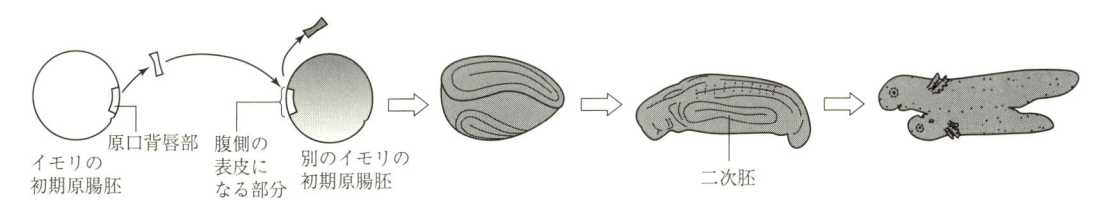

図 4.10 シュペーマンの実験

形成体の隣接する細胞に情報が伝わり，細胞遊走に代表される形態形成運動が引き起こされる．形態形成運動には，陥入運動，湾曲運動，移入運動，移動運動，伸展運動などがあり，これらの組み合わせによって複雑な器官構造を形作っていく．形態形成の過程の 1 つの特徴は連鎖反応である．

例えば，脊椎動物での目の形成は，形成体である原口背唇部の働きによって外胚葉から神経管が誘導されることから始まる (図 4.11)．

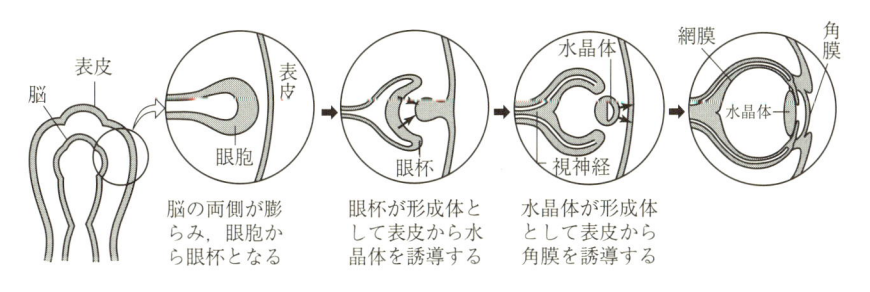

図 4.11 目の形成におけるオーガナイザー

誘導された神経管の前方は脳になり後方は脊髄になるが，脳の左右両側に眼胞という膨らみができ，これが眼杯になる．この眼杯は表皮から水晶体 (レンズ) を誘導し，さらに水晶体は表皮から角膜を誘導するという連鎖反応により，目の組織が形成されていく (図 4.12)．

器官形成を引き起こす因子としては様々な分子が同定されている．その中の 1 つであるアクチビンは代表的な誘導因子として知られる．この物質は，濃度によって誘導する器官が変化することを特徴とする (図 4.13)．

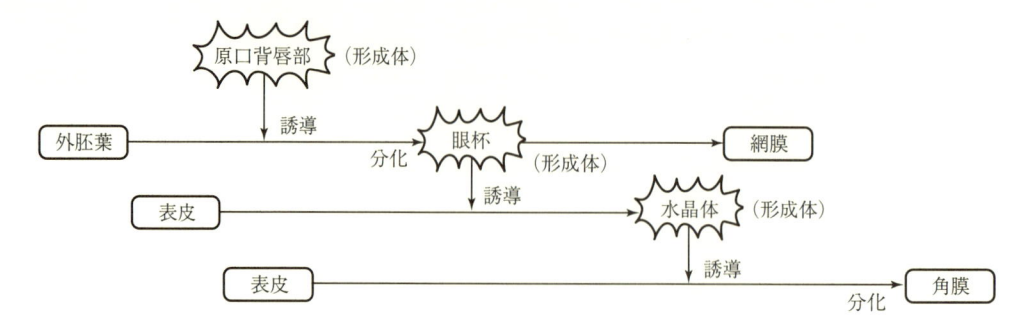

図 4.12 形成体による誘導の連鎖

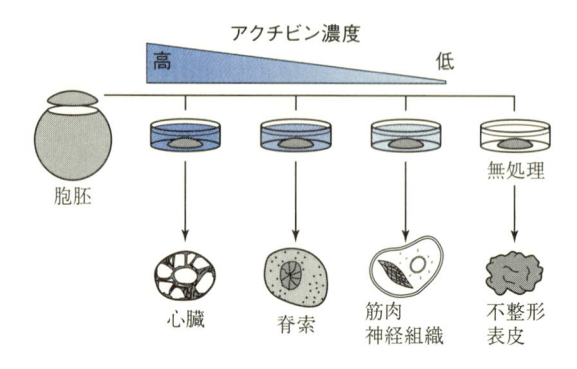

図 4.13 分泌型誘導因子 (アクチビン)

例えば、アフリカツメガエルの胞胚を低濃度で処理すると、筋肉や神経組織に分化するが、高濃度で処理すると同じ胞胚が心臓へと分化し拍動を始めることが知られている。現在この分野では次々と新しい物質が見つかり、その作用機序が研究されている。

4.2.4 プログラム細胞死

器官形成は、マスター遺伝子のスイッチオン、形成体による誘導の連鎖、細胞増殖・分化・遊走を含む形態形成運動によって引き起こされるが、もう1つ重要な機序が存在する。それはプログラム細胞死とよばれる自発的な細胞死である。プログラム細胞死は、形態形成において様々な場面において機能している。

例えば、おたまじゃくしがカエルに成長する際には、その尾はトカゲのしっぽのように切断されるわけではなく、体に吸収されて自然消滅する。哺乳類は胎児の時期には手足に水かきのような膜が存在するが、成長とともに吸収され、指の形が残される。昆虫は幼虫から成虫に成長するとき、さなぎを経て劇的な形態変化を引き起こす。

これらの変化にはプログラム細胞死が不可欠である。すなわち、造形という形態形成において「削る」という役目をもつのがプログラム細胞死である。プ

ログラム細胞死の中で最も研究されているのが，アポトーシス (アポは「離れる」，トーシスは「落ちる」という意味のギリシャ語) とよばれる細胞死である．アポトーシスは，DNA が修復不可能な損傷を受けたり，細胞死のシグナルが入ってきた際に，細胞内のカスパーゼとよばれる一群の酵素群が連鎖反応的に活性化して，最終的に核や細胞質を分解することにより引き起こされる．分解された細胞破片は速やかに貪食され消失するため，アポトーシスによる細胞死は炎症反応を引き起こさないとされる (最近の研究ではアポトーシスも炎症反応を引き起こすことが報告されている)．

アポトーシスに対し，物理的な細胞膜の破壊による細胞死をネクローシスとよぶ．ネクローシスでは細胞内の炎症シグナルがそのまま細胞外に放出されるため，アポトーシスよりも激しい炎症反応が引き起こされる (図 4.14)．

アポトーシスは形態形成のみならず，癌の発症，免疫反応の制御など，生体内恒常性維持における様々な場面で重要な役割を担っている．アポトーシス以外に，形態形成にかかわる細胞死として，オートファジー (自己貪食作用；オートは「自己」，ファジーは「食べる」という意味) とよばれるメカニズムが存在する．もともとオートファジーは，細胞が飢餓状態に陥ったときに，自分の内組織を分解してエネルギーを生み出す機構として酵母ではじめて検出された．しかし，その後オートファジーは哺乳類細胞においても飢餓反応のみならず，発生や炎症反応など，アポトーシスと同様に，様々な生体反応にかかわることが報告されている．

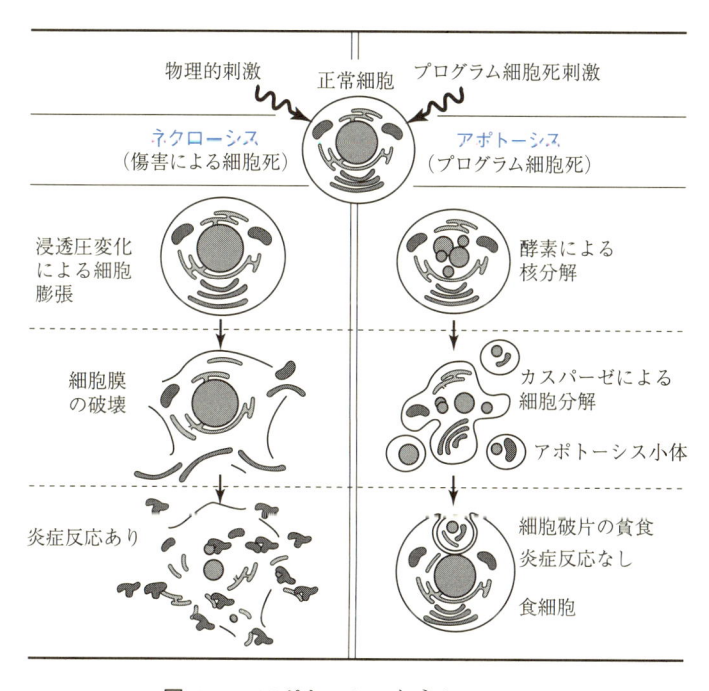

図 4.14 アポトーシスとネクローシス

■まとめ

- 生殖方法には，有性生殖と無性生殖がある．
- 有性生殖では，染色体数が半減する減数分裂によって配偶子を生み出す．
- 植物の配偶子形成や動物の卵形成の際には，不均等分裂が認められる．
- 受精によって発生が始まる．
- 発生初期には未分化である細胞は，細胞分化により特異的な機能をもつ組織細胞へと変化する．
- 未分化細胞 (幹細胞) は，体性幹細胞と胚性幹細胞 (ES 細胞) に大別される．
- 分化した細胞も，初期化により人為的に未分化細胞へ戻すことが可能である．
- 形態形成は，細胞の分化，増殖，運動，細胞死がマスター遺伝子に制御された形成体によって調節され，臓器を形作る．
- 形態形成の際に起こるプログラム細胞死には，アポトーシス，ネクローシス，オートファジーなどが知られている．

■演習問題

4.1 配偶子形成に関する以下の説明に相当する語句を下の選択肢から選べ．
(1) 相同染色体が体細胞分裂の際に倍加した染色体
(2) 細胞分裂の際に微小管が結合し，染色体を分配する染色体上の領域
(3) 配偶子のもととなる細胞
(4) 卵母細胞が不均等分裂を行う際に生じる，細胞質の小さな細胞

【選択肢】 ア．動原体，イ．極体，ウ．姉妹染色分体，エ．始原生殖細胞

4.2 以下の記述のうち，正しいものを選べ．
(1) 動物の受精において，複数の精子が卵に侵入する．
(2) 被子植物の受精では，卵細胞の受精以外にも栄養細胞の受精が同時に行われる．
(3) 動物の卵は受精した瞬間から分化細胞として運命づけられている．
(4) 細胞分化は基本的に不可逆過程である．

4.3 以下の空欄にあてはまる適切な語句を下の選択肢から選べ．

　受精卵は，受精の瞬間から [①] とよばれる細胞分裂を開始し，[①] によって生じる小さな細胞を [②] とよぶ．受精卵の発生初期には，これらの細胞は [③] の状態であり，カエルやウニではそれぞれの細胞が完全な個体を形成することができる．このような卵を [④] とよぶ．発生が進むにつれて，形態形成を司る [⑤] が機能し，器官形成を [⑥] する [⑦] が生じる．[⑦] は，周辺の細胞の増殖・分化，運動，[⑧] を制御して組織を形成していく．このような機能をもつ分泌型物質として [⑨] が知られている．

【選択肢】 ア．マスター遺伝子，イ．アクチビン，ウ．形成体 (オーガナイザー)，エ．調整卵，オ．卵割，カ．割球，キ．細胞死，ク．誘導，ケ．未分化

4.4 ES 細胞と iPS 細胞の違いについて述べよ．

5
遺 伝

　私たちは，誰でも顔つきや体形など，多かれ少なかれ両親に似ている．親から子へと生物の性質(形質)が伝わることを遺伝という．この現象は，生物の基本的な性質の1つであり，「カエルの子はカエル」というように，生物の種も遺伝により決められる．カエルが，受精卵からおたまじゃくしになり，やがてカエルに成長することも遺伝の働きによる．生物の形質が親から子に伝わるしくみは，メンデルによって研究され，法則性があることがわかった．そして，親から子に伝えられる「遺伝子」の存在が示された．現在では，遺伝子の実体がDNA(デオキシリボ核酸)であることが明らかにされ，遺伝子の働きを基盤として生物を考えることがとても大切になっている．この章では，遺伝がどのような法則に従うのかを中心に，遺伝子を担う染色体の働き，性と遺伝の関係，医療や疾病に関連するヒトの遺伝について学習する．

5.1 遺伝の法則

5.1.1 遺 伝 形 質

　生物のいろいろな性質を形質という言葉で表す．ヒトでも顔つきや体形など，親からの遺伝により，ある程度決まる形質がある．すべての形質が遺伝で決まるわけではないが，遺伝で決まる形質を遺伝形質とよぶ．

　例えば，メンデルが研究の対象としたエンドウでは，種子の形が丸いものとシワのあるものがあり，これらは遺伝により決まる遺伝形質である．また，子葉の色の黄色と緑色も別の遺伝形質である．種子の形の「丸形」と「シワ形」は，1つの個体ではどちらかの形質となり，同時に両方は現れない．このような「丸形」と「シワ形」のような形質は互いに対立形質とよばれる．子葉の「黄色」と「緑色」も対立形質の例である．

グレゴール・J・メンデル (1822-1884): チェコ出身の植物学者．エンドウの遺伝形質を丹念に調べ，遺伝の法則を発見した．

5.1.2 メンデルの研究

メンデルは，エンドウの様々な形質の中から，種子の「丸形」と「シワ形」，子葉の「黄色」と「緑色」など，7種類の対立形質を選び，これらの形質の遺伝の仕方を注意深く観察した．

彼は，まずエンドウを何世代にもわたり自家受精させることにより，親から子孫に形質が安定に受け継がれている株を作製した．例えば，子孫に「丸形」の種子だけが現れる株，あるいは「シワ形」の種子だけが現れる株である．次に，このような株間で交配させ，子孫の形質を調べる実験を行った．例えば，「丸形」株からの花粉を「シワ形」株のめしべに人工受粉させ，子孫の形質が「丸形」か「シワ形」かを調べるという実験である．その結果から，「優性の法則」，「分離の法則」，「独立の法則」という3つの重要な法則を発見した．そして，対立形質を決める要因としての「遺伝子」の存在を仮定した．

5.1.3 優性の法則

雑種: 形質の異なる個体間での交配により生じる子孫のこと．親をP，雑種第2代をF_1，雑種第2代をF_2，…のような記号で表す．

「丸形」と「シワ形」を交配させ育った子孫F_1では，すべてが「丸形」であった(図5.1)．「丸形」と「シワ形」の中間の性質をもつ種子でもなく，「丸形」と「シワ形」が半分ずつでもなかった．メンデルはこの結果より，対立形質のうち一方が，他方よりも強い性質をもち，子孫では一方の形質のみが優位に現れると考えた．これを優性の法則とよぶ．このとき，優位に現れる形質を優性形質，現れない方の形質を劣性形質という．すなわち，「丸形」が優性形質，「シワ形」が劣性形質である．

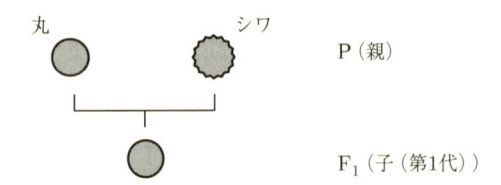

図 5.1 優性の法則
種子の「丸形」と「シワ形」を交配させた子孫は，すべて「丸形」になる．

5.1.4 分離の法則

メンデルは，F_1の「丸形」どうしで自家受粉させ，育った子孫F_2の形質を調べた．その結果，「丸形」と「シワ形」が約3:1の比率で現れることがわかった．F_1では消失した「シワ形」の形質が4分の1の割合で再び出現したことになる．この現象は以下のように考えられる(表5.1)．

5.1 遺伝の法則

表 5.1　メンデルによる一遺伝子雑種の実験 (分離の法則の発見)

F_1 の配偶子の遺伝子	R	r
R	RR 丸形	Rr 丸形
r	Rr 丸形	rr シワ形

「丸形」の遺伝子を R, 「シワ形」の遺伝子を r で表す. 図 5.1 で生じた「丸形」の F_1 の遺伝子型は Rr であり，減数分裂により R をもつ配偶子と r をもつ配偶子が同数できる. F_1 どうしを自家受粉させ育った子孫 F_2 の遺伝子型は，表のように $RR:Rr:rr=1:2:1$ となる. RR および Rr の遺伝子をもつのは「丸形」の表現型を示し，rr の遺伝子型をもつものだけが「シワ形」の表現型を示すので,「丸形」と「シワ形」が $3:1$ の比率で現れる.

(1) 劣性形質である「シワ形」を決める遺伝子は F_1 で消えてしまったのではなく，優性形質である「丸形」を決める遺伝子と共存することで，その性質が抑えられている.

(2) F_1 から生殖細胞がつくられるときには，それぞれの遺伝子が，互いに分かれ，同数の生殖細胞がつくられる (4 章「減数分裂」参照).

(3) これらの生殖細胞が，受精によりランダムに組み合わされるときに，両方が「シワ形」の遺伝子になる確率は 4 分の 1 である.

このように，対立形質を決める遺伝子 (対立遺伝子) が，互いに分離して生殖細胞に入ることを分離の法則とよぶ.

5.1.5 独立の法則

これまでの説明では，1 対の対立形質 (種子の「丸形」と「シワ形」) に注目してきたが，複数の形質を観察する場合にも同じような考え方が成り立つのだろうか. メンデルは，種子の形に加えて，子葉の「黄色」と「緑色」の対立形質にも注目した. 実験結果は後に記すが，結論としては，2 組の遺伝形質は独立して子孫に伝わることがわかり，独立の法則とよばれる.

子葉の「黄色」と「緑色」の対立形質については,「黄色 (Y)」が優性形質であり,「緑色 (y)」が劣性形質である. まず「丸形／黄色」の純系 (遺伝子型 $RRYY$) と「シワ形／緑色」の純系 (遺伝子型 $rryy$) の雑種第 1 代 F_1 を調べると，すべて「丸形／黄色」の形質をもち，それぞれの対立形質のうち優性の形質のみが表現型として現れる (図 5.2). F_1 の遺伝子型は $RrYy$ であることが推測できる. もし，それぞれの遺伝形質が独立に伝わるならば，F_1 の自家受粉により育った F_2 の遺伝子型および表現型の比率は，図 5.2 の表から次の表 5.2 のようにまとめられる.

遺伝子型と表現型: 体細胞での遺伝子の組み合わせを遺伝子型という. 例えば AA, Aa, aa などのようにイタリック体 (斜体) で表すことが多い (大文字は優性の遺伝子，小文字は劣性の遺伝子を示す). Aa の遺伝子型であっても，外に現れる形質は優性形質 (A) であり，これを表現型という.

純系: 同じ対立遺伝子の組み合わせをもつ. 純系内での交配では，子孫の形質が一定である.

```
                 丸／黄        シワ／緑
                ( RRYY )      ( rryy )
P

F₁              ( RrYy )  ( RrYy )      F₁ はすべて
                                         「丸／黄」

F₂
```

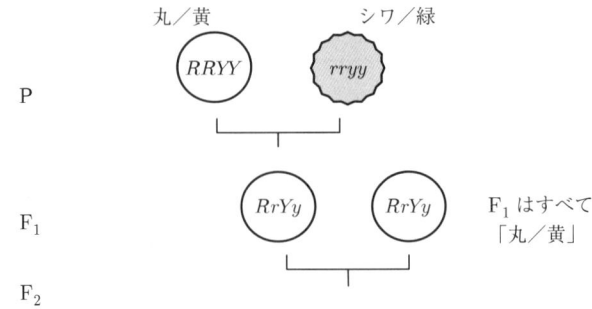

F₁の配偶子の遺伝子	RY	Ry	rY	ry
RY	$RRYY$ 丸／黄 ○	$RRYy$ 丸／黄 ○	$RrYY$ 丸／黄 ○	$RrYy$ 丸／黄 ○
Ry	$RRYy$ 丸／黄 ○	$RRyy$ 丸／緑 ●	$RrYy$ 丸／黄 ○	$Rryy$ 丸／緑 ●
rY	$RrYY$ 丸／黄 ○	$RrYy$ 丸／黄 ○	$rrYY$ シワ／黄 ◎	$rrYy$ シワ／黄 ◎
ry	$RrYy$ 丸／黄 ○	$Rryy$ 丸／緑 ●	$rrYy$ シワ／黄 ◎	$rryy$ シワ／緑 ◎

図 5.2 メンデルによる二遺伝子雑種の実験 (独立の法則の発見)
　丸形種子／黄色子葉 (遺伝子型 $RRYY$) とシワ形種子／緑色子葉 (遺伝子型 $rryy$) の雑種第 1 代 F₁ はすべて丸形種子／黄色子葉であった．丸／シワおよび黄／緑の対立形質がそれぞれ独立に配偶子に分配されると仮定すると，雑種第 2 代 F₂ の遺伝子型は，上表のように $4 \times 4 = 16$ の組み合わせとなり，表現型では [丸／黄] : [丸／緑] : [シワ／黄] : [シワ／緑] $= 9 : 3 : 3 : 1$ となる．

表 5.2 F₂ の遺伝子型と表現型の比率

遺伝子型	$RRYY$	$RRYy$	$RrYY$	$RrYy$	$RRyy$	$Rryy$	$rrYY$	$rrYy$	$rryy$
	1	2	2	4	1	2	1	2	1
表現型	9				3		3		1
	丸／黄				丸／緑		シワ／黄		シワ／緑

実験の結果，F₂ の表現型の割合は，おおよそ

$$[丸／黄] : [丸／緑] : [シワ／黄] : [シワ／緑] = 9 : 3 : 3 : 1$$

であることがわかり，上記の考え方が正しいことが証明された．それぞれの対立形質ごとにみても，[丸] : [シワ] $= 12 : 4 = 3 : 1$ であり，また [黄] : [緑] $= 12 : 4 = 3 : 1$ であることが成り立っている．

5.2 遺伝子と染色体

5.2.1 細胞分裂と染色体

メンデルが遺伝の法則を発見した頃には，遺伝子がどのようなものであるかわからなかった．その後，細胞分裂している細胞の核に染色体とよばれる構造体が観察され，ここに遺伝子が存在するのではないかと考えられるようになった．さらによく観察すると

(1) 体細胞には同じような大きさと形をもつ染色体(相同染色体)が2本ずつ存在すること
(2) 減数分裂のときに1本ずつが配偶子に入っていくこと
(3) 受精によって相同染色体が2本ずつに戻ること

がわかり，メンデルが予想した遺伝子の振舞いとよく類似することから，「染色体に遺伝子が存在する」という染色体説がサットンにより提唱された．

その後，モーガンは，ショウジョウバエを実験材料に用いて，染色体説を実証するとともに，いろいろな遺伝子が染色体上に順序よく並んでいることを示し，遺伝子と染色体との関係が明らかになってきた．

生物の種によって，1つの細胞に含まれる染色体の数が決まっている．例えば，エンドウの生殖細胞では7本(これを$n = 7$と記述する)，体細胞では14本(これを$2n = 14$と記述する)であり，ショウジョウバエの生殖細胞では4本($n = 4$)，体細胞では8本($2n = 8$)である．

染色体数が正常な数と比べ増加または減少している場合，あるいは染色体の一部の欠失や重複などがみられる場合などの染色体異常は，ヒトでは様々な疾患と関連づけられている．精神障害を特徴とするダウン症候群などの先天性疾患やがん細胞においても染色体異常が認められている．

染色体のおもな構成成分は，遺伝子本体であるDNAとヒストンとよばれるタンパク質である．1本の染色体には1本のDNAが含まれている．DNAは非常に長い鎖状の分子であり，ヒストンに巻き付きコンパクトに細胞の核に収納されている (2.3.2項参照)．

ウォルター・S・サットン (1877-1916)：アメリカの生物・医学者．細胞分裂のときの染色体を観察し，染色体に遺伝子が存在するという「染色体説」を唱えた．

トーマス・H・モーガン (1866-1945)：アメリカの遺伝学者．ショウジョウバエの遺伝を研究し，遺伝子が染色体に規則正しく並んで存在するという「遺伝子説」を唱えた．

5.2.2 連鎖と組換え

遺伝子の数は，染色体の数に比べてはるかに多い．したがって，1つの染色体にはたくさんの遺伝子が存在している．同じ染色体にある遺伝子は，減数分裂で生殖細胞ができるときに同じ細胞に一緒に移動する．メンデルが発見した「独立の法則」は，個々の遺伝子が別々に行動することを前提にしているので，2つの遺伝子が異なる染色体に存在するときには成り立つが，同じ染色体に存在するときには成り立たず，連鎖とよばれる遺伝現象が観察される．メンデルが選んだ遺伝形質の遺伝子が別々の染色体に存在したので「独立の法則」を発

見することができたともいえる.

連鎖の例を紹介しよう. 図 5.3 のように, スイートピーには, 花の色を紫にする遺伝子 B と赤にする遺伝子 b, 花粉の形を長くする遺伝子 L と短くする遺伝子 l がある. これら 2 組の対立遺伝子は同じ染色体に存在し, また, 大文字／小文字の表記からわかるように, 花の色の紫は赤に対して優性であり, また長い花粉は短い花粉に対して優性である. 紫花／長花粉 ($BBLL$) と赤花／短花粉 ($bbll$) のそれぞれホモ接合体を交雑すると, F_1 では, すべてヘテロ接合体 $BbLl$ となり, 表現型は紫花／長花粉である. 次に, F_1 の自家受精によって育った F_2 では, 3 通りの遺伝子型ができ, $BBLL$ と $BbLl$ の表現型は紫花／長花粉であることから, 紫花／長花粉と赤花／短花粉の比率は $3:1$ となる.「独立の法則」が成り立つような遺伝と異なり, 一方の形質が優性で, もう一方の形質が劣性の表現型をもつ子孫 (紫花／短花粉 (Bl) あるいは赤花／長花粉 (bL)) は現れないはずである.

ホモ接合体: 遺伝子型が BB や bb のように同一のものの組み合わせ.

ヘテロ接合体: 遺伝子型が Bb のように異なるものの組み合わせ.

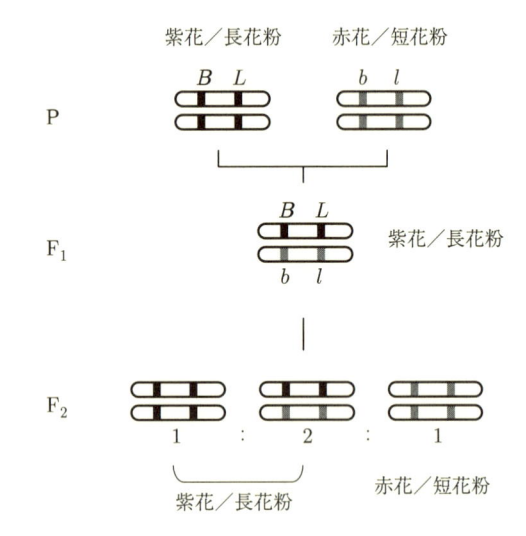

図 5.3 スイートピーの花の色と花粉の長さの遺伝 (連鎖する遺伝子)
花の色を決める遺伝子 (B/b) と花粉の長さを決める遺伝子 (L/l) は同一の染色体にあるので, 減数分裂のときに一緒に行動する. その結果, メンデルの「独立の法則」が成り立たない.

しかし, 実際に実験をしてみると, 頻度は低いが, これらの雑種が出現する. この現象は, 2 つの遺伝子が完全には連鎖していないことを示している. どのような機序によってこれが説明されるのだろうか. 減数分裂の過程で相同染色体が対になるときに, 互いが交わり染色体の繋ぎ換えられることがある (図 5.4). これを乗換え (または交叉) という. このときに DNA も繋ぎ換えられ, 遺伝子の組換えが起こる. このような理由で, ある割合で Bl や bL の配偶子が形成され, 受精によって $Bl \times bl = Bbll$ (紫花／短花粉) や $bL \times bl = bbLl$ (赤花／長花粉) が出現する. 染色体上の 2 つの遺伝子の距離が短いときには組換えの頻度は低いが, 距離が長くなると組換えの頻度は高くなる. 組換えの頻

乗換え: 染色体の繋ぎ換えに注目した用語.

組換え: 遺伝子の繋ぎ換えに注目した用語.

図 5.4 染色体の乗換え (遺伝子の組換え)
B/L および b/l は，それぞれ同じ染色体にあるため，普通は一緒に行動するが，一部では染色体の乗換えにより互いに交換され，B/l あるいは b/L をもつ染色体ができる．

度を調べることによって，同一染色体にある 2 つの遺伝子の距離が推定され，遺伝子が染色体のどこにあるかを示す遺伝子地図が作成できる．

5.2.3 性の決定と伴性遺伝

(1) 常染色体と性染色体

ヒトの染色体数は 46 本で，父親と母親とから半数ずつ由来する．このうち，22 対の相同染色体 (22 本 × 2 = 44 本) は常染色体とよばれる．残りの 2 本は性染色体とよばれ，女子と男子とで構成が異なる．性染色体には X 染色体と Y 染色体の 2 種類があり，女子は X 染色体を 2 本 (すなわち XX)，男子は X 染色体と Y 染色体を 1 本ずつ (すなわち XY) もつ．減数分裂によって，卵子は X 染色体をもつ 1 種類のみができるが，精子は X 染色体をもつものと Y 染色体をもつものの 2 種類が形成される．次代の性は，どちらの精子が受精するかで決定される．X 染色体をもつ精子が受精すれば女子が，Y 染色体をもつ精子が受精すれば男子が生まれる (図 5.5)．両者の精子は 1 : 1 でできるので，生まれてくる女子と男子が同数となる．

染色体は大きい方から順番に，第 1 染色体，第 2 染色体，…のように番号づけされている．

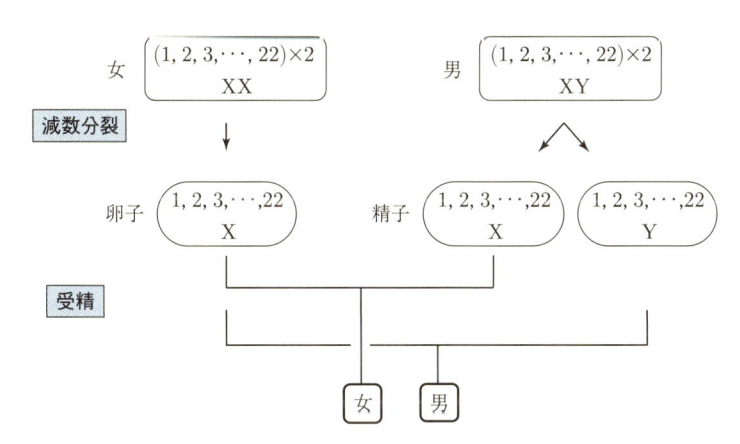

図 5.5 性の決定
X 染色体をもつ精子と卵子が受精すると女子が，また Y 染色体をもつ精子と卵子が受精すると男子が生まれる (図中の数字は染色体の番号を表す)．

(2) 伴性遺伝

遺伝子が性染色体にある場合には，性別により遺伝形質の表現型に違いがみられる．このような遺伝の仕方を伴性遺伝という．例えば，遺伝的に血液凝固異常を示す血友病とよばれる疾患の発症は男子に多い．血友病は，特定の血液凝固因子の欠乏あるいは活性低下が原因であり，その遺伝子は X 染色体に存在する．したがって，X 染色体を 1 本しかもたない男子に異常が現れやすい．女子の場合には，X 染色体を 2 本もつので，片方に異常があっても，もう一方が正常であれば発症せず保因者となる (図 5.6)．

血友病: 血液凝固因子のうち第Ⅷ因子が原因となる血友病 A と第 IX 因子が原因となる血友病 B が知られる．血液凝固が起こりにくい遺伝性の出血性疾患である．患者数は血友病 A が多い．

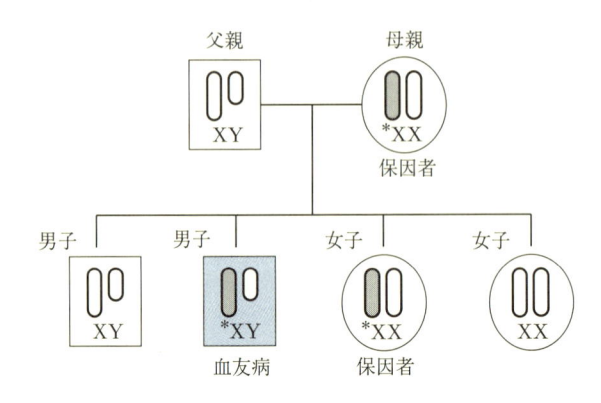

図 5.6 伴性遺伝の例 (血友病)
血友病の原因となる遺伝子を含む染色体 (*X) をもっていても，女子はもう一方が正常であれば保因者となるだけであるが，男子は X 染色体を 1 つしかもたないので発症する．

5.2.4 遺伝子とタンパク質

ジョージ・W・ビードル (1903-1989): アメリカの遺伝学者．
エドワード・L・テイタム (1909-1975): アメリカの生化学者．
アカパンカビを研究材料として用い，1 つの遺伝子が 1 つの酵素を指定するという「一遺伝子一酵素説」を唱えた．

栄養要求性: 突然変異により，生育に必要な成分を合成できなくなった場合には，環境からその成分を栄養として取り入れなくてはならない．このような性質をいう．

遺伝子はタンパク質の設計図となっている (6 章参照)．前述した血友病では，設計図である遺伝子の異常が，タンパク質である血液凝固因子の異常をもたらし，血液凝固が正常に働かない．タンパク質の中で生体反応の触媒となる酵素 (3 章参照) と遺伝子の関係がビードルとテイタムによって調べられた．

彼らは，アカパンカビの栄養要求株を研究材料として用いて研究を行った (表 5.3)．アミノ酸の 1 つであるアルギニンを培養液に加えないと生育できないアカパンカビの突然変異株の栄養要求性について細かく調べたところ，以下の 3 グループに分かれることを発見した．

Ⅰ群 アルギニンの代わりにオルニチンまたはシトルリンの添加で生育可能
Ⅱ群 シトルリンの添加で生育可能であるが，オルニチンでは生育しない
Ⅲ群 オルニチンもシトルリンもアルギニンの代わりにはならない

アカパンカビの細胞内で，オルニチン→シトルリン→アルギニンという経路でアルギニンが合成されることを考えると (図 5.7)，Ⅰ群は，オルニチン，シ

表 5.3 アカパンカビの栄養要求性株の性質

	添加した栄養素		
	オルニチン	シトルリン	アルギニン
I 群	○	○	○
II 群	×	○	○
III 群	×	×	○

○：生育する，×：生育しない

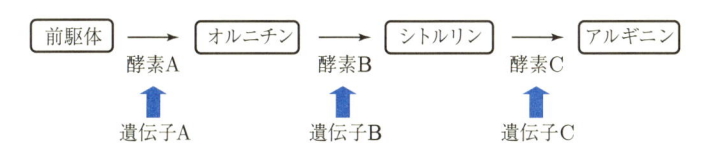

前駆体 → オルニチン → シトルリン → アルギニン
　　酵素A　　　　酵素B　　　　酵素C
　　↑　　　　　　↑　　　　　　↑
　　遺伝子A　　　遺伝子B　　　遺伝子C

図 5.7 アカパンカビのアルギニンの合成経路

トルリン，アルギニンのいずれの添加によっても生育できるので酵素 A の異常と推定される．II 群は，シトルリンまたはアルギニンの添加で生育できるので酵素 B の異常と推定される．III 群は，オルニチンやシトルリンの添加では生育しないので酵素 C の異常と推定される．

これら 3 つの群のアカパンカビ変異株は，各ステップの代謝反応を触媒する酵素が遺伝子の突然変異により異常になったと考えることができる．すなわち，1 つの遺伝子が 1 つの酵素を支配しているという一遺伝子一酵素説が生まれた．その後，この説は，酵素ではないタンパク質にも拡大され，一遺伝子一ポリペプチド説に発展した．

5.3 ヒトの遺伝

ヒトの顔形や体形は両親から遺伝するが，1 つの遺伝子で決められるわけではないので，メンデルの法則がただちには成り立つとはいえない．複数の遺伝子が複雑に絡み合っているものと考えられている．頭のつむじの右巻き／左巻きや耳あかのドライ／ウエット，血液型なども遺伝する．血友病など疾病と関係する遺伝も多く知られている (5.2.3 項参照)．

5.3.1 アミノ酸代謝と遺伝

生体成分の代謝にかかわる酵素の遺伝的な欠損や異常により起こる疾病を先天性代謝異常症という．フェニルケトン尿症やアルカプトン尿症は，アミノ酸の先天性代謝異常がもたらす代表的な疾患である．

フェニルケトン尿症の患者には，フェニルアラニンを含まない特殊なミルクや低フェニルアラニン食を用い，血中フェニルアラニン濃度を管理する．

```
フェニルアラニン
   ↓ フェニルアラニンヒドロキシラーゼ ✗ → フェニルケトン尿症
チロシン
   ↓
ホモゲンチジン酸
(アルカプトン)
   ↓ ホモゲンチジン酸オキシダーゼ ✗ → アルカプトン尿症
   ↓
   ↓
CO₂, H₂O
```

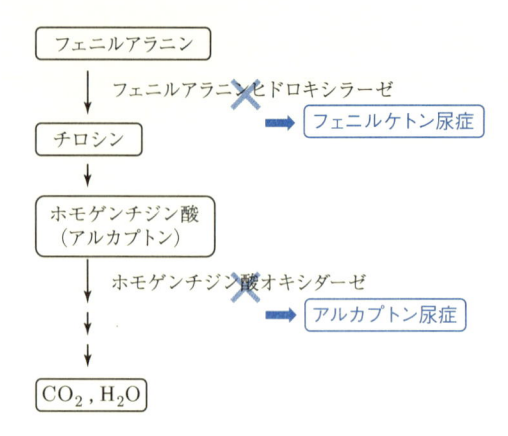

図 5.8 ヒトにおけるフェニルアラニンの代謝経路と先天性代謝異常

> フェニルアラニン，チロシンのアミノ酸については，表 1.2 (p.8-9) 参照．

フェニルアラニンというアミノ酸は，正常な代謝反応では，図 5.8 に示すような代謝経路を通り，チロシンという別のアミノ酸に変換された後，最終的に二酸化炭素と水とに分解される．ところが，新生児約 8 万人に 1 人の割合 (日本人の統計) で，フェニルアラニン→チロシンの反応を触媒するフェニルアラニンヒドロキシラーゼとよばれる酵素の欠損または異常により，反応が円滑に進まない患者がいる．この患者では，フェニルアラニンの血中濃度が上昇し，過剰のフェニルアラニンがフェニルピルビン酸 (フェニルケトン) に変換され，尿に排出されるので，フェニルケトン尿症とよばれる．早期に適切な治療を開始しないと精神遅滞を引き起こす．

もう 1 つの例であるアルカプトン尿症は，チロシンから生成するホモゲンチジン酸 (アルカプトン) の代謝にかかわるホモゲンチジン酸オキシダーゼとよばれる酵素の欠損または異常により起こる．過剰に蓄積されたホモゲンチジン酸が尿中に排泄され (図 5.8)，これが空気酸化により黒色を呈するので黒尿症ともよばれる．

これらの先天性代謝異常症は，アミノ酸代謝にかかわる酵素を規定する遺伝子の異常が疾病の原因であり，遺伝子と酵素の対応を示す例となっている．

5.3.2 血液型と遺伝

血液型が遺伝することは誰でもよく知っている．最もよく知られている血液型は **ABO 式血液型**である．基本的にはメンデルの遺伝法則が成り立つ．ただし，対立遺伝子が 2 種類ではなく 3 種類ある点がこれまでと異なっている．対立遺伝子として A, B, O の 3 つがある．3 つ以上の対立遺伝子により形質が決定される場合，これらを**複対立遺伝子**とよぶ．また，A, B, O 遺伝子の優性／劣性の関係については，A 遺伝子と B 遺伝子は，O 遺伝子に対してともに優性である．これを**共優性**という．

5.3 ヒトの遺伝

ABO 式血液型は，A 型，B 型，O 型，AB 型の 4 種類の表現型となる．O 型と AB 型の遺伝子型は，それぞれ OO および AB の 1 種類ずつであるが，A 型と B 型の遺伝子型は，それぞれ 2 種類ずつある．すなわち，A 遺伝子が O 遺伝子に対して優性であるため，ホモ接合体 AA およびヘテロ接合体 AO が表現型としては A 型となる．同様に，B 型の個人は，BB あるいは BO 遺伝子型をもつ (図 5.9)．したがって，両親がともに A 型であっても，遺伝子型が AO であれば，O 型の子どもが生まれることもあるし，同様に B 型の両親から O 型の子どもが生まれることもある．しかし，親の一方が AB 型であれば O 型の子どもは生まれないし，また O 型の親からは AB 型の子どもは生まれない．このような規則性から血液型は，DNA 鑑定が頻繁に行われる現在においても親子関係の鑑定に用いられている．

赤血球表面には血液型物質とよばれる物質があり，これが免疫系に識別されるために，輸血の際には血液型を一致させる必要がある．図 5.9 に模式的に示すように，A 型赤血球および B 型赤血球には，それぞれの型を表す物質が存在する．両方をもつのが AB 型であり，いずれももたないものが O 型である．これらの血液型物質は，いろいろな種類の糖が繋ぎ合わさって形成される糖鎖である．O 型物質が前駆体となり，これに A 型に特徴的な糖が結合すると A 型物質になり，B 型に特徴的な糖が結合すると B 型物質になる．A 遺伝子や B 遺伝子は，糖の結合反応を触媒する酵素の遺伝子である．

糖の結合を触媒する酵素を**糖転移酵素**とよぶ (1.2.4 項参照)．A 遺伝子および B 遺伝子は糖転移酵素を規定する遺伝子である．

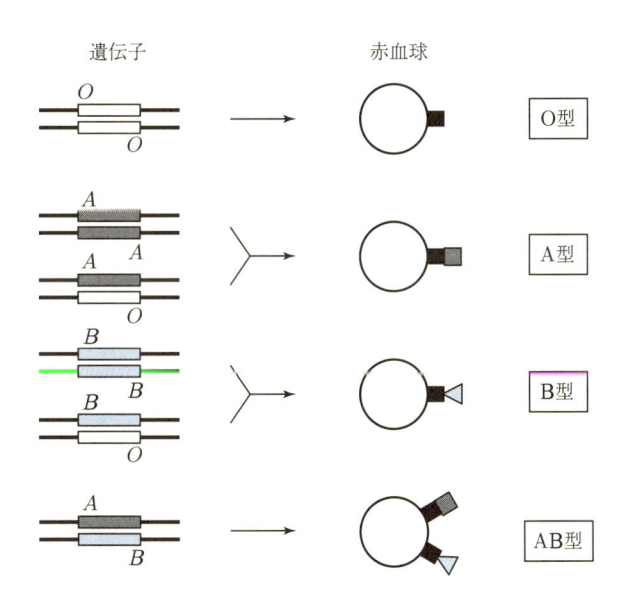

図 5.9 ABO 式血液型の遺伝子型と表現型
AB 型と O 型は遺伝子型が 1 種類であるが，A 型と B 型には遺伝子型がそれぞれ 2 種類ある．A 遺伝子および B 遺伝子を設計図としてできる酵素は，O 型物質に対して異なる糖 (図中では□や△で表している) を結合させる糖転移酵素である．

5.3.3 臓器移植と遺伝子

輸血の場合には ABO と Rh 式血液型を一致させれば，普通大きな副作用は起こらない．しかし，腎臓や肝臓などの臓器移植の場合には，これらの血液型を一致させても，移植された臓器に対する拒絶反応が起こってしまう．それは，移植臓器が免疫系により攻撃されるためである．個人で指紋が違うように，体中の臓器や組織には免疫系に識別される自分のマークが存在する．代表的なものは主要組織適合抗原 とよばれ (10.3 節参照)，ほとんどすべての哺乳類に存在する．ヒトの場合には HLA とよばれる．このマークは，細胞表面にあるタンパク質であり，血液型と同じように個人ごとに少しずつ構造が異なる．このタンパク質の遺伝子は第 6 染色体にあり，複数の遺伝子のまとまりからなる (図 5.10)．それぞれの遺伝子には，数十から百以上の対立遺伝子が存在し，これらの組み合わせにより型が決められるため，人類全体では極めて大きな多様性が生じる．型が一致しないと拒絶反応が起こる．このように，個人によって遺伝子型が異なることを遺伝多型という言葉で表す．

HLA (ヒトの主要組織適合抗原): ヒト白血球抗原の略．白血球で最初に発見されたことに由来する．

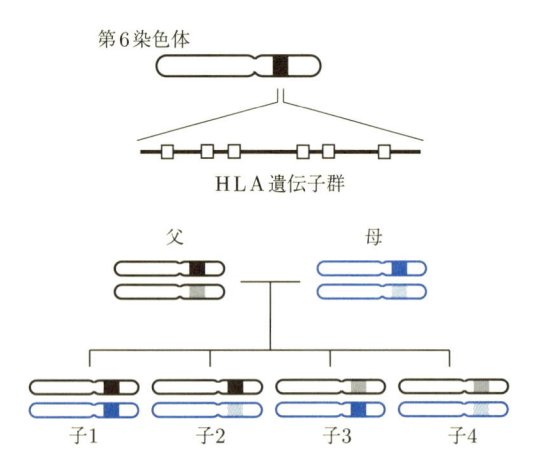

図 5.10 ヒトの主要組織適合抗原 (HLA) の遺伝
HLA を規定する遺伝子群は第 6 染色体に並んでいる (上図，□は HLA 遺伝子座を表す)．それぞれの遺伝子座には対立遺伝子が多く存在する．父親と母親から 1 セットずつ子どもに受け継がれるので 4 種類の組み合わせとなる (下図)．

HLA の遺伝子は，父親と母親からそれぞれ 1 セットずつを受け継ぐので，誰でも 2 セットの遺伝子をもっている (図 5.10)．これらの遺伝子は染色体上での距離が近いので連鎖して遺伝することが多い．兄弟姉妹間では 4 分の 1 の確率で同じ HLA の型をもつことになるが，血縁関係以外では，同じ型をもつ人を探すのはなかなか容易ではなく，100 人から 1 万人に 1 人の割合といわれている．

演習問題

■ まとめ
- 遺伝形質は，親から子に遺伝子が伝えられることにより決められる．
- メンデルの研究により，「優性の法則」，「分離の法則」，「独立の法則」が導かれた．
- 遺伝子は染色体に存在し，細胞分裂に伴い子孫の細胞に分け与えられる．
- 同一染色体に存在する複数の遺伝子の間では，「独立の法則」は成立せず連鎖が起こる．
- 性は性染色体の構成により決定する．性染色体に存在する遺伝子は特別な遺伝 (伴性遺伝) をする．
- 遺伝子は，酵素などのタンパク質の構造や働きを規定している．
- 生体成分の代謝にかかわる酵素の遺伝子変異は疾患に結び付く．
- ヒトの血液型や組織適合抗原は遺伝多型の例である．輸血や臓器移植など医療にかかわっている．

■ 演習問題

5.1 メンデルの提唱した3つの法則 (優性の法則，分離の法則，独立の法則) に対応する記述はどれか．
 (1) 生殖細胞が形成されるときに，対立遺伝子が別々の配偶子に入る．
 (2) 両親から受け継いだ対立形質のうち一方の形質のみが子孫に現れる．
 (3) 複数の遺伝子に注目したとき，それぞれの遺伝子が別々に行動する．

5.2 エンドウの「丸形／黄色」の形質をもつ F_1 (遺伝子型 $RrYy$) と親の「シワ形／緑色」(遺伝子型 $rryy$) を交配させ生じる子孫の形質と出現する割合を推定せよ．

5.3 ある生物の同一染色体にある仮想的な遺伝子 A, B, C (対立遺伝子をそれぞれ a, b, c とする) について交雑試験を行い，F_1 の生殖細胞の遺伝子型を調べたところ以下のような結果が得られた．染色体における A, B, C の相対的な位置関係を推測せよ．

$$AABB \times aabb \quad AB : Ab : aB : ab = 10 : 1 : 1 : 10$$
$$AACC \times aacc \quad AC : Ac : aC : ac = 19 : 1 : 1 : 19$$
$$BBCC \times bbcc \quad BC : Bc : bC : bc = 24 : 1 : 1 : 24$$

5.4 ヒトの遺伝に関する記述の空欄に適切な語句を記入せよ．
 (1) 性染色体の組み合わせは，[①] では XX，[②] では XY である．
 (2) 血友病は，[③] 染色体に存在する血液凝固因子の遺伝子の異常による．そのため，[④] 染色体を1本しかもたない [⑤] に発症しやすい．このように，性によって遺伝の様式が変わる遺伝子を [⑥] という．
 (3) フェニルケトン尿症は，アミノ酸代謝にかかわる [⑦] の遺伝子の異常による．この遺伝的疾患によってもビードルとテイタムが提唱した [⑧] 説が支持される．

5.5 血友病の遺伝に関する記述のうち，正しいものはどれか．
 (1) 血友病の父親と保因者の母親との間に生まれる男子はすべて血友病となる．
 (2) 血友病の父親と正常な母親との間に生まれる男子の半数は血友病となる．
 (3) 正常な父親と血友病の母親との間に生まれる男子はすべて血友病となる．

5.6 ABO 式血液型の遺伝について以下の問いに答えよ．

(1) AB 型と O 型の親から生まれる子どもの血液型は？
(2) AB 型の両親から生まれる子どもの A, B, O, AB 型の比率は？
(3) 両親と異なる血液型の子どもが生まれるような両親の血液型の組み合わせは？
(4) O 型の母親から生まれた O 型の子どもの父親である可能性のない血液型は？

6
遺伝情報とその発現

　1950年代半ばまでに，遺伝情報を担う遺伝子の実体がDNA（デオキシリボ核酸）とよばれる化学物質であることが明らかにされた．私たちの体を構成するすべての細胞は，正確なDNA複製によって，両親から与えられた遺伝情報を忠実に受け継ぐ．そして，遺伝情報の発現（DNAがもつ遺伝情報をRNA（リボ核酸）とタンパク質の合成に変換すること）が，細胞の増殖・発生・分化・生存・運動・細胞死・環境適応などのすべての生命活動に対して重要な役割を果たす．この章では，遺伝情報がどのように保存され，さらに遺伝情報がどのようにして発現するかについて学習する．

6.1　遺伝子とゲノム

6.1.1　ゲノムとは

　生物はそれぞれ独自の遺伝子を多数もち，それぞれの生物らしさを発揮している．ゲノム (genome) とは「遺伝子 (gene) と 集合を表す語尾 (-ome)」を組み合わせた言葉で，生物のもつ遺伝子セット（遺伝情報）の全体をさす．また，「全染色体を構成するDNAの全塩基配列」という意味ももつ．

　ヒトを構成する60兆個といわれる細胞すべては1個の受精卵に起源をもつ．ヒトの細胞1個に存在する全遺伝子は，父親の精子と母親の卵子に由来する2セットで構成され，22対の常染色体 (44本) と1対の性染色体 (2本：女性はXX，男性はXY) の46本の染色体をもつ二倍体となっている．減数分裂を経て生じる精子と卵子は1セットの遺伝子しかもたない一倍体で，この1セットをヒトゲノムとよぶ．各染色体は1本の非常に細長い二本鎖DNAの紐でできていて，1個の細胞にあるDNAだけでも全長約2mになる．これらの細長いDNAは，細胞核の中にコンパクトにパッケージングされている (2.3.2項参照)．

6.1.2 ゲノム解析

ヒトゲノム計画を遂行するために，コンピュータサイエンス・ロボット工学を含む DNA 塩基配列決定技術の革新的進歩やバイオインフォマティクスといった生物情報解析の学問が発達し，ヒトのみならず，様々な生物のゲノムのサイズと遺伝子数が調べられてきた (表 6.1)．ヒトがヒトたるゆえんについては，いまだに謎のままであり，今後のポストゲノム研究の発展に期待されよう．

ヒトゲノム計画: ヒトのゲノムの全塩基配列を解析するプロジェクト．アメリカが中心になり，イギリス，日本，フランス，ドイツ，中国などの研究機関が協力して行われた．1953 年の DNA の二重らせん構造の発見から半世紀となる 2003 年に完了した．病気に関する遺伝子情報を医療，特にオーダーメイド医療 (個別化医療) に生かすことが期待されている．

表 6.1 様々な生物種間でのゲノムの比較

生物種	ゲノムサイズ (megabase, MB)	タンパク質コード遺伝子数
ヒト	3200	19,042
チンパンジー	2700	19,000
マウス	2600	20,210
イネ	389	37,544
ショウジョウバエ	160	14,400
線虫	100	19,099
マラリア原虫	22.8	5,300
酵母	12.1	6,607
大腸菌	4.6	3,200
ヒト免疫不全ウイルス (HIV)	0.0091	9

現在でも，ゲノムサイズの大きい生物においては，タンパク質をコードする遺伝子数は確定されていないようである．Megabase (mega + base, MB) とは，10^6 個の塩基数を表し，ヒトゲノムは 30 億個以上の塩基対からなる．　　　　　　　　　　　　[N Engl J Med **362**: 2001-2011 (2010) より改変]

さらに，ヒトゲノムには，タンパク質の設計図となる部分が全体の 2 % ぐらいしかなく，まったく意味がない領域と考えられていた残りの DNA 領域にノンコーディング RNA(非コード RNA，タンパク質をコードしない RNA などと，いろいろな名前でよばれる) に対応する配列が見つかってきた．しかも，ノンコーディング RNA はヒトゲノムの約 60 % も占めていて，遺伝子の概念が変わってきている．

6.2 遺伝子と DNA

6.2.1 DNA の構造

DNA の正式名称をデオキシリボ核酸 (deoxyribonucleic acid) という．核酸 (nucleic acid) とは，塩基・糖・リン酸からなるヌクレオチド (nucleotide) が，リン酸ジエステル結合で直鎖状に繋がった，枝分かれなしのポリマー高分子

6.2 遺伝子と DNA

(a) ヌクレオチド

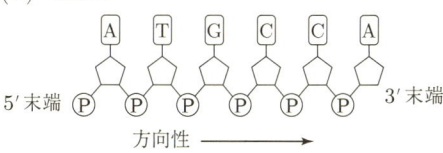

T 塩基
デオキシリボース
P リン酸

(b) DNA

A T G C C A
5′末端 P P P P P P 3′末端
方向性 →

(c) 塩基配列

ATGCCA
方向性 →

図 6.1 DNA の構造と塩基配列表記
(a) ヌクレオチドの構造．塩基・デオキシリボース・リン酸 (P) からなるヌクレオチドが DNA の構成要素である．(b) DNA の構造．ヌクレオチドがリン酸ジエステル結合してポリマー化して DNA になる．(c) DNA の塩基配列．A, G, C, T を用いた塩基配列は，左端が 5′ 末端，右端が 3′ 末端となるように表す．

化合物である (図 6.1)．糖の違いによって，デオキシリボースをもつ DNA とリボースをもつリボ核酸 (ribonucleic acid, RNA) の 2 種類に大別される．リボースで構成される RNA に比べて，デオキシリボースで構成される DNA の方が化学的に安定である．DNA の塩基は，アデニン (A), グアニン (G), シトシン (C), チミン (T) という 4 種類の塩基である (1.2.2 項参照)．

DNA は直鎖状ポリマーであるが，その末端は，一方がリン酸で，他方はデオキシリボースになっている．リン酸側の末端を 5′ 末端，デオキシリボース側の末端を 3′ 末端とよび，DNA 鎖に方向性 (極性) があることがわかる．また，4 種類の塩基 (A, G, C, T) の並び順を塩基配列といい，塩基配列を横に並べて書くときには，左側を 5′ 末端にして表記する．

6.2.2 DNA 二重らせんと塩基の相補性

長い年月にわたって，遺伝情報は細胞のタンパク質にあるものと考えられていたが，1944 年アベリーは細菌の形質転換の実験を行い，遺伝子の本体が DNA であることを示した．1949〜1952 年シャルガフは，DNA の 4 種類の塩基の含量を比較し，A と T および G と C の含量がそれぞれ等しいこと (すなわち A=T, G=C) を発見した．さらに，様々な生物種の DNA を分析することにより，生物種ごとの塩基 A–T と G–C の構成比が異なることも見つけた．しかし，シャルガフ自身は，A と T および G と C が塩基対 (base pair) を形成することには気がつかなかった．

オズワルド・T・アベリー (1877-1955):
カナダ出身のアメリカの分子生物学者．

エルヴィン・シャルガフ (1905-2002): オーストリア出身のアメリカの生化学者．

ジェームズ・D・ワトソン (1928-): アメリカの分子生物学者.
フランシス・クリック (1916-2004): イギリスの分子生物学者.

ワトソンとクリックはDNAの二重らせん構造を発見し，1962年にノーベル生理学・医学賞を受賞した．

1953年ワトソンとクリックは，DNAが二重らせん構造をとっていることを発見した．それは，図6.2に示すように，(1) 2本のDNA鎖が1つの共通軸のまわりに二重らせん (double helix) を形成している．(2) DNAの二本鎖は逆平行 (向きが反対) で，両方とも右巻き「らせん」である．(3) 塩基は「らせん」の中心部にあり，糖とリン酸は「らせん」の周辺部に位置して，生理的条件では負電荷をもつリン酸基どうしが接触して反発しないような配置となっている．(4) AとTおよびGとCは互いに水素結合 (非共有結合性の弱い静電的結合) により，塩基対を形成する．A-T間では2本，G-C間では3本の水素結合となり，形成する塩基対の特異性は非常に高く，A-TおよびG-C以外の塩基対はできない．この性質を塩基の相補性といい，DNAの一方の鎖の塩基配列が決定すれば，自動的にもう一方のDNA鎖の塩基配列も決定する．すなわち，一方のDNA鎖は，相手のDNA鎖の合成の鋳型になることができる．

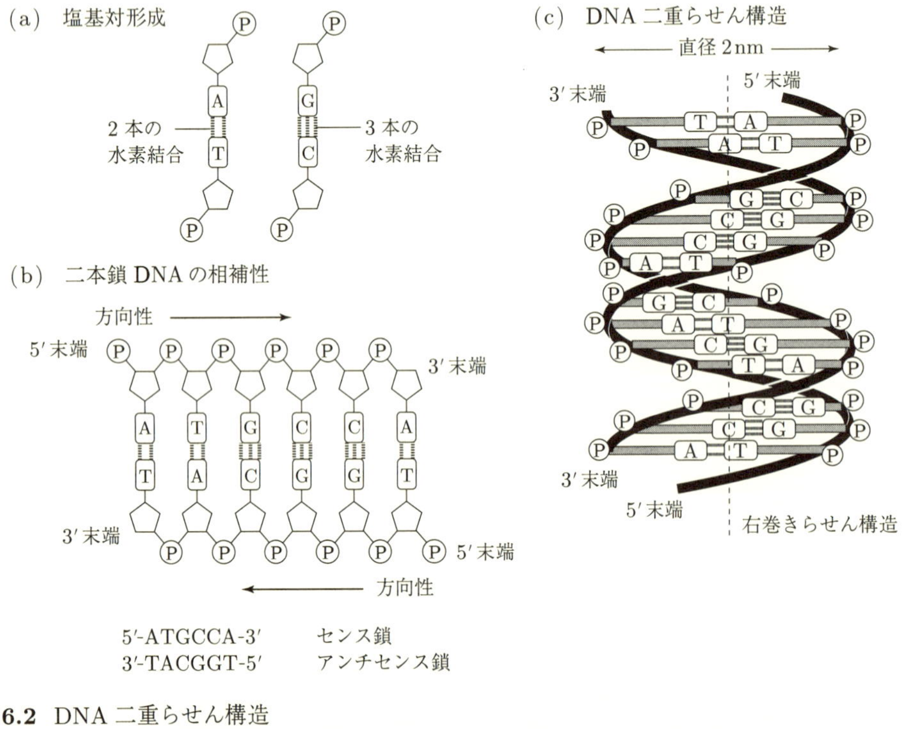

図 6.2 DNA二重らせん構造

(a) ヌクレオチドどうしの塩基対形成．A-TおよびG-Cの特異的な組み合わせ．(b) 二本鎖DNAの相補性．センス鎖とその相補鎖であるアンチセンス鎖との関係．(c) 2本のDNA鎖は逆平行となり，塩基対が中心部，リン酸基が周辺部に配置されている．2本のDNA鎖ともに，中心軸に対して1回転あたり3.4 nmの右巻き構造をとり，2 nmの直径をもつ，らせん構造となっている．

6.3 DNA 複製

6.3.1 半保存的複製

生物が子孫を維持するため，その遺伝情報を正確に伝える必要がある．複製 (DNA を正確に 2 倍にする過程) を経てから細胞分裂が起こると，2 個の娘細胞に均等に遺伝情報が伝わる．

1958 年メセルソンとスタールは，重窒素を用いて DNA の複製が半保存的に行われることを明らかにした (図 6.3)．重窒素 (^{15}N) は普通の窒素 (^{14}N) の安定同位体であり，化学的性質は同じであるが，質量が重いという特徴がある．彼らは，^{15}N を含む培地で大腸菌を培養し，DNA の窒素を ^{15}N に置き換えた (第 0 代の大腸菌)．その大腸菌を普通の窒素 (^{14}N) を含む培地に移して一度だけ細胞分裂させた第 1 代の大腸菌を取得し，^{14}N の培地でさらに 2 回目の細胞分裂をさせた第 2 代，3 回目の細胞分裂をさせた第 3 代の大腸菌を得た．それぞれの大腸菌から DNA を抽出し，塩化セシウムの密度勾配遠心分離法によって，DNA の密度を比較検討した．その結果，第 0 代は重い DNA，第 1 代は中間の重さの DNA，第 2 代は中間の重さの DNA と軽い DNA が等量得られた．第 3 代以降も中間の重さの DNA と軽い DNA の 2 種類が得られるが，世代を重ねるにつれて軽い DNA が増えた．

マシュー・メセルソン (1930-): アメリカの遺伝学者・分子生物学者.
フランクリン・W・スタール (1929-): アメリカの遺伝学者.
2 人は大腸菌の DNA が半保存的に複製されることを発見した．

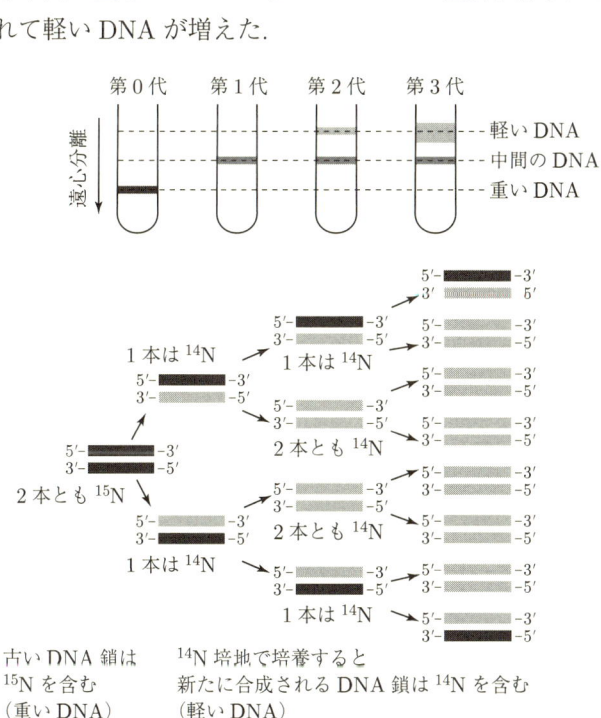

図 6.3 メセルソンとスタールの実験
安定同位体の質量の差を利用して，古い DNA 鎖と新たに合成された DNA 鎖を区別したエレガントな実験．

二本鎖を形成している DNA は一本鎖に開裂してその相補鎖が複製されると，それぞれ 2 倍の DNA 量をもつ二本鎖に戻る．すなわち，複製された二本鎖の DNA は，鋳型になった一本鎖の古い DNA と新しく合成された一本鎖の DNA からなる．このような複製の仕方を半保存的複製とよび，大腸菌のような原核細胞のみならず，真核細胞でも起こる DNA 複製に共通のしくみである．

6.3.2 岡崎フラグメント

DNA が複製されるとき，二本鎖 DNA をほどきながら行われるので，その形から複製フォークとよばれる構造ができる (図 6.4)．新しく合成される DNA 鎖は，DNA ポリメラーゼによって，一本鎖 DNA を鋳型にして合成される．DNA ポリメラーゼの性質上，DNA の $3'$ 末端を伸長する方向に進むので，新しい DNA 鎖は常に $5' \to 3'$ の方向で合成伸長される．したがって，2 本の DNA 鎖のうち，鋳型として働く鎖は $3' \to 5'$ に向かって読まれることになる．

もし両方の鎖が連続的に合成されるとしたら，一方の鎖は $3' \to 5'$ の方向で合成伸長されなければならない．しかし，DNA ポリメラーゼの性質から考えると逆方向への複製はあり得ないことである．

岡崎令治 (1930-1975): 分子生物学者．名古屋大学で岡崎恒子夫人 (1933-) とともに，岡崎フラグメントを発見して，DNA 複製が一方の DNA 鎖は連続的に，他方は不連続的に合成されること (半不連続的 DNA 合成) を証明した．

1960 年代に岡崎令治らによって，岡崎フラグメントが発見された (図 6.4)．すなわち，一方の DNA 鎖は $5' \to 3'$ の方向に連続的に合成伸長され，他方の DNA 鎖も $5' \to 3'$ の方向に合成伸長される不連続小断片 (岡崎フラグメント) ができ，この小断片 DNA は後で DNA リガーゼにより共有結合で繋がり 1 本の DNA 鎖になる (半不連続的 DNA 合成)．リーディング鎖は複製フォークの移動方向と同じ方向に合成される DNA 鎖のことであり，ラギング鎖は複製フォークの移動方向と反対方向に不連続に合成される岡崎フラグメントでつくられる DNA 鎖をさす．

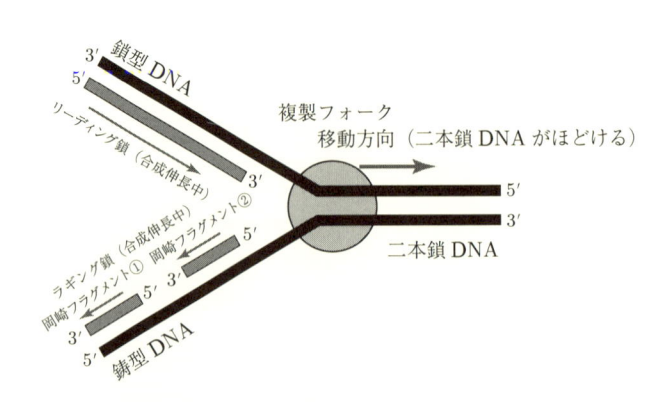

図 6.4 DNA 複製と岡崎フラグメント

6.4 遺伝子発現

6.4.1 RNA の構造と種類

RNA は DNA とよく似た核酸であるが，ヌクレオチドの糖がデオキシリボースの代わりにリボースとなり，塩基のチミン (T) の代わりにウラシル (U) となっている．したがって，RNA の塩基は，アデニン (A)，グアニン (G)，シトシン (C)，ウラシル (U) で構成されている．A と T との相補性と同様に A と U の間にも相補性がある．また，DNA と同様に，ヌクレオチドが直鎖状のポリマーになっていて，リン酸側の末端を 5′ 末端，リボース側の末端を 3′ 末端とよび，RNA 鎖も方向性 (極性) をもつ．

DNA 塩基配列に基づく遺伝子情報が RNA に変換されることを転写 (transcription) とよぶ．すべての RNA は，DNA の特定の領域の塩基配列に対する相補的塩基配列をもつ．RNA は二重らせん構造を形成する DNA とは異なり，二本鎖 RNA ウイルスを除けば，基本的に一本鎖 RNA 構造の状態で存在する．RNA は，タンパク質をコードする遺伝子の塩基配列をもつメッセンジャー (伝令) RNA(mRNA) とタンパク質をコードしないノンコーディング RNA (ncRNA) とに大別できる．ncRNA の中には，アミノ酸を結合して運ぶトランスファー (転移) RNA (tRNA) とタンパク質合成装置の構成成分であるリボソーム RNA (rRNA) などが含まれる．

ncRNA の一種であるマイクロ RNA (miRNA) は，ウイルス，植物，マウスからヒトに至るまで，多くの生物が保有する約 22 塩基程度の小さな RNA 分子である．ヒトでは 1000 種以上の miRNA が確認されていて，mRNA の切断やリボソームによる mRNA の翻訳を阻害することで，遺伝子の発現調節に重要な役割を果たしている．また，RNA 酵素 (リボザイム) なども見つかってきたので，ncRNA に関する今後の研究の発展が期待されている．

RNA 酵素: タンパク質ではなく RNA 自体が触媒として働くことが，1982 年アメリカの T. R. チェック (1989 年ノーベル化学賞を受賞) により発見され，RNA 酵素 (リボザイム) と命名された．その後，rRNA もリボザイムであることが示された (6.5.4 項参照).

6.4.2 遺伝情報の RNA への転写

転写では，RNA ポリメラーゼによって，ある特定の時期に特定の遺伝子 DNA 鎖を鋳型にして，DNA 上の転写開始部位から転写終結部位まで相補的な RNA 鎖が合成される．転写される遺伝子の上流にはプロモーター領域があり，様々な転写因子が結合し，RNA ポリメラーゼの働きを制御している (図 6.5)．例えば，発生・分化の調節や環境変化に応答して，様々な遺伝子の転写が調節される．転写は，DNA の一部がコピーされるという点で，親 DNA 全体がコピーされる複製とは大きく異なる．

RNA ポリメラーゼは，常に RNA の 3′ 末端を伸長する方向に進むので，新しく合成される RNA 鎖は常に 5′ → 3′ の方向で伸長され，2 本の DNA 鎖のうち，鋳型として働く鎖 (アンチセンス DNA 鎖) は 3′ → 5′ に向かって読まれる

(a) プロモーターと転写領域

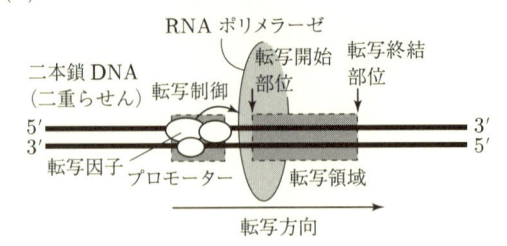

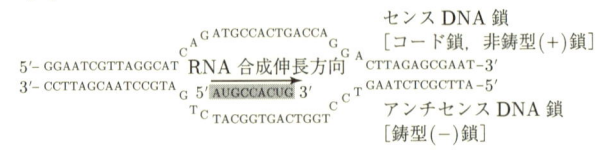

図 6.5 RNA 転写におけるプロモーター領域と転写領域

ことになる．この合成伸長方向の点では，DNA ポリメラーゼと同じ共通点をもつ．そして，合成される RNA は，アンチセンス DNA 鎖と相補的な塩基配列となり，A と U の違いはあるが，もう一方のセンス DNA 鎖と同一の塩基配列となる．

6.4.3 エキソン・イントロンと RNA スプライシング

リチャード・J・ロバーツ (1943-)：アメリカの分子生物学者．
フィリップ・A・シャープ (1944-)：アメリカの分子生物学者．
　分断された遺伝子の発見に対して，1993 年にノーベル生理学・医学賞を受賞した．

　1977 年ロバーツとシャープは，それぞれ独立の研究により，遺伝子は分断されて不連続な構造であることを示した．この研究により，真核生物の遺伝子の多くは，発現されない領域が数多く挿入されていることがわかった．RNA として発現される DNA 部分をエキソン，発現されず挿入されている介在部分をイントロンとよぶ (図 6.6)．遺伝子から直接転写され生成した一次転写産物 RNA (ヘテロ核 RNA, hnRNA) には，エキソンとイントロンがすべて含まれ

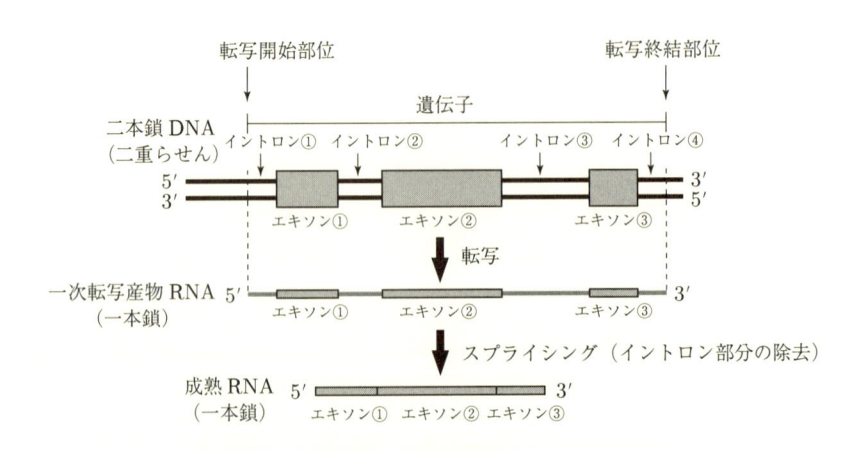

図 6.6 真核細胞の不連続遺伝子と RNA 転写

ている．一次転写産物 RNA からイントロン部分が切り出されて，エキソン部分だけが繋がった RNA が生成する．この過程をスプライシングとよぶ．

6.5 翻 訳

6.5.1 mRNA の遺伝暗号

1958 年クリックは分子生物学のセントラルドグマを提唱した．すなわち，遺伝情報の流れが，まず DNA 複製により保存され，DNA から RNA へと転写され，その後に RNA からタンパク質が翻訳 (translation) されることを示した．レトロウイルスの逆転写酵素の発見によって，RNA から DNA へ遺伝情報が伝えられることもわかってきたが，現在でもセントラルドグマは遺伝情報伝達の基本となっている．

表 6.2 mRNA の遺伝暗号表

第 1 塩基 (5′ 末端)	第 2 塩基								第 3 塩基 (3′ 末端)
	U		C		A		G		
U	UUU	Phe	UCU	Ser	UAU	Tyr	UGU	Cys	U
	UUC	Phe	UCC	Ser	UAC	Tyr	UGC	Cys	U
	UUA	Leu	UCA	Ser	UAA	Stop	UGA	Stop	A
	UUG	Leu	UCG	Ser	UAG	Stop	UGG	Trp	G
C	CUU	Leu	CCU	Pro	CAU	His	CGU	Arg	U
	CUC	Leu	CCC	Pro	CAC	His	CGC	Arg	C
	CUA	Leu	CCA	Pro	CAA	Gln	CGA	Arg	A
	CUG	Leu	CCG	Pro	CAG	Gln	CGG	Arg	G
A	AUU	Ile	ACU	Thr	AAU	Asn	AGU	Ser	U
	AUC	Ile	ACC	Thr	AAC	Asn	AGC	Ser	C
	AUA	Ile	ACA	Thr	AAA	Lys	AGA	Arg	A
	AUG	Met(開始)	ACG	Thr	AAG	Lys	AGG	Arg	G
G	GUU	Val	GCU	Ala	GAU	Asp	GGU	Gly	U
	GUC	Val	GCC	Ala	GAC	Asp	GGC	Gly	C
	GUA	Val	GCA	Ala	GAA	Glu	GGA	Gly	A
	GUG	Val	GCG	Ala	GAG	Glu	GGG	Gly	G

コドンは 5′ 末端が左，3′ 末端が右となる．対応するアミノ酸は 3 文字表記で表す．AUG はメチオニンをコードしており，開始コドンとして使われるが，ペプチドの内部のメチオニンとしても使われる．また，DNA 遺伝子配列から対応するアミノ酸を読み取る場合には，U の代わりに T とする．この遺伝暗号表はほとんどの生物に共通であるが，一部の生物種やミトコンドリアでは例外もある．Ala: アラニン，Arg: アルギニン，Asn: アスパラギン，Asp: アスパラギン酸，Cys: システイン，Gly: グリシン，Gln: グルタミン，Glu: グルタミン酸，His: ヒスチジン，Ile: イソロイシン，Leu: ロイシン，Lys: リシン，Met: メチオニン，Phe: フェニルアラニン，Pro: プロリン，Ser: セリン，Thr: トレオニン，Trp: トリプトファン，Tyr: チロシン，Val: バリン，Stop: ストップコドン (終止コドン)．

マーシャル・W・ニーレンバーグ (1927-2010): アメリカの生化学者.
ロバート・W・ホリー (1922-1993): アメリカの生化学者.
ゴビンド・コラーナ (1922-2011): インド出身のアメリカの分子生物学者.

3人は，それぞれ独立に遺伝暗号解読の研究を行い，1968年にノーベル生理学・医学賞を受賞した.

タンパク質をコードする遺伝子の塩基配列を写した RNA が，メッセンジャー RNA (mRNA) である．タンパク質を構成するアミノ酸は 20 種類であるが，RNA の塩基は 4 種類しかない．そこで，4 種類の塩基の組み合わせが 20 種類のアミノ酸の種類を規定する遺伝暗号 (genetic code) となることが予想された．そして，1960 年頃から，ニーレンバーグ，ホリー，コラーナらの研究により，遺伝暗号が解読された (表 6.2).

1 つのアミノ酸は，3 つの塩基の並びにより決められことが判明した．この 3 連塩基 をトリプレット (triplet) あるいはコドン (codon) とよぶ．4 種類の塩基がつくる 3 連塩基の組み合わせは $4^3 = 64$ 通りが可能である．実際に，1 つのアミノ酸に対して複数のコドンが対応すること (遺伝暗号の縮重) がわかった．メチオニンとトリプトファン以外のアミノ酸は 2〜6 種類のコドンが対応する．コドンの中には，1 種類の翻訳開始コドン (メチオニンコドンでもある) と 3 種類の終止コドン (ストップコドン) がある．終止コドンは，どのアミノ酸にも対応しておらず，タンパク質合成停止の合図となる．

6.5.2 オープンリーディングフレームとアミノ酸配列

mRNA の 5′ 末端に近い AUG (開始コドン) から，3′ 末端の方向に 3 つずつ塩基が連続して連なり，終止コドンが現れたところまでで，リーディングフレーム (読み枠) が確定する (図 6.7)．mRNA の開始コドンと終止コドンで挟まれた部分の塩基配列は，タンパク質のアミノ酸配列の情報に対応するので，この部分をオープンリーディングフレーム (ORF) とよぶ．mRNA には 1 塩基ずつずれた読み枠が 3 通りあるので，通常，長いオープンリーディングフレームが出てくればタンパク質をコードしているものと考えられる．また，開始コドンとなる AUG の近傍には，原核生物ではシャイン-ダルガノ配列 (SD 配列)，真核生物ではコザック配列とよばれる共通の塩基配列が通常それぞれ存在する．

```
                    オープンリーディングフレーム (ORF)
                    ├─────────────────────────────┤
              開始コドン                          終止コドン
                 ↓                                    ↓
    mRNA
    5′- GCCACC AUG GCG UAU GC ............ CGA GGU AAA GUC -3′
                            ↓
                          翻訳
    ポリペプチド
    NH₂-Met-Ala-Val-Cys ............ Arg-Gly-COOH
              伸長方向 →
```

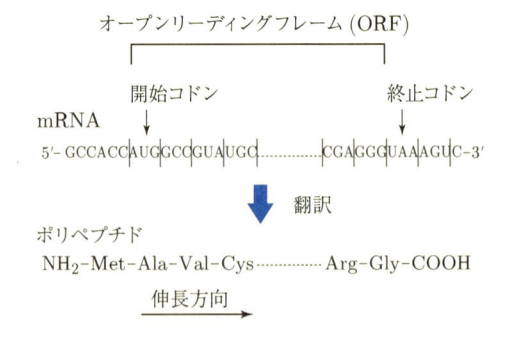

図 6.7 mRNA からポリペプチドの翻訳における遺伝情報の伝達

6.5 翻 訳

タンパク質は，アミノ酸がペプチド結合で直鎖状に繋がったポリペプチド鎖であることは1章で述べたが，翻訳の方向は，mRNAが5′→3′の方向へと合成伸長される方向と同じ方向で，ポリペプチド鎖のN末端からC末端に向かって合成伸長される．

6.5.3 トランスファーRNAによるmRNA遺伝情報のアミノ酸への変換

1965年ホリーによるトランスファーRNA (転移RNA，tRNA) の構造研究から，tRNAは核酸の言語をアミノ酸の言語に翻訳するアダプターの機能をもつことがわかった．ノンコーディングRNAであるtRNAは，70～90塩基長のRNAで，3′末端にはアミノ酸を結合する部位がある (図6.8)．分子内にmRNAのコドンと相補的な塩基配列をもつアンチコドン (anticodon) とよばれるトリプレットがあり，コドンと水素結合による塩基対を形成する．tRNAには，アンチコドンに対応したアミノ酸が高エネルギー結合を形成してアミノ酸結合部位に付加する．アミノ酸を結合したtRNAをアミノアシルtRNAとよぶ．各アミノ酸に対応して少なくとも1種類のtRNAが存在し，複数のコドンをもつアミノ酸には2種類以上のtRNAが対応することもある．

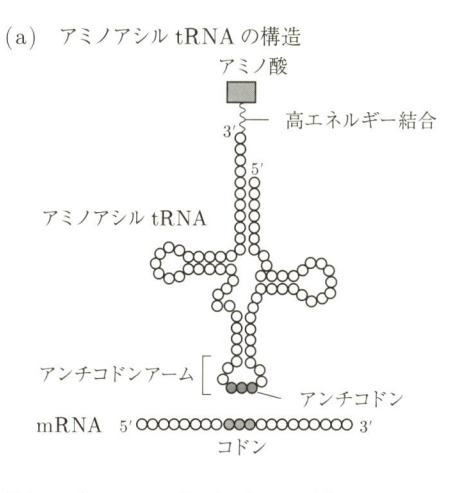

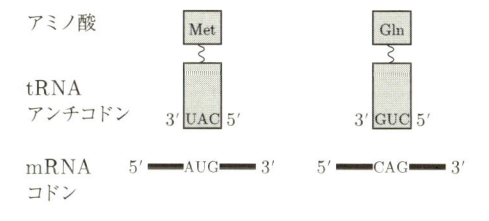

図 6.8 tRNAによる塩基情報からアミノ酸情報への変換

6.5.4 リボソームでのポリペプチド翻訳

リボソーム (ribosome) は，大サブユニットと小サブユニットで構成され，数種類のリボソーム RNA (rRNA) と数十種類のタンパク質からできていて，細胞質に局在して翻訳を行う超分子巨大複合体である．真核細胞では，核内で転写された mRNA，tRNA，rRNA は核外に排出され，細胞質に存在する．リボソームは，mRNA とアミノアシル tRNA を結合し，mRNA 上を $5' \to 3'$ の方向に移動しながら，mRNA の遺伝情報をもとにペプチド鎖の翻訳開始，ペプチド鎖の合成伸長，そして翻訳終結を行う (図 6.9)．毎秒 10〜20 アミノ酸残基を合成伸長する速度で進む．

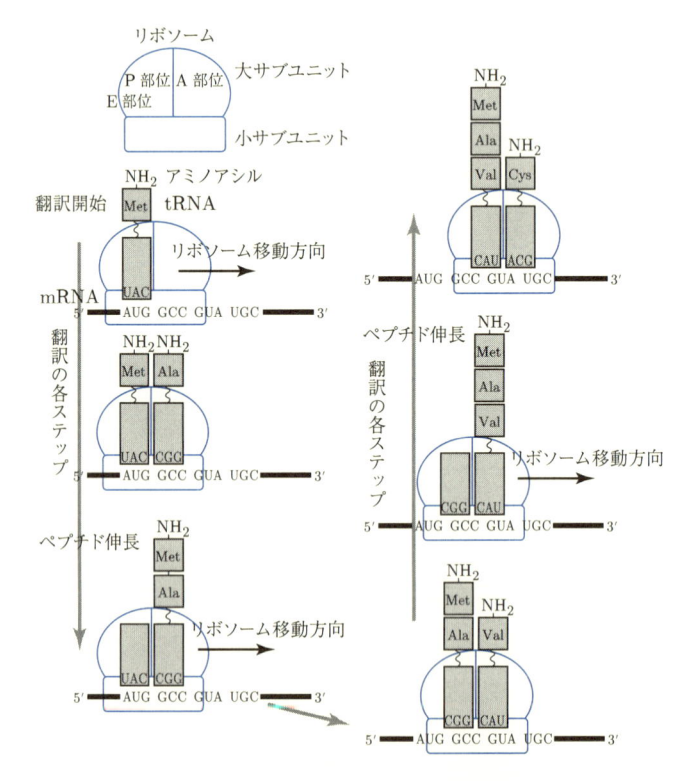

図 6.9 リボソームの構造と翻訳の開始・ペプチド伸長
リボソームの大サブユニットはペプチド鎖伸長反応などを行い，小サブユニットはおもに mRNA と tRNA の結合にかかわる．tRNA 結合には大サブユニットも関与していて，最初にアミノアシル tRNA が結合する A 部位 (アミノアシル部位)，伸長中のペプチド鎖を付加した tRNA が結合する P 部位 (ペプチジル部位)，そして脱アシル化した tRNA がリボソームから解離する E 部位 (出口部位) の 3 カ所がある．リボソームが mRNA の上を $5' \to 3'$ の方向に移動しながら，ペプチド鎖を N 末端から C 末端の方向に伸長してゆく．終止コドンに達すると，完成したポリペプチド鎖が tRNA から遊離する．

原核細胞のリボソームは，真核細胞ものと同様のタンパク質合成機能をもつが，その大きさはやや小型である．構造や構成分子にも少しずつ違いがある．一部の抗生物質は，原核細胞である細菌のリボソームの構成分子に特異的に結合して，細菌のタンパク質合成を阻害することにより抗菌性を発揮する．

6.6 遺伝子操作技術

6.6.1 組換え DNA 技術の概観

現代生命科学の飛躍的な発展は，遺伝子を自由に取り扱うことができる技術，すなわち，遺伝子操作手法を生み出したことにあるといっても過言ではない．遺伝子操作は，医学，薬学，農学の発展に多大な貢献をしてきている．遺伝子操作の基本は，目的の遺伝子 DNA を切って繋ぎ合わせて好むように遺伝子改変し，作製した遺伝子 DNA を大量に増やし，細胞に導入してタンパク質として発現させ，細胞や個体での遺伝子の機能を調べることができる．このような技術を組換え DNA 技術とよんでいる．組換え DNA 技術は，基礎生物学の発展に貢献すると同時に，医薬品，医療，食用作物・鑑賞用植物などへも応用され，バイオ関連のビジネスにも結び付いてきた．

6.6.2 組換え DNA を中心とした遺伝子操作技術の発展

1970 年代には，制限酵素 (DNA 塩基配列を特異的に認識して切断する)，DNA リガーゼ (DNA を繋げる)，DNA ポリメラーゼ (DNA を複製する) など，組換え DNA 技術に有用な酵素が発見された．そして，様々な生物から得られた DNA や人工合成 DNA をプラスミドやファージなどのベクター (遺伝子の運び屋) と繋ぎ，大腸菌などに遺伝子導入が図られ，組換え DNA 技術が発展してきた (図 6.10)．

1972 年バーグは，組換え DNA 実験をはじめて行った．SV40 というウイルスの DNA の一部をベクターとして利用し，ウイルスとは異種である細菌の DNA の一部を組み込んだ．1973 年コーエンとボイヤーは，制限酵素 *Eco*RI を使い DNA を切断する方法をはじめて試み，大腸菌遺伝子に黄色ブドウ球菌遺伝子を組み込み，さらに，扱いが簡便なプラスミドベクターを開発して，組換え DNA 技術を確立した．

1975 年サンガーにより，ジデオキシヌクレオチドを用いる塩基配列決定法 (サンガー法) が開発され，1977 年には，マキサムとギルバートにより，別の塩基配列決定法 (マキサム - ギルバート法) が開発され，DNA 塩基配列決定技術 (DNA シークエンシング技術) も確立された．高速 DNA シークエンサーが開発されている現在でも，サンガー法は最もよく使われている DNA 塩基配列決定方法である．

ポール・バーグ (1926 -): アメリカの生化学者．
フレデリック・サンガ (1918 - 2013): イギリスの生化学者．
ウォルター・ギルバート (1932 -): アメリカの分子生物学者．

　バーグは遺伝子組換えの開発研究を，ギルバートとサンガーは，それぞれ独立に DNA 塩基配列決定法開発の研究を行い，1980 年にノーベル化学賞を受賞した．サンガーは 2 つ目のノーベル化学賞の受賞であった．

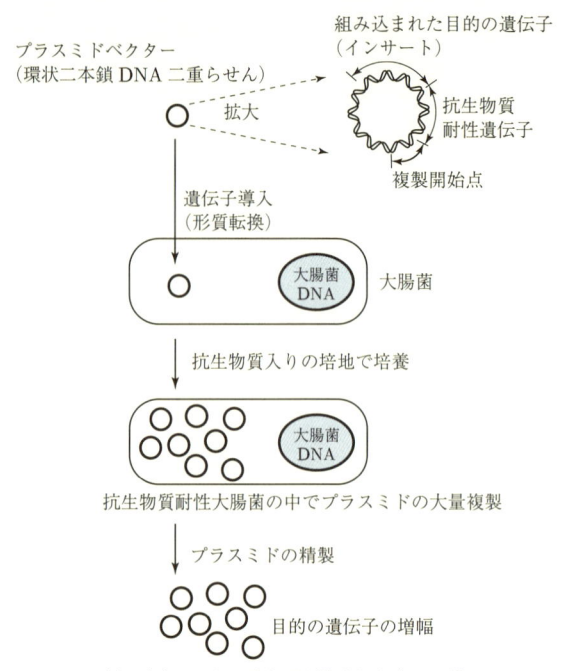

図 6.10 目的の遺伝子 DNA を大量に増幅するスキーム
制限酵素や DNA リガーゼなどを用いて，目的遺伝子をベクターに組み込む．ベクターは，大腸菌の DNA ポリメラーゼによって複製することができる複製開始点 (Ori) の塩基配列と抗生物質耐性遺伝子をもっているので，大腸菌に遺伝子導入 (形質転換) できれば，抗生物質耐性を獲得した大腸菌内には大量のプラスミドが複製されている．大腸菌からプラスミドを精製して制限酵素などを用いて切り出すことによって，大量に増幅された目的遺伝子を得ることができる．

マイケル・スミス (1934-2000)：イギリス出身のカナダ人の化学者．
キャリー・B・マリス (1944-)：アメリカ出身の生化学者．
　スミスは部位特異的突然変異法を開発し，マリスは PCR 法を開発した．2人は 1993 年にノーベル化学賞を受賞した．

　1978 年スミスは，オリゴヌクレオチドを用いた遺伝子の部位特異的突然変異導入法を開発して，作製者の好むように天然のタンパク質にアミノ酸変異を入れた変異型タンパク質を作製できるようにした．オリゴヌクレオチドの設計次第で，一塩基変異，複数塩基同時変異，塩基配列欠損/挿入など，自在にタンパク質の構造を変化させることができる．

　1985 年マリスは，好熱細菌から得た耐熱性 DNA ポリメラーゼを用いて，ポリメラーゼ連鎖反応 (polymerase chain reaction, PCR) 法を開発した．この方法は，極めて微量な DNA でも，自分の選んだ特定 DNA 断片だけを選択的にしかも簡便に大量増幅させることができる (図 6.11)．PCR の 1 サイクル 10 分足らずの時間で DNA が 2 倍に増幅されるので，PCR を 30 サイクル行うと，もとの DNA と同一塩基配列をもつ DNA を計算上は 2^{30} 倍 (実際には 100 万から 1000 万倍) 量へと増幅することができる．現在では，基礎研究や医薬品創製のみならず，臨床遺伝子診断から食品衛生検査，犯罪捜査に至るまで社

6.6 遺伝子操作技術

```
                    増幅させたい領域
5' GGAATCGTTAGGCATCAGATGCCACTGACCAGGACTTAGAGCGAAT 3'
3' CCTTAGCAATCCGTAGTCTACGGTGACTGGTCCTGAATCTCGCTTA 5'
```

↓ ① 一本鎖に解裂させ，2 種類の DNA オリゴヌクレオチドプライマーを結合

```
5' GGAATCGTTAGGCATCAGATGCCACTGACCAGGACTTAGAGCGAAT 3'
      5' TCGTTA 3'                      3' AATCTC 5'
3' CCTTAGCAATCCGTAGTCTACGGTGACTGGTCCTGAATCTCGCTTA 5'
```

↓ ② 耐熱性 DNA ポリメラーゼによる伸長

```
5' GGAATCGTTAGGCATCAGATGCCACTGACCAGGACTTAGAGCGAAT 3'
3' CCTTAGCAATCCGTAGTCTACGGTGACTGGTCCTGAATCTC      5'
      5' TCGTTAGGCATCAGATGCCACTGACCAGGACTTAGAGCGAAT 3'
3' CCTTAGCAATCCGTAGTCTACGGTGACTGGTCCTGAATCTCGCTTA 5'
```

↓ ① 一本鎖に解裂させ，2 種類の DNA オリゴヌクレオチドプライマーを結合

```
5' GGAATCGTTAGGCATCAGATGCCACTGACCAGGACTTAGAGCGAAT 3'
                                         3' AATCTC 5'
      5' TCGTTA 3'
3' CCTTAGCAATCCGTAGTCTACGGTGACTGGTCCTGAATCTC      5'
         5' TCGTTAGGCATCAGATGCCACTGACCAGGACTTAGAGCGAAT 3'
                                            3' AATCTC 5'
      5' TCGTTA 3'
3' CCTTAGCAATCCGTAGTCTACGGTGACTGGTCCTGAATCTCGCTTA 5'
```

↓ ② 耐熱性 DNA ポリメラーゼによる伸長

```
5' GGAATCGTTAGGCATCAGATGCCACTGACCAGGACTTAGAGCGAAT 3'
3' CCTTAGCAATCCGTAGTCTACGGTGACTGGTCCTGAATCTC      5'
      5' TCGTTAGGCATCAGATGCCACTGACCAGGACTTAGAG     3'
3' CCTTAGCAATCCGTAGTCTACGGTGACTGGTCCTGAATCTC      5'
      5' TCGTTAGGCATCAGATGCCACTGACCAGGACTTAGAGCGAAT 3'
         3' AGCAATCCGTAGTCTACGGTGACTGGTCCTGAATCTC   5'
      5' TCGTTAGGCATCAGATGCCACTGACCAGGACTTAGAG     3'
3' CCTTAGCAATCCGTAGTCTACGGTGACTGGTCCTGAATCTCGCTTA 5'
```

↓ ① 一本鎖に解裂させ，2 種類の DNA オリゴヌクレオチドプライマーを結合
↓ ② 耐熱性 DNA ポリメラーゼによる伸長

```
5' GGAATCGTTAGGCATCAGATGCCACTGACCAGGACTTAGAGCGAAT 3'
3' CCTTAGCAATCCGTAGTCTACGGTGACTGGTCCTGAATCTC      5'
      5' TCGTTAGGCATCAGATGCCACTGACCAGGACTTAGAG     3'
3' CCTTAGCAATCCGTAGTCTACGGTGACTGGTCCTGAATCTC      5'
      5' TCGTTAGGCATCAGATGCCACTGACCAGGACTTAGAG     3'
         3' AGCAATCCGTAGTCTACGGTGACTGGTCCTGAATCTC   5'
      5' TCGTTAGGCATCAGATGCCACTGACCAGGACTTAGAG     3'
3' CCTTAGCAATCCGTAGTCTACGGTGACTGGTCCTGAATCTC      5'
      5' TCGTTAGGCATCAGATGCCACTGACCAGGACTTAGAG     3'
         3' AGCAATCCGTAGTCTACGGTGACTGGTCCTGAATCTC   5'
      5' TCGTTAGGCATCAGATGCCACTGACCAGGACTTAGAGCGAAT 3'
         3' AGCAATCCGTAGTCTACGGTGACTGGTCCTGAATCTC   5'
      5' TCGTTAGGCATCAGATGCCACTGACCAGGACTTAGAGCGAAT 3'
3' CCTTAGCAATCCGTAGTCTACGGTGACTGGTCCTGAATCTCGCTTA 5'
```

↓ 繰り返しによる遺伝子増幅

図 6.11 ポリメラーゼ連鎖反応 (PCR) を用いた遺伝子増幅法

PCR 法では，試験管内で DNA ポリメラーゼの作用により DNA が複製されるが，DNA 伸長反応には 20 塩基ぐらいの長さの化学合成された DNA プライマー (図では便宜上 6 塩基としてある) が必要である．増幅対象 DNA のセンス鎖，アンチセンス鎖とそれぞれ相補的配列をもつ 2 種類の DNA プライマーを用意する．プライマーで挟まれた領域の DNA が増幅されるが，数 kb (キロ塩基) から数十 kb の長さの DNA も増幅することができる．二本鎖 DNA を一本鎖 DNA に開裂するための加熱に強い耐熱性の DNA ポリメラーゼが用いられる．

会の中でも幅広い分野に応用されている．

1980年代には，遺伝子がコードするタンパク質の機能を個体レベルで調べるために，マイクロインジェクション法によって，目的の外来遺伝子をマウス受精卵に直接注入し，その遺伝子導入受精卵をマウスの卵管内に移植して，トランスジェニックマウスの作製が盛んに行われるようになってきた．そして，1988年カペッキは相同遺伝子組換えによる遺伝子ターゲティング法を開発した．全能性分化能をもつ胚性幹細胞 (ES 細胞) の目的遺伝子を破壊し (4章参照)，この遺伝子破壊 ES 細胞を胚盤胞に注入し仮親の子宮に戻してキメラマウスを作製した．そして，キメラマウスと野生型マウスとを交配させ，遺伝子ヘテロ欠損マウスを作製し，最後に遺伝子ヘテロ欠損マウスどうしを交配させることにより，遺伝子ホモ欠損マウス，すなわち遺伝子ノックアウトマウスの作製に成功した．人為的に目的遺伝子が破壊されたマウスを用いることで，目的遺伝子の個体内での機能解析やヒトの疾患モデル動物として有用である．

1998年ファイアーとメローによって，RNA 干渉 (RNA interference, RNAi) が発見された．すなわち，センス鎖とアンチセンス鎖からなる二本鎖 RNA が細胞内にあると，それと相補的塩基配列をもつ mRNA が特異的に分解され，結果的に mRNA にコードされるタンパク質の存在量が大きく減少する．カペッキが開発した遺伝子ターゲッティングを用いた遺伝子破壊 (遺伝子ノックアウト) に対比して，mRNA 分解により目的タンパク質の量的減少を起こすので，RNAi を遺伝子ノックダウンとよぶ．この方法は遺伝子機能を調べる有用な方法として確立された．

マリオ・R・カペッキ (1937-)：イタリア出身のアメリカ人の遺伝学者．遺伝子ノックアウト法を開発し，M. J. エバンズと O. スミティーズとともにノーベル生理学・医学賞を受賞した．

アンドリュー・Z・ファイアー (1959-)：アメリカの分子生物者．
クレイグ・C・メロー (1960-)：アメリカの分子生物学者．
RNA 干渉を発見し，2006年にノーベル生理学・医学賞を受賞した．

■ まとめ
- 遺伝情報のおもな流れは，DNA から DNA に複製保存され，DNA から RNA へ転写され，そして，RNA からタンパク質に翻訳される (分子生物学のセントラルドグマ)．
- DNA は二本鎖による二重らせん構造をとり，「アデニン (A), グアニン (G), シトシン (C), チミン (T)」塩基は，A-T 塩基対および G-C 塩基対を形成する．
- 二本鎖 DNA の塩基配列は相補的であり，DNA 複製は半保存的に行われる．
- RNA は一本鎖構造をとり，「アデニン (A), グアニン (G), シトシン (C), ウラシル (U)」塩基で構成され，A と U との間にも相補性がある．RNA は DNA の特定領域の塩基配列に対する相補的塩基配列をもつ．
- mRNA は 3 連塩基を 1 つのコドンとしてタンパク質をコードする．コドンの塩基配列の違いにより，20 種類のアミノ酸それぞれに対応し，さらに，コドンの中には開始コドン (メチオニンコドンでもある) と終止コドンもある．
- tRNA はコドンと相補的塩基配列であるアンチコドンをもち，コドンに対応するアミノ酸を結合して，アミノアシル tRNA となる．
- rRNA とタンパク質でできたリボソームは mRNA 上を移動しながら，コドン特異的なアミノアシル tRNA を選びペプチド鎖を合成する．
- ノンコーディング RNA は，RNA 自体が様々な機能を発揮する．
- 様々な遺伝子操作法が開発され，医学，薬学，農学などの幅広い分野に応用されている．

演習問題

6.1 ヒトインスリン遺伝子を大腸菌に導入することにより，ヒトインスリンの大量生産ができるようになった．ヒトインスリンが原核生物である大腸菌によってつくることができるのはなぜか．

6.2 遺伝情報の流れは，1958年にクリックが提唱した「分子生物学のセントラルドグマ」で説明される．このセントラルドグマについて説明せよ．その後，1970年にテミンとボルティモアは，レトロウイルスとよばれるウイルスが，RNAを鋳型としてDNAを合成する酵素をもつことを発見した．当時，これがセントラルドグマの一部を覆す発見として話題となった．なぜ，それがセントラルドグマに反するのか説明せよ．

6.3 真核生物のmRNAの翻訳開始部位周辺には，コザック配列とよばれる共通配列GCCACC**AUG**G（またはGCCGCC**AUG**G）（特に太字塩基部分が重要）があり，この共通配列に含まれるAUGから翻訳が開始されることが多い．次のmRNAから翻訳されるペプチド配列を予想せよ（表6.2の遺伝暗号表を参照し，アミノ酸は3文字表記を用いること）．

　　GGCCGGACUGCCACCAUGGUUCGAGAAUGCAAUCUGGGAGG
　　AGCCCAAG……

6.4 ストレプトマイシン，カナマイシン，テトラサイクリン，クロラムフェニコールなどの抗生物質は，タンパク質合成阻害作用をもつ．これらの抗生物質は細菌に対する選択毒性が高いが，ヒトなどに対しては毒性が低い．その理由を説明せよ．

ハワード・M・テミン (1934-1994)：アメリカの遺伝学者．

デビッド・ボルティモア (1938-)：アメリカの分子生物学者．

　この酵素の発見に対して，2人は1975年にノーベル生理学・医学賞を受賞した．

7

多細胞生物の特徴

　私たちの体は，多数の細胞によって形作られている．また，私たちの身の回りにいる動物や植物も，多数の細胞によって形作られている．このように個体が多数の細胞からなる生物を多細胞生物とよぶ．一方，個体が単一の細胞からなる生物を単細胞生物とよび，細菌などがこれにあたる．多細胞生物では，多様に分化した多数の細胞が機能的に集合して，生命活動にとって重要な役割を果たす様々な組織を構築している．この章では，組織の構築にかかわる細胞間結合と細胞間シグナル伝達に焦点をあて，多細胞生物の特徴である機能的な組織の構築がどのようになされているかを学習する．

7.1 組織の構築と働き

　多細胞生物では，単に細胞が多数集合しているのではなく，それぞれ特徴的な働きを行うように，いろいろに分化した細胞が秩序だって集合することによって組織を構築している．多細胞生物の組織は，形態的・機能的に，上皮組織，支持組織，筋組織，神経組織 の 4 つに大別される (表 7.1)．多細胞生物では，これらの組織が組み合わさって胃，腸，肝臓，腎臓，肺などの器官をつくっている．すなわち，多細胞生物は，細胞 → 組織 → 器官 → 個体の順に有機的な集合体を形成して，個体全体として調和のとれた行動を営むことができる．

　はじめに，4 つの組織の構築とその働きを詳しくみてみよう．

表 7.1　組織の 4 つの分類

組織	特徴
上皮組織	体表面，体腔，消化管などの内表面を覆う組織
支持組織	組織や器官の間を満たし，結合や支持に働く組織
筋組織	伸縮性に富む筋細胞からなり，運動に関与する組織
神経組織	刺激によって生じた興奮や筋肉を動かす命令などを伝える組織

7.1.1 上皮組織の構築と働き

上皮組織は，表皮の外表面，消化管や体腔の内表面など，各器官の内外の表面を覆う膜状の組織である．上皮組織は，外界との物理的なバリアとして内部を保護し，分泌や吸収を行うなどの多様な働きをもつ．その機能の特徴から，保護上皮，吸収上皮，感覚上皮，腺上皮 (分泌上皮) に分類されている．保護上皮は皮膚の表皮のように内部の保護を行い，吸収上皮は消化管の内表面や腎臓の尿細管のように栄養分や水分の吸収にかかわる．目の網膜，鼻腔，舌などの表面にあって刺激を受容する感覚細胞を含む上皮は感覚上皮とよばれる．また，腺細胞 (分泌細胞) を含む汗腺や胃腺などの外分泌腺およびホルモンを分泌する脳下垂体などの内分泌腺は腺上皮からなる．

上皮組織は，その形態の特徴から以下のように分類されている (図 7.1)．

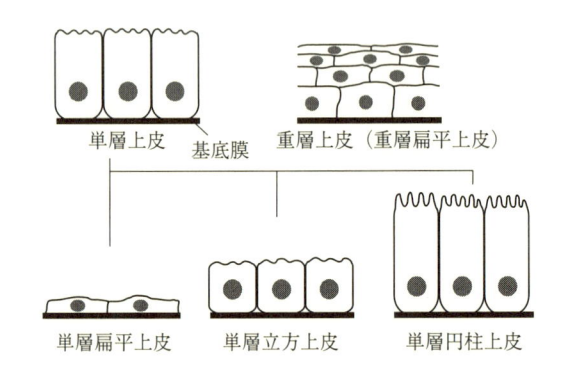

図 7.1 上皮組織の形態の特徴からの分類

1層の上皮細胞によって構成される上皮組織を単層上皮とよぶ．一方，2層以上の上皮細胞によって構成される上皮組織を重層上皮とよぶ．単層上皮は細胞の形の違いによって，肺胞，血管，体腔の内表面などにみられる扁平な形態をした単層扁平上皮，腎尿細管などにみられる中程度の高さの上皮細胞からなる単層立方上皮，消化管粘膜や分泌液の産生を行う腺などにみられる背の高い単層円柱上皮に分類される．特に，気管支，精管，卵管などの内面の単層円柱上皮には線毛が生えていて，これを線毛上皮という．一方，重層上皮の大部分は重層扁平上皮であり，皮膚，口腔，膣の粘膜などにみられる．また，膀胱や尿管にみられる収縮と伸展を行う上皮組織を移行上皮という．

上皮組織には2つの表面がある．これは，外気や液体にさらされる頂端面と，底面側で基底膜とよばれる膜状の構造と結合する基底面である (図 7.2)．上皮組織を構成する上皮細胞においては，その頂端面側と基底面側に分布するタンパク質やその他の物質の組成が明確に分かれている．これを上皮細胞の極性とよぶ．上皮細胞の極性は，上皮組織が頂端面側と基底面側でそれぞれ異なる役割をするために重要である．例えば，小腸の吸収上皮細胞は，その頂端面に局

基底膜: おもに上皮細胞層と支持組織の間にある厚さ 50〜80 nm の層状の構造体．細胞外マトリックスの一部であり，コラーゲン，プロテオグリカン (1.2.4 項参照)，ラミニンとよばれるタンパク質を主成分とする．

7.1 組織の構築と働き

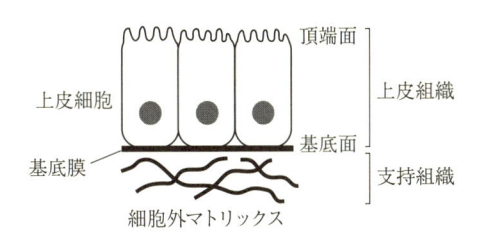

図 7.2 上皮細胞の極性

細胞外マトリックス: extracellular matrix, 細胞外基質, 細胞間物質ともいう. 組織中で細胞の外側に存在する構造体. 線維タンパク質や細胞接着に関与するタンパク質, プロテオグリカンなど多様な高分子物質が複雑に会合する. 組織の支持体としてばかりでなく, 細胞の機能を調節する働きがある.

在する輸送タンパク質の働きによって小腸の内腔の栄養分を取り込み, 基底面に局在する輸送タンパク質の働きによって基底面から支持組織に送り出す.

上皮組織の組織構築には細胞結合が重要である. 上皮組織は, 上皮細胞どうしが側面で様々な接着装置を介して強固に結合するとともに, 上皮細胞が底面側で基底膜と結合することによって構築される. 上皮組織を構築するそれぞれの細胞結合について, 吸収上皮の一種である小腸の単層円柱上皮組織を例として取り上げ, 次の 7.1.2 項, 7.1.3 項でさらに詳しくみていこう.

7.1.2 上皮細胞どうしの結合

上皮細胞はその側面で別の上皮細胞と強く結合する. この細胞結合には, 電子顕微鏡による観察でみられる 4 つの特徴的な細胞結合装置, すなわち密着結合, 接着結合, デスモソーム, ギャップ結合が関与する (図 7.3). 頂端面側から, 密着結合, 接着結合, デスモソームと続き, これらは接続複合体と総称されている. ギャップ結合は上皮組織のみでなく, 他の組織においてもみられることがある.

密着結合は, 接続複合体のうち, 最も頂端面側に位置する. この密着結合により, 隣接する上皮細胞どうしの細胞膜が密着して, 物質が隣接する上皮細胞の間を通過するのを防いでいる. このような密着結合の役割をバリア機能とよぶ. 密着結合のもう 1 つの機能はフェンス機能とよばれるもので, 上皮細胞の頂端面側に局在する物質と基底面側に局在する物質が細胞膜上で混ざり合うの

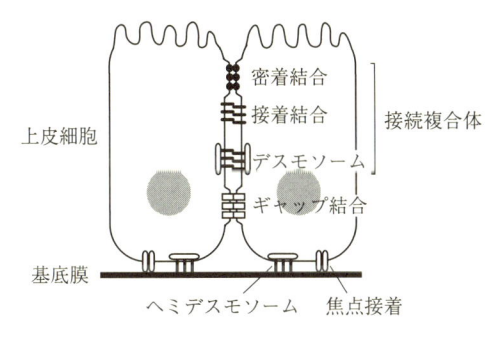

図 7.3 細胞結合装置

をフェンスのように防ぐ働きをすることをいう．このフェンス機能は，細胞が極性を維持するために欠かせないものである．密着結合は，オクルディン，クローディンとよばれる膜貫通タンパク質によって媒介される．これらのタンパク質は，上皮細胞の側面上で鎖上に並び，ファスナーを閉じるように，隣接する細胞どうしをしっかりと結合させる．これらのタンパク質の細胞質側の部分には，細胞内付着タンパク質を介して，細胞の形態を維持する細胞骨格タンパク質の一種であるアクチンが紐のように連なったアクチンフィラメント (2.6.2 項参照) が付着する．

接着結合は，隣接する細胞どうしを帯でしばるように束ねる役割をする．接着結合を担う上皮細胞の側面上に発現する分子は，カドヘリンとよばれる膜貫通タンパク質である．その細胞内の部分では，細胞内付着タンパク質を介してアクチンフィラメントが帯状に連なって付着しているために，カドヘリン分子どうしの同種タンパク質間結合によって，アクチンフィラメントの帯で上皮細胞どうしが束ねられる．このような帯状の接着装置を接着帯とよぶ．この接着帯は柔軟性に富んでいるため，上皮組織が外部からの力に応じて，柔軟に変形するのに役立っている．

> カドヘリン：カドヘリンにはサブクラス (E, P, N など) が存在する．上皮組織には E カドヘリンが発現する．

デスモソームは，隣接する上皮細胞どうしの結合をボタンで留めるように繋ぎ止める役割をする．この結合は，接着結合を媒介するカドヘリンとは別の種類のカドヘリンであるデスモソームカドヘリンによって媒介される．その細胞質側には，付着板とよばれる直径数百 nm，厚さ約 20 nm の円盤状の構造物が付着している．さらに，この付着板は，アクチンフィラメントより径の太いフィラメントの一種であるケラチンフィラメント (2.6.1 項参照) の束と結合している．ケラチンフィラメントは，上皮細胞の中を縦横に張り巡らされていて，細胞に強度を与えている．デスモソームにより隣接する細胞のケラチンフィラメントどうしが繋がれることにより，外部からの張力によって引きちぎられることのないように上皮組織に強度を与えている．

ギャップ結合は，水溶性の分子量が約 1000 以下の低分子やイオンを通過させる細胞接着装置である．コネキシンとよばれるタンパク質が 6 つ集まってコネクソンとよばれる小さなトンネル様の構造を形成し，上皮細胞の側面に発現する．このような構造を介して隣接する上皮細胞間にギャップ結合が形成される．ギャップ結合によって，隣接する細胞は細い通路で連結され，低分子やイオンを直接やりとりすることができるようになる．このような装置があることによって，隣接する細胞間の情報のやりとりや，細胞が同調して刺激に応答する共役などが行われる．

7.1.3 上皮細胞と基底膜の結合

上皮細胞と基底膜との結合には，ヘミデスモソームおよび焦点接着とよばれる2つの特徴的な細胞結合装置が関与する (図 7.3).

ヘミデスモソームは，上皮細胞の細胞内に張り巡らされているケラチンフィラメントを基底膜に繋ぎ止める役割を果たしている．この結合は，インテグリンとよばれる細胞接着分子と基底膜を構成するタンパク質の結合によって媒介される．ヘミデスモソームの形成にかかわるインテグリンの細胞内部分には，細胞内付着タンパク質を介してケラチンフィラメントが結合する．

焦点接着の形成もインテグリンによって媒介される．ただし，ヘミデスモソームを構成するインテグリンとは異なる種類のものが使われる．焦点接着の形成を媒介するインテグリンの細胞内の部分には，様々な細胞内付着タンパク質を介してアクチンフィラメントが結合している (図 7.4)．このインテグリン分子の細胞内付着タンパク質の多くは，インテグリンによる細胞接着によってリン酸化され，細胞内における情報の伝達にかかわることが知られている．接着斑キナーゼ (FAK) とよばれるチロシンキナーゼは，このリン酸化の反応において中心的な役割を担う．このように，インテグリンは，単に細胞を基底膜に繋ぎ止める接着分子として働くだけでなく，細胞に情報を伝えるシグナル伝達分子としても機能する．

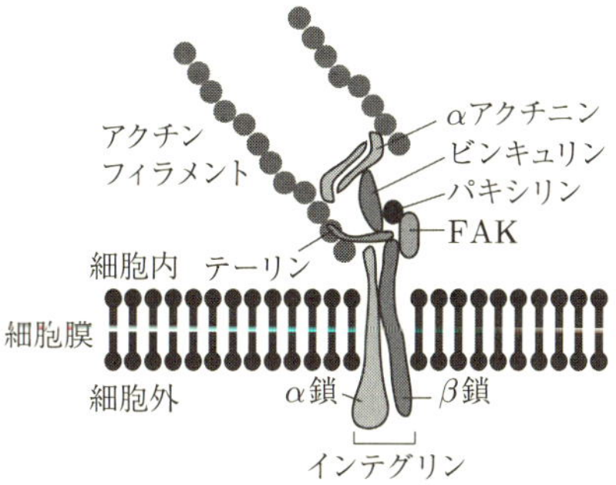

インテグリン：α鎖とβ鎖からなるヘテロダイマーの細胞接着分子．複数種あるα鎖とβ鎖のうち，どれが含まれているかを α5β1, α4β6, α4β7 のように表記する．

図 7.4 焦点接着の分子構築モデル

7.1.4 支持組織の構築と働き

支持組織は，上皮組織のように体の表面にはなく，組織や器官の間を満たしている組織で，人体で最も広く豊富に分布している．この支持組織によって，各組織や器官は互いに繋ぎ合わされて支えられている．一般的に，支持組織は，細胞と細胞が作り出す細胞間物質 (細胞外マトリックス) によって構成されている．細胞間物質は，膠原線維 (コラーゲン線維)，弾性線維 (エラスチン線維)，細網線維とよばれるタンパク質性の線維と，その間を埋める基質からなる．基質は主として，ムコ多糖や糖タンパク質，血漿成分などから成り立って

ムコ多糖：動物の粘性分泌物から得られた多糖を意味する．ヒアルロン酸 (図 1.8) やプロテオグリカンに付加するグリコサミノグリカン (図 1.10) などの総称．

表 7.2 支持組織

支持組織	組織の構築	例
膠質性結合組織	細胞間物質は膠質状 (ゼリー状) で，その中に細胞が散在する	へその緒
線維性結合組織	コラーゲン線維などの線維質を含み，弾性をもつ	腱組織，靱帯
網様結合組織	細網細胞，網様線維からなる構造にリンパ球などの血液細胞が入り込んだ構造をもつ	骨髄，脾臓，リンパ節
脂肪組織	多量の脂肪をため込んだ脂肪細胞からなる	皮下脂肪
軟骨組織	軟骨細胞とムコ多糖に富む軟骨質からなる	鼻軟骨，関節の軟骨
骨組織	骨細胞と膠原線維の網目の間隙に大量のリン酸カルシウムが充填された硬い骨質からなる	骨
血液とリンパ液	他の支持組織と異なり，細胞間物質は液体 (血漿，リンパ漿) である．血液中には様々な血球細胞，リンパ液中にはリンパ球などの細胞が含まれる	血液，リンパ液

いる．支持組織は，構成する細胞と細胞間物質の組成の違いによって，表 7.2 に示すように分類されている．

7.1.5 筋組織の構築と働き

筋組織は，筋肉をつくる収縮性のある組織で，筋肉細胞 (筋線維) からなる．形態学的に，横紋 (横縞) のみられない平滑筋と横紋のみられる横紋筋に大別される (8.6.1 項参照)．

平滑筋は，胃・腸などの内臓や血管などの筋肉で，紡錘形をした単核の筋肉細胞によって構成される．一般的に律動的で緩やかな収縮を行い，その動きは意思とは無関係に働く自律神経によって支配されているため，意識して動かす随意運動は行わない不随意筋である．ギャップ結合 (7.1.2 項参照) が平滑筋細胞間においても形成され，筋組織の調和のとれた律動的な収縮のための電気信号の伝導路になる．

横紋筋には，骨格筋と心筋 (心臓の筋肉) が含まれる．骨格筋は，1 つの細胞に多数の核がある多核の細胞で，細長い形態をした筋肉細胞により構成される．意識的に動かすことのできる随意筋で，敏速に収縮させることができるが疲労しやすい．一方，心筋は，単核で枝分かれした筋肉細胞により構成される不随意筋であり疲労しにくい．

骨格筋の細胞質では，2 種類の筋原線維とよばれるタンパク質からなる線維状の構造が規則的に配列しているために，明暗の縞模様ができる．1 つは太い筋原線維でミオシンからなる．もう 1 つは細い筋原線維で，主として重合し

7.1 組織の構築と働き

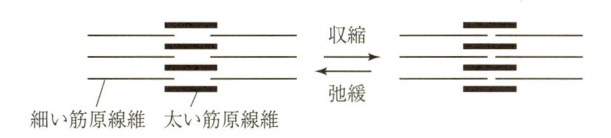

図 7.5 筋原線維の滑走

たアクチン (F アクチン) からなるが，トロポニンとトロポミオシンとよばれるタンパク質も含む．骨格筋の収縮の際には，各筋原線維が縮むのではなく，細い筋原線維が太い筋原線維の間に滑り込む (図 7.5)．これを滑走とよぶ．滑走には，筋原線維を取り囲むように存在し，カルシウムイオン (Ca^{2+}) を貯蔵している筋小胞体がかかわる．はじめに，神経刺激に伴って発生する活動電位 (9.3.1 項参照) とよばれる電気信号が筋小胞体に伝わると，その内部から Ca^{2+} が放出される．トロポミオシンは滑走を抑制しているが，遊離された Ca^{2+} がトロポニンに結合すると，トロポミオシンの抑制作用が解除され，筋原線維の滑走が起こり，筋の収縮がもたらされる．また，筋小胞体は，筋原線維から Ca^{2+} を回収することによって，再び筋の弛緩を引き起こす役割も担っている．

7.1.6 神経組織の構築と働き

神経組織は，刺激によって生じた興奮を伝える組織で，脳・脊髄・末梢神経 (運動神経・感覚神経・自律神経) を構成している．脳と神経については 9 章に詳しく記述があるので，以下では神経組織の構築と働きについて簡単に述べる．

神経組織は，神経細胞とそれを支える支持細胞から成り立っている．神経細胞は，非常に長い突起 (軸索) をもち，細胞内小器官を含み細胞質の大部分を占める細胞体および情報を受容する樹状突起からなる．樹状突起→細胞体→軸索の順に興奮が伝達され，シナプスとよばれる神経細胞間の連結部分を経て，次の神経細胞に興奮が伝達される (図 7.6)．

しばしば軸索のまわりに支持細胞の一種であるシュワン細胞 (神経鞘細胞) とよばれる細胞が巻き付いて脂質に富んだ電気絶縁性の高い髄鞘 (ミエリン鞘)

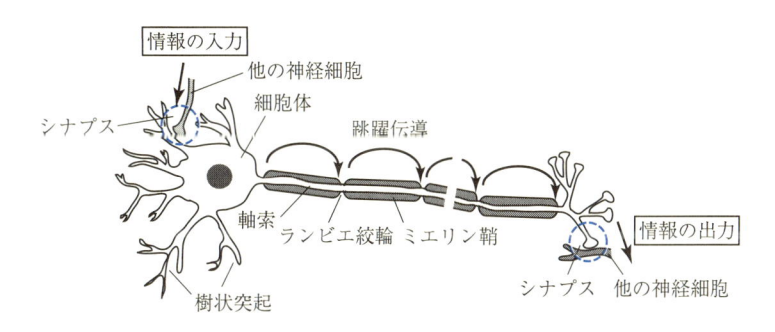

図 7.6 神経細胞

をつくり，興奮が速く伝導するために重要な役割を果たしている．このように，シュワン細胞が軸索に巻き付いてつくられる神経線維を有髄線維とよぶ．ミエリン鞘には規則的に 1 μm ほどの間隙が規則的に存在する．この間隙の部分はランビエ絞輪とよばれる．有髄神経では，電気信号がランビエ絞輪の間を飛び跳ねるようにして伝わっていく跳躍伝導が起こる．これによって，より高速かつより遠方まで神経の興奮が伝達される．

一方，ミエリン鞘をもたない軸索を無髄線維という．皮膚の温痛覚や内臓痛を感知する神経などの一部の知覚神経の線維や自律神経節後線維などは無髄線維である．また，中枢神経系 (脳・脊髄) にはグリア細胞 (神経膠細胞) とよばれる支持細胞が存在し，アストロサイト (星状膠細胞)，オリゴデンドロサイト (希突起膠細胞)，ミクログリア (小膠細胞) がおもなものとして知られている (9.2.2 項参照)．

7.2 細胞間コミュニケーション

個々の細胞が他の細胞と機能的に集合して組織を形成するためには，細胞どうしが互いに情報のやりとりをして，組織全体としての調和を保つ必要がある．この節では特に，この細胞間コミュニケーションについて学ぶ．

7.2.1 シグナル分子と受容体

細胞間コミュニケーションにおいては，細胞の外部から来たシグナル分子が細胞の受容体 (レセプター) に結合して，細胞内に情報が伝達される．シグナル分子として働く物質には，細胞増殖因子やサイトカインなどのタンパク質，脂質，糖が鎖のように連なった糖鎖などがある．受容体は細胞膜の表面または細胞内に存在するタンパク質であり，シグナル分子と「鍵と鍵穴」の関係のように特異的に結合し，細胞内に情報を伝えるための様々なしくみを備えている．一般的に，受容体と特異的に結合するシグナル分子のことをリガンドとよぶ．多細胞生物においては，リガンドと受容体の結合を介して細胞間で常に細胞間コミュニケーションがなされている．

細胞間のシグナルを伝達する受容体は，イオンチャネル共役型受容体，G タンパク質共役型受容体，酵素連結型受容体，核内受容体の 4 つに分類できる．以下に，それぞれの受容体によるシグナル伝達のしくみをみていこう．

7.2.2 イオンチャネル共役型受容体によるシグナル伝達

イオンチャネル共役型受容体は，細胞の膜にあって，イオンを細胞の内外に透過させることのできるトンネルのような構造をもった受容体である (図 7.7)．細胞膜の内側と外側の電位の差や特異的なリガンドの結合に伴って開閉する．

サイトカイン：細胞に作用し細胞の機能を調節するホルモン様タンパク質 (10.2.4 項参照)．

7.2 細胞間コミュニケーション

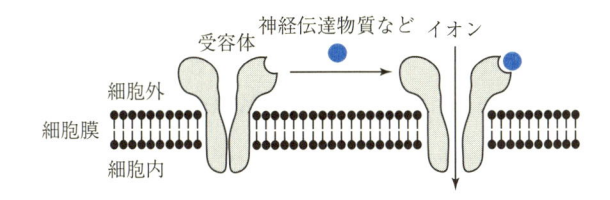

図 7.7 イオンチャネル共役型受容体によるシグナル伝達

このタイプの受容体は，Na^+, K^+, Ca^{2+}, Cl^- などの無機イオンが細胞膜を通過する際の通路として働く．特に，神経細胞や筋肉細胞においては，イオンチャネル共役型受容体がシグナル伝達および細胞間コミュニケーションに重要な役割を果たしている．

ニコチン性アセチルコリン受容体 (9.1.5 項参照) は，神経伝達物質として知られるアセチルコリンによって開く，このようなタイプの受容体の代表的な例である．この受容体は，他の神経細胞からの刺激を受ける神経細胞や，神経細胞と筋肉の接合部 (神経筋接合部) にある筋線維に存在し，アセチルコリンの結合によって，閉じた状態から開いた状態に変化し，ナトリウムイオン (Na^+) を細胞内に流入させる．Na^+ の流入によって細胞膜の内側と外側に電位の差が生まれ，活動電位が発生する．

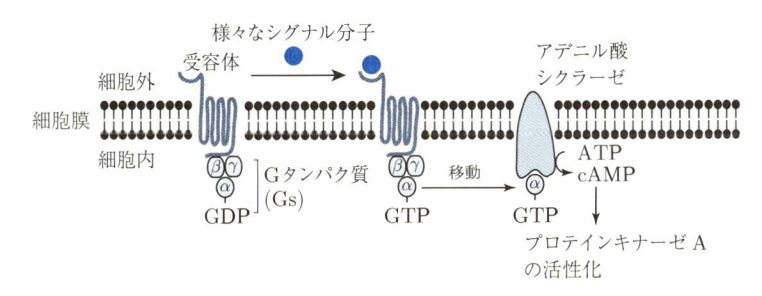

7.2.3 Gタンパク質共役型受容体によるシグナル伝達

Gタンパク質とはグアニンヌクレオチド結合タンパク質の略である．Gタンパク質共役型受容体あるいは7回膜貫通型受容体とよばれるタイプの受容体は，細胞内でGタンパク質と結合している．Gタンパク質共役型受容体は，におい，味物質，ホルモンなどの様々なシグナル分子に対する受容体で，ヒトで1000種類以上あるといわれている．このタイプの受容体に結合するGタンパク質は，α, β, γの3つのサブユニットからなる三量体であり，三量体Gタンパク質ともよばれている．

一般的に，このタイプの受容体がそれぞれのシグナル分子と結合することによって，Gタンパク質がGDP結合型からGTP結合型に変換される (図 7.8)．

グアニンヌクレオチド: グアノシン二リン酸 (GDP) やグアノシン三リン酸 (GTP) のこと (1章参照)．

7回膜貫通型受容体: 受容体となるポリペプチド鎖が折れ曲がり，細胞膜を7回横切るため，このようによばれる．

図 7.8 Gタンパク質共役型受容体によるシグナル伝達

サイクリック AMP: 環状アデノシン一リン酸ともいう．細胞内シグナル伝達物質として働く．

ホスホリパーゼ C: 細胞膜の構成成分であるリン脂質を切断する酵素．リン脂質の一種であるホスファチジルイノシトール 4,5-二リン酸 (PIP_2) を分解して，IP_3 と DAG を生じる．

プロテインキナーゼ: タンパク質にリン酸基を付加する酵素．セリン/トレオニンをリン酸化するセリン/トレオニンキナーゼ (プロテインキナーゼ A，プロテインキナーゼ C など) や，チロシンをリン酸化するチロシンキナーゼなどが知られている．

リン酸化: プロテインキナーゼによるタンパク質にリン酸基を付加する化学反応．リン酸化は受容体や酵素に構造変化をもたらし，それらを活性化または不活性化して，細胞内のシグナル伝達にかかわる．

これによって，α サブユニットは，β と γ サブユニットから解離して，エフェクター酵素 (アデニル酸シクラーゼ，ホスホリパーゼ C) とよばれる受容体の近傍にあって受容体のシグナルの伝達に必要な酵素を活性化あるいは阻害する．その結果，アデニル酸シクラーゼにより産生されるサイクリック AMP (cAMP)，ホスホリパーゼ C により産生されるイノシトール 1,4,5-三リン酸 (IP_3) やジアシルグリセロール (DAG) などの，二次メッセンジャーとよばれるシグナル伝達を行うために必要な物質の細胞質内における濃度が変化する．IP_3 は，さらにもう 1 つの二次メッセンジャーである Ca^{2+} を小胞体から遊離させて，細胞質内における濃度を増加させるのに働く．次に，cAMP によって活性化される cAMP 依存性プロテインキナーゼ (プロテインキナーゼ A)，DAG および Ca^{2+} によって活性化されるプロテインキナーゼ C などの酵素活性が変化する．最終的に，これらのプロテインキナーゼが様々な基質タンパク質をリン酸化することによって，細胞内にシグナルが伝わる．

三量体 G タンパク質には，細胞内の cAMP の濃度を増加させる促進性 G タンパク質 Gs，細胞内の cAMP の濃度を減少させる抑制性 G タンパク質 Gi，ホスホリパーゼ C の酵素活性を上昇させて IP_3 および DAG の産生を増加させる G タンパク質 Gq などのいくつかの種類があり，各受容体にはいずれかのタイプの G タンパク質が結合して，それぞれのリガンドに応じた促進性または抑制性の特異的なシグナルの伝達にかかわっている．

7.2.4 酵素連結型受容体によるシグナル伝達

酵素連結型受容体は，1 回膜貫通タンパク質で，細胞外の部位で他の細胞から放出された細胞増殖因子などのシグナル分子と結合する．このタイプの受容体では，その細胞質側の部位が酵素活性をもっていて直接シグナルの伝達にかかわる場合と，受容体の細胞質側で別の酵素タンパク質と複合体をつくってシグナルを伝達する場合がある．前者のタイプの受容体のうち，上皮成長因子 (EGF) とよばれる細胞増殖因子の受容体のように，細胞質側の部位がタンパク質のチロシン残基をリン酸化する活性をもつものを受容体型チロシンキナーゼとよぶ (図 7.9(a))．

このタイプの受容体にシグナル分子が結合すると，2 分子の受容体が細胞膜で近づきあって二量体をつくり，互いに相手の細胞質側の部分のチロシンをリン酸化する．リン酸化されたチロシンには様々な細胞内のシグナル伝達にかかわるタンパク質が結合して，細胞内に種々のシグナルを伝える．また，リン酸化されたチロシンを認識するアダプタータンパク質を介して，シグナルの伝達に重要な役割をもつ Ras タンパク質を活性化させるタンパク質が受容体の近傍に移動してくる．その作用によって，Ras タンパク質は，GDP 結合型から GTP 結合型に変換される．Ras タンパク質は G タンパク質の一種であるが，

7.2 細胞間コミュニケーション

(a) 受容体型チロシンキナーゼによるシグナル伝達

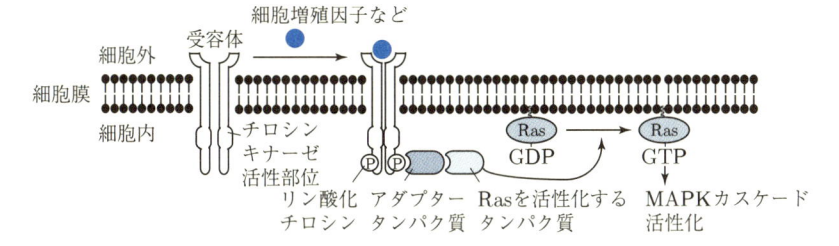

(b) 非受容体型チロシンキナーゼによるシグナル伝達

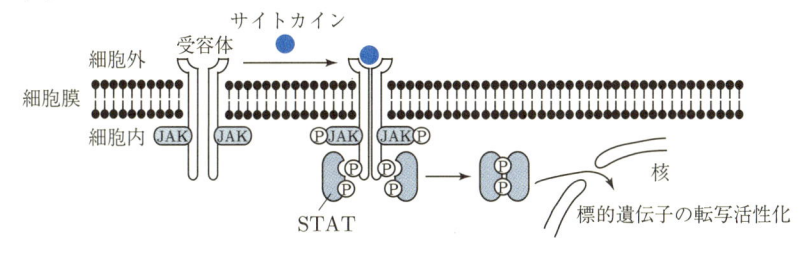

図 7.9 酵素連結型受容体によるシグナル伝達

単量体で構成されていることから，**単量体 G タンパク質**に分類されている．GTP 結合型の Ras タンパク質は，**MAP キナーゼ (MAPK) カスケード**とよばれる一連のタンパク質リン酸化酵素が，次々に活性化する細胞内のシグナル伝達経路を活性化する．MAPK カスケードの最後で遺伝子発現調節タンパク質がリン酸化され，細胞の遺伝子発現が変化する．

また，細胞質側の部位がタンパク質のセリン残基とトレオニン残基をリン酸化する酵素活性をもつものを**受容体セリン/トレオニンキナーゼ**とよび，トランスフォーミング成長因子 (TGF)-β とよばれる細胞増殖因子の受容体はその例である．このタイプの受容体にシグナル分子が結合すると，受容体が二量体をつくって互いに相手の細胞質側の部分のセリン/トレオニンをリン酸化するとともに，Smad とよばれる遺伝子発現調節タンパク質をリン酸化して活性化することにより，細胞の遺伝子発現を変化させる．

一方，受容体の細胞質側で別の酵素タンパク質と複合体をつくってシグナルを伝達する受容体として，**サイトカイン**の受容体が知られている (図 7.9(b))．サイトカインはおもに免疫細胞によって分泌されるシグナル分子の一種である (10.2.4 項参照)．サイトカインの受容体は酵素活性をもたず，細胞質側の部分で**非受容体型チロシンキナーゼ**である JAK と結合している．サイトカインが受容体に結合すると，JAK が互いにリン酸化しあって活性化するとともに，細胞質に存在する遺伝子発現調節タンパク質の STAT をリン酸化する．その後，STAT は二量体となって核に移動して，その標的となる遺伝子の転写を活性化する．

MAPK カスケード: MAPK は MAPK キナーゼ (MAPKK) に，MAPKK は MAPKK キナーゼ (MAPKKK) により順次リン酸化されることで，シグナルが伝わる．

7.2.5 核内受容体によるシグナル伝達

レチノイン酸: ビタミン A の誘導体で, 脂溶性ビタミンの一種.

ステロイドホルモンやレチノイン酸などの疎水性の高いシグナル分子は, 脂質の二重膜でできている細胞膜を容易に通過できる. 核内受容体は, このような疎水性シグナル分子と結合すると構造が変化して活性化するとともに, 細胞質から核内に移動して, 標的となる遺伝子の転写を活性化あるいは阻害する (図 7.10).

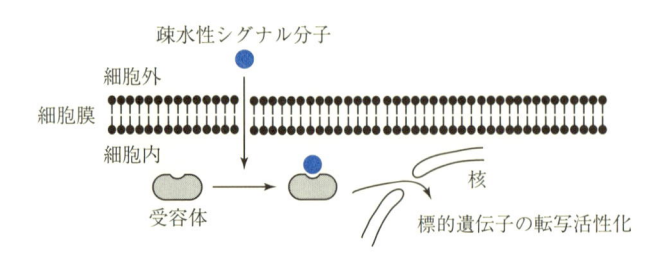

図 7.10 核内受容体によるシグナル伝達

■ まとめ

- 多細胞生物の組織は, 上皮組織, 支持組織, 筋組織, 神経組織に分類される.
- 上皮組織は, 器官の内外の表面を覆う膜状の組織で, 外界との物理的なバリアとして働く.
- 上皮細胞の細胞結合には, 密着結合, 接着結合, デスモソーム, ギャップ結合が関与する.
- 上皮細胞と基底膜との結合には, ヘミデスモソームおよび焦点接着が関与する.
- 支持組織は, 組織や器官の間を満たす組織で, 各組織や器官を互いに繋ぎ合わせ支える.
- 筋組織は, 筋肉細胞 (筋線維) からなる収縮性のある組織で, 平滑筋と横紋筋に大別される.
- 神経組織は, 刺激による興奮を伝える組織で, 脳・脊髄・末梢神経を構成する.
- 細胞間のシグナル伝達にかかわる受容体は, イオンチャネル共役型受容体, G タンパク質共役型受容体, 酵素連結型受容体, 核内受容体に分類される.
- イオンチャネル共役型受容体は, イオンを細胞の内外に透過させる.
- G タンパク質共役型受容体は, 細胞膜を 7 回貫通するタイプの受容体で, 細胞内で会合する G タンパク質を介してシグナルを伝える.
- 酵素連結型受容体には, 細胞質側の部位が酵素活性をもつタイプと, 細胞質側で別の酵素タンパク質と複合体をつくるタイプがある.
- 核内受容体は, 疎水性シグナル分子と細胞内で結合して, 核内に移動し, 標的遺伝子の転写を活性化あるいは阻害する.

■ 演習問題

7.1 上皮組織に存在する密着結合の 2 つの主要な機能は何とよばれているか．また，それぞれの機能はどのようなものか説明せよ．

7.2 以下の細胞結合 (1)〜(5) を担う細胞接着分子を【選択肢 1】から，それぞれの細胞結合において細胞内付着タンパク質を介して付着するフィラメントを【選択肢 2】から選べ．

(1) 密着結合　　(2) 接着結合　　(3) デスモソーム　　(4) ヘミデスモソーム
(5) 焦点接着

【選択肢 1】 カドヘリン，デスモソームカドヘリン，インテグリン，クローディン

【選択肢 2】 ケラチンフィラメント，アクチンフィラメント

7.3 以下の (1)〜(4) の特徴をもつ支持組織の名称を【選択肢 1】から 1 つずつ選べ．また，それぞれの支持組織の例を【選択肢 2】からすべて選べ．

(1) 細網細胞，網様線維からなる構造にリンパ球などの血球細胞が入り込んだ構造をもつ．
(2) 骨細胞と膠原線維の網目の間隙に大量のリン酸カルシウムが充填された硬い骨質からなる．
(3) コラーゲン線維などの線維質を含み，弾性をもつ．
(4) 細胞間物質はゼリー状で，その中に細胞が散在している．

【選択肢 1】 脂肪組織，膠質性結合組織，骨組織，軟骨組織，網様結合組織，血液とリンパ液，線維性結合組織

【選択肢 2】 リンパ液，靭帯，脾臓，関節の軟骨，骨，へその緒，リンパ節，血液，皮下脂肪，鼻軟骨，腱組織，骨髄

7.4 以下の空欄に適切な語句または数字を記入せよ．

におい，味物質，ホルモンに対する多くの受容体は [①] 共役型受容体とよばれ，ポリペプチド鎖が細胞膜を [②] 回貫通し，細胞内で α, β, γ の 3 つのサブユニットからなる三量体 [①] と結合している．受容体がシグナル分子と結合することによって，[①] が [③] 結合型から [④] 結合型に変換される．次に，α サブユニットは，β と γ サブユニットから解離して，アデニル酸シクラーゼやホスホリパーゼ C などの [⑤] 酵素を活性化あるいは阻害する．その結果，[⑥] やイノシトール 1,4,5-三リン酸，ジアシルグリセロールなどの [⑦] とよばれるシグナル伝達に必要な物質の細胞内濃度が変化し，細胞内にシグナルが伝わる．

8

組織と器官

生命の基本単位である細胞はヒトの身体に約 220 種類あるとされているが，ヒトの身体を構成する細胞は単独で生きているのではなく，複数の細胞が集まって特定の役割を果たしている．そのような集合体となったものを組織という．組織はさらに組み合わされて，心臓や肝臓などの器官 (臓器) を形成する．この章では，ヒトの器官の構造と機能について学習する．

脊椎動物の組織は，上皮組織，支持組織，筋組織，神経組織の 4 つに分類される (7.1 節参照)．この分類は発生学的な系統分類ではなく，機能・形態による．

8.1 消化器

消化器は，口から肛門までの消化管と，それに付随して働く付属器官からなる．図 8.1 に消化器の全体像を示す．消化管は口腔に始まり，食道，胃，小腸 (十二指腸，空腸，回腸)，大腸 (盲腸，上行結腸，横行結腸，下行結腸，S 字結腸)，直腸を経て，肛門に終わる，ひと繋がりの管である．小腸は 6〜7 m，大腸は 1.5 m の長さがある．食物はその管の中を移動する間に消化される．

8.1.1 消化管

口腔には歯があって食物を咀嚼し，それとともに唾液腺から分泌された消化酵素 (アミラーゼ) を含む唾液と混ぜ合わされることにより，デンプンの一部が分解される．

飲み込まれた食物は食道を経て袋状の胃に入る (図 8.2)．胃は，噴門・胃体部・幽門からなり，噴門には噴門腺，胃体部には胃腺，幽門には幽門腺があり，噴門腺と幽門腺からは粘液 (ムチン) が，胃腺からは胃液が分泌される．胃腺には，壁細胞，主細胞，副細胞があり，壁細胞は胃酸 (塩酸) と内因子 (ビタミン B_{12} の吸収に必要なタンパク質) を，主細胞はペプシノーゲン (酸性条件下で働くタンパク質分解酵素ペプシンの前駆体) を，副細胞は粘液を，それぞれ分泌する．胃酸が分泌されるため，胃内の pH は 1〜2 である．

胃の内容物は，胃の蠕動に伴い十二指腸へ排出される．十二指腸には胆管と膵管が開口する部位 (大十二指腸乳頭) があり，肝臓から胆嚢を経て分泌され

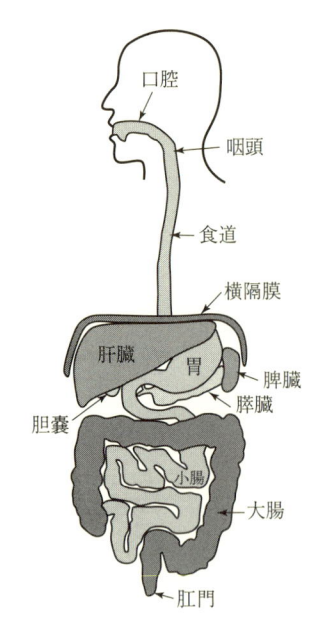

図 8.1 消化器系の概要

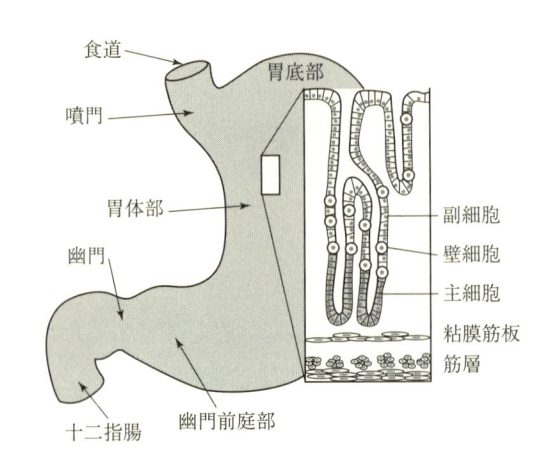

図 8.2 胃の全体像と胃壁

る胆汁と膵臓から分泌される膵液とがこの部位から十二指腸内に分泌されるほか，十二指腸の細胞からは腸液が分泌される．胃から送り出された内容物は強酸性であるが，アルカリ性の膵液によって中和される．膵液に含まれるタンパク質分解酵素前駆体(トリプシノーゲン，キモトリプシノーゲン，プロカルボキシペプチダーゼなど)は分泌後に活性化されてトリプシン，キモトリプシン，カルボキシペプチダーゼとなり，腸液中のペプチダーゼとともに，タンパク質やペプチドを低分子のペプチドやアミノ酸にまで消化する．唾液に含まれるアミラーゼにより一部分解されたデンプンは，十二指腸において膵アミラーゼによりデキストリンやマルトースに分解される．脂肪は胆汁中の胆汁酸塩により乳化され，膵液中のリパーゼが脂肪をグリセリン(グリセロール)と脂肪酸に分解する．

　十二指腸に続く小腸の上部4割ほどを空腸とよび，その後の部分を回腸とよぶ．空腸と回腸の明確な区切りは認められない．図8.3に小腸粘膜の断面と絨

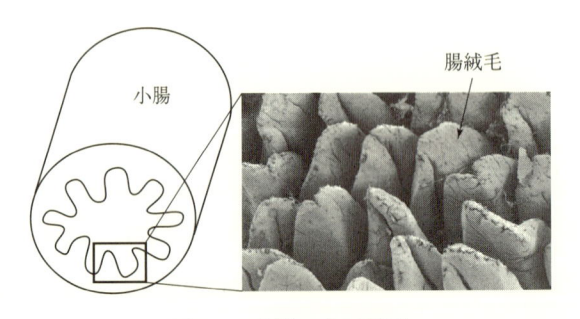

図 8.3 小腸の内面構造

毛を示す．小腸の内容物は分節運動により混和されるとともに，蠕動運動により肛門側に輸送される．小腸は消化酵素によって食物を消化するとともに，ビタミン，電解質，水，栄養素を吸収する場でもある．糖質は単糖 (グルコースやフルクトース) として，タンパク質はアミノ酸や低分子のペプチドとして，また脂肪が分解されてできた脂肪酸は胆汁酸塩とのミセルとなって吸収される．

　回腸は大腸に繋がっている．回腸から大腸に入った最初の部分は盲腸で，その盲端に虫垂がある．盲腸に続いて，上行結腸，横行結腸，下行結腸，S 字結腸，直腸があり，終末が肛門である．大腸において内容物から水分や電解質が吸収され，糞便が形成される．大腸粘膜からは消化酵素を含まない大腸液が分泌され，内容物を移送するための潤滑剤の役割を果たしている．下行結腸や S 字結腸に糞便が溜まると直腸に移行し，便意を催して排泄される．

8.1.2 肝　臓

　ヒトの肝臓は 1 kg 以上もある大きな臓器で，1 分間に 1.5 L もの血液が通過し，各種代謝反応の場である．そのため「生体の化学工場」とよばれる．また，他の臓器とは異なり，再生力に富む臓器である．肝臓は横隔膜の下，右上腹部に位置し，大きな右葉と小さな左葉に分かれている．図 8.4 に示すように，中心静脈を中心として放射状に集合した肝実質細胞の間に多くの毛細血管 (類洞) が走り，肝小葉とよばれる単位を形成し，それを取り巻くグリソン鞘の中に小葉間胆管，小葉間動脈，小葉間静脈が通る．肝臓には腹部大動脈から肝動脈を介して酸素が供給され，門脈からは消化管で吸収された栄養素が運び込まれる．経口投与された薬物の多くも消化管から吸収された後，門脈を通って肝臓に送られる．肝臓の基本単位である肝小葉側部から肝細胞と肝細胞の間にある毛細管 (類洞) を流れた血液は中心静脈に入り，肝静脈を経て下大静脈に流出する．

　肝細胞は胆汁を生成する．胆汁は胆嚢に貯蔵された後，必要に応じて十二指腸に分泌される．このとき，胆嚢から出た胆汁は総胆管を通り，膵臓からの膵管と合流した後，十二指腸に開口する．

ラットやマウスでは肝臓の 2/3 を切除しても残った 1/3 の肝組織が増殖し，2 週間足らずでもとの重量に再生することが知られている．

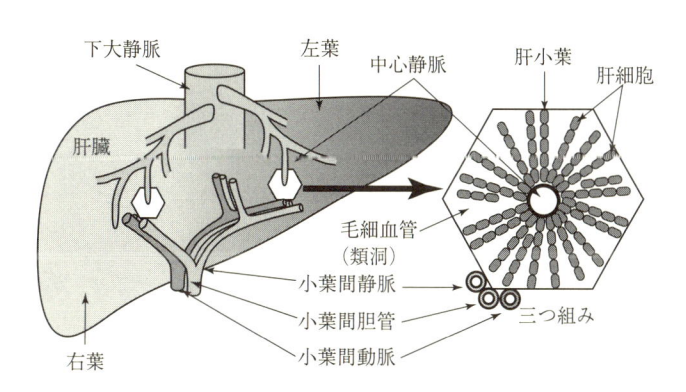

図 8.4　肝臓の全体像と肝小葉

肝臓には多くの重要な機能がある．おもなものを以下に示す．

(1) 代謝：糖代謝では，グリコーゲンの合成・貯蔵・分解，脂質代謝では，コレステロールや脂肪酸の合成，リポタンパク質の合成・分解，アミノ酸の代謝によって生じたアンモニアを無毒化する尿素サイクルなど．
(2) 薬物代謝・解毒：シトクロム P450 (CYP) による薬物の代謝や解毒 (3.5 節参照)．
(3) 胆汁の合成・分泌：コレステロールから合成される胆汁酸は，グリシンやタウリンと抱合して分泌され，界面活性作用により脂肪を乳化する．また，ヘモグロビンの分解によって生じたビリルビンが胆汁色素である．
(4) 多くの生理活性タンパク質の合成・分泌：血液凝固因子や血清アルブミン，C 反応性タンパク質などの急性期タンパク質，血小板増殖因子や肝細胞増殖因子など．
(5) 生体防御反応：マクロファージ様のクッパー細胞による細菌の貪食など (10.2.4 項参照)．

8.1.3 膵臓

膵臓は肝臓の下部に，胃，小腸，脾臓に囲まれるように位置する臓器である．膵管を介して十二指腸に膵液を分泌する．膵液は，多様な消化酵素と炭酸水素イオンを含み，胃から十二指腸に送られた内容物の中和や食物の消化を行う．

腺房細胞が産生する膵液中の消化酵素には，炭水化物を分解する α-アミラーゼ，タンパク質を分解するトリプシン，キモトリプシン，カルボキシペプチダーゼ，脂質を分解するリパーゼ，ホスホリパーゼ，コレステロールエステラーゼ，核酸を分解するリボヌクレアーゼ，デオキシリボヌクレアーゼなどが含まれる．

図 8.5 に示すように，膵臓は内分泌にかかわる臓器でもある．ランゲルハンス島 (膵島) の α 細胞 (A 細胞) はグルカゴンを，β 細胞 (B 細胞) はインスリンを分泌して，両者は血液中の糖濃度や糖代謝を調節している．δ 細胞 (D 細胞) はソマトスタチンを分泌する．

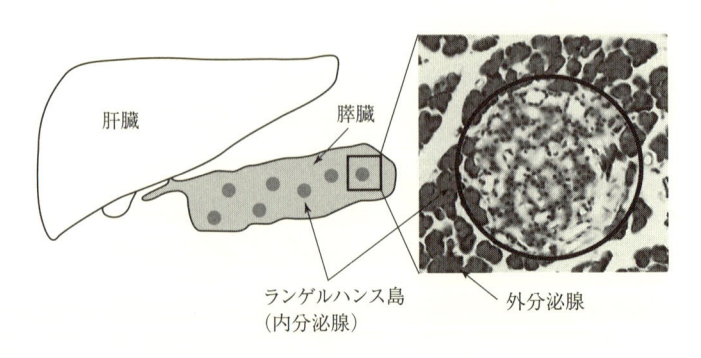

図 8.5 膵臓の全体像とランゲルハンス島

8.2 呼吸器

空気中の酸素を取り入れるための装置が呼吸器である．図 8.6 に呼吸器の全体像を示す．空気は鼻，咽頭，喉頭，気管を通り，気管支を経て肺に到達し，ガス交換が行われる．

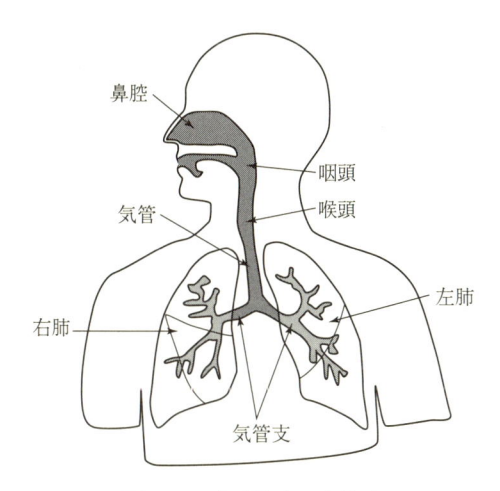

図 8.6 呼吸器系の全体像

8.2.1 気 管

気管は呼気・吸気の通り道となる管で，図 8.7 に示すように，U 字型の軟骨とその両端を繋ぐ平滑筋，および内面を覆う粘膜 (上皮組織) と結合組織からなる．上皮組織を構成する線毛細胞の線毛は，杯細胞で産生された粘液とともに，異物を痰として排出する．気管は左右に分岐する．右気管支は左気管支に比べて太く，短く，ほぼ垂直に肺門に向かう．左気管支は心臓のある部位を避けて傾斜しつつ肺に向かう．

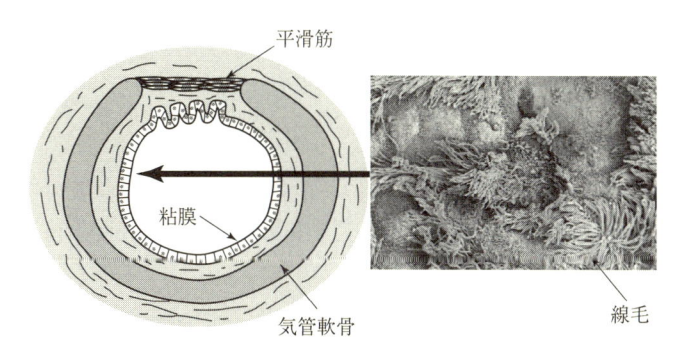

図 8.7 気管の横断像と内腔面

8.2.2 肺

肺は左右に1つずつあり，右肺が3つの肺葉 (上葉・中葉・下葉) からなるのに対し，左肺は2つの肺葉 (上葉・下葉) からなる．気管支は肺に入ると分岐を重ねながら肺胞に達する．肺胞近くの気管 (細気管支など) には軟骨や線毛はない．気管支平滑筋には β_2 アドレナリン受容体があり，この受容体の刺激により拡張する．気管支の先端に相当する呼吸細気管支は，袋状の肺胞嚢 (肺胞の集まり) で終わる．肺胞の上皮細胞 (呼吸上皮細胞) が毛細血管内の血液とのガス交換を行う．球状の肺胞が表面張力でつぶれないよう，II型肺胞上皮細胞が肺サーファクタント (リン脂質とサーファクタントタンパク質からなる) とよばれる界面活性物質を産生・分泌し，肺胞を保護している．

肺には，肺自体に酸素や栄養を送る「栄養血管」として働く血管系 (気管支動脈と気管支静脈) と，肺の機能であるガス交換のための「機能血管」として働く血管系 (肺動脈と肺静脈) がある．肺動脈は，名前は動脈であるが流れている血液は静脈血で，全身から回収した二酸化炭素に富む血液を右心室から肺に送り込む血管である．肺動脈から肺胞表面に接する毛細血管網に送られた静脈血はここでガス交換され，赤血球中のヘモグロビンが二酸化炭素の代わりに酸素と結合した動脈血となって肺静脈に入り，心臓に戻った後，左心室から拍出されて全身に酸素を送る．ヘモグロビンからはずされた二酸化炭素は，呼気として体外に排出される．呼吸，すなわち空気をはき出す呼気と吸い込む吸気は，骨格筋の一種である横隔膜や外肋間筋，内肋間筋の収縮と弛緩により起こる．

8.3 循環器

8.3.1 心臓

心臓は，心臓から末梢へ血液を送り出し，末梢から再び血液を心臓により戻す，血流全体を動かすためのポンプの役割を担う臓器である．図8.8に示すように，心臓は4つの部屋 (2つの心房と2つの心室) に分かれ，左心房・左心室と右心房・右心室の間には隔壁があって，中の血液が混ざり合うことはない．また，左心房と左心室の間，左心室から大動脈への出口，右心房と右心室の間，右心室から肺動脈への出口には，それぞれ僧帽弁，大動脈弁，三尖弁，肺動脈弁があって，血液の逆流を防いでいる．

心臓がポンプとして働くためには，強力な筋と，心臓全体の活動を制御するシステムが必要である．心臓の筋は横紋筋で，特に全身に血液を送り出す左心室は厚い筋でつくられている．心臓全体の動き (心拍リズム) は，大静脈入り口付近に存在する洞 (洞房結節) における自律的活動電位 (歩調取り電位，ペースメーカー) に支配される．洞に始まる電気的興奮は，房室結節・ヒス束・プ

通常は洞の興奮が全体を支配しているが，何らかの原因で洞以外の興奮がペースメーカーのリズムを乱した状態が不整脈である．

8.3 循環器

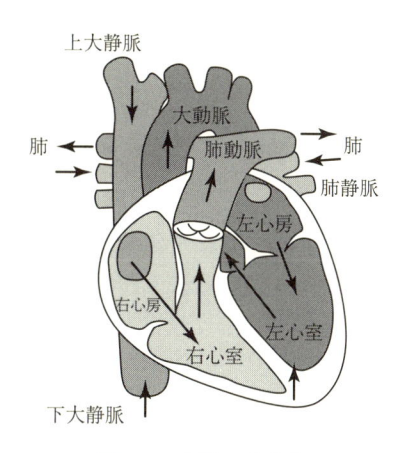

図 8.8 心臓の全体像

ルキンエ線維とよばれる刺激伝導系 (特殊心筋) を介して心臓全体に伝えられる．興奮の伝導に伴って，心房の収縮，次いで心室の収縮が起こる．刺激伝導系の細胞は洞以外の細胞も自動能を有している．

図 8.9 に循環系の全体像を示す．肺から心臓に戻ってきた動脈血は，肺静脈から左心房に入り，左心室から大動脈に送り出され，全身に運ばれる．末梢の組織に酸素や栄養を供給した血液は，二酸化炭素や老廃物を含む静脈血となって全身から大静脈に戻り，右心房を経て右心室に入り，肺動脈を経て肺へと送られる．心臓自体に酸素や栄養を供給する血管が冠状動脈であり，大動脈起始部近くから分岐している．冠状動脈は左冠状動脈と右冠状動脈から細かく枝分かれし，心臓全体に血液を送っている．

心臓は単なるポンプではなく，内分泌組織でもある．ナトリウム利尿ペプチドとよばれるペプチドホルモンが心房や心室から分泌され，利尿・血管拡張・血圧降下などの作用を示す．

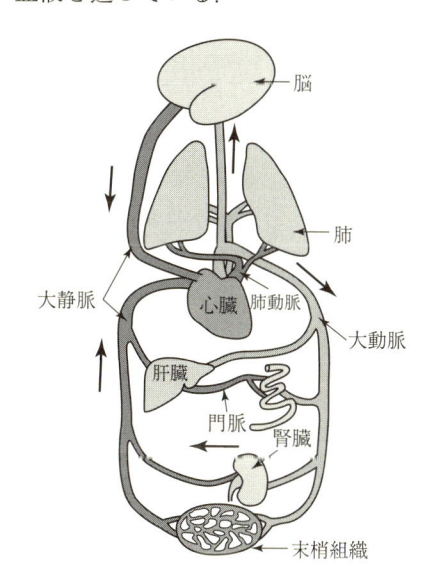

図 8.9 血液循環

8.3.2 血 管

心臓から末梢へ血液や栄養を送り，末梢から心臓へ老廃物などを戻す管として機能しているのが血管である．図 8.10 に血管断面の構造模式図を示す．血管の内面 (血液に接する部分) は 1 層の血管内皮細胞 (上皮組織の一種) に覆われている．その外側に基底膜があり，その周囲をコラーゲンなどからなる結合組織が取り囲む．内皮細胞から結合組織までの層を内膜とよぶ．内膜の外側を輪状の平滑筋組織からなる中膜が囲む．血管は，この平滑筋が収縮したり弛緩したりすることにより，管径が狭くなったり広くなったりするが，自律神経系により調節されている．中膜の外側は結合組織からなる外膜である．

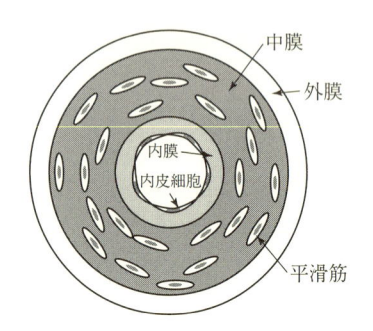

図 8.10 血管の構造

血管内を流れている血液は，血球 (赤血球・白血球・血小板) と液体成分 (血漿) からなり，血漿にはいろいろなタンパク質 (アルブミン，血液凝固因子など) や有機物，無機物が溶け込んでいる．赤血球中のヘモグロビンは酸素と結合し，肺から末梢へ酸素を供給する．また，白血球は免疫や細菌の貪食など様々な生体防御反応にかかわっている (10 章参照)．血小板は血漿中の血液凝固因子とともに止血機構にかかわる．血管壁が損傷して中の血液が血管外に漏れ出すことを出血という．通常は，血管内の成分と血管外の物質との接触を阻んでいる血管内皮細胞が損傷すると，血小板がコラーゲンに接触し，血小板の粘着・凝集が引き起こされて血管の傷を塞ぐ．さらに，血液凝固因子による血液凝固反応が進行して止血する．

血管には，弾性型動脈 (大動脈などの太い動脈，弾力性に富む)，筋型動脈 (細動脈，平滑筋に富み，血管抵抗にかかわる)，毛細血管 (末梢組織と血液間の物質交換を行う)，静脈 (全血液量の 3/4 を有し，容量血管ともよばれる．血液の逆流を防ぐ弁をもつ) がある．

8.4 泌尿器

泌尿器は，腎臓でつくられた尿を体外へ排泄するまでの経路で，図 8.11 に示すように，腎臓，尿管，膀胱，尿道からなる．

8.4 泌尿器

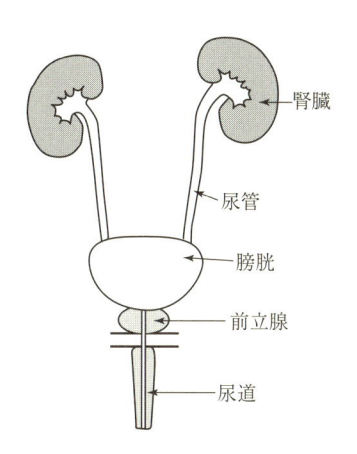

図 8.11 泌尿器系の全体像

8.4.1 腎臓

腎臓はソラマメのような形をした臓器で，腹腔の後側に左右1対あり，血液を濾過して尿を生成し，体内で生じた老廃物を捨て，体液量やその組成を調節する役目を果たしている．図8.12に腎臓の断面を示す．腎臓の表面を覆う皮膜の直下に腎皮質があり，この部分に糸球体を含むボーマン嚢がある．腎臓の内部が腎髄質である．腹部大動脈から分かれた腎動脈は腎門から腎臓に入り，葉間動脈，弓状動脈，小葉間動脈から輸入細動脈に枝分かれし，ボーマン嚢内で毛細血管となって糸球体を形成する．ボーマン嚢からは輸出細動脈となって出て行き，小葉間静脈，弓状静脈を経て，腎静脈として腎臓から出る．

腎臓の機能的単位であるネフロンは腎小体と尿細管からなり，尿を生成する．腎小体は糸球体とそれを包むボーマン嚢からなり，血液を濾過して原尿をつくる(血球や分子量の大きなタンパク質はこの濾過膜を通過できない)．原尿はボーマン嚢内腔から尿細管に送られる．尿細管は近位尿細管，ヘンレ係蹄，遠位尿細管からなり，尿細管が集まって集合管となり，腎盂から尿管へと

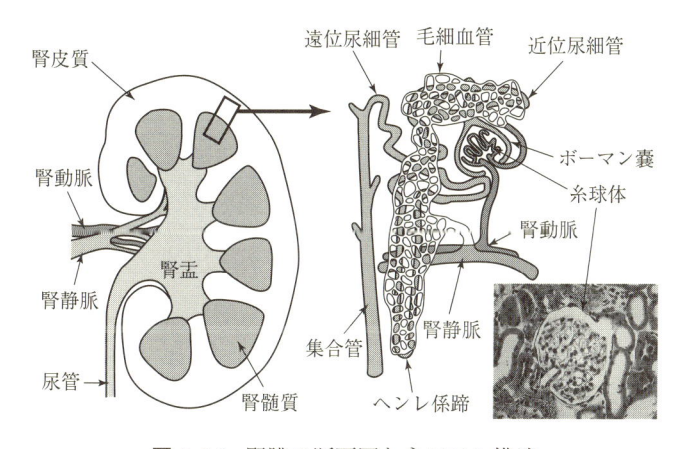

図 8.12 腎臓の断面図とネフロン構造

腎臓で産生される酵素レニンはアンギオテンシノーゲンからアンギオテンシン I を切り出す. このペプチドはアンギオテンシン II に変換され, アルドステロン分泌の促進や血管収縮作用などにより, 血圧を上昇させる.

続く. 近位尿細管では, グルコース, アミノ酸, 水などが再吸収される. ヘンレ係蹄は上行脚と下行脚からなるヘアピン構造をもち, 上行脚で電解質の再吸収, 下行脚では水の再吸収が起こり, 尿の濃縮が行われる. その結果, 原尿は 1 日に数百リットル (110 mL/min) つくられるが, 尿として排泄されるのは男性で 1.5〜2 L, 女性で 1〜1.5 L 程度である. 下垂体後葉から分泌されるバソプレシンは, 水の再吸収を促進して尿量を減少させる抗利尿ホルモンである.

8.4.2 尿　路

左右の腎臓から出た尿管は膀胱に尿を運ぶ. 尿管には平滑筋があり, 消化管などと同様に蠕動運動により尿を輸送する. 膀胱は 3 層の平滑筋からなる容積 500 mL ほどの袋で, 尿を溜めておく (蓄尿) 部位である. 膀胱から尿道への出口を閉める役割は膀胱括約筋の収縮によってなされ, 逆に排尿は膀胱括約筋の弛緩と排尿筋の収縮による. 膀胱の出口 (内尿道口) から外尿道口までの長さは男性で約 20 cm, 女性では 3〜4 cm である.

8.5　感　覚　器

視覚・聴覚・嗅覚・味覚・触覚などの感覚情報を受け取る器官を感覚器という. 視覚は眼, 聴覚や平衡感覚は耳, 嗅覚は鼻, 味覚は舌, 触覚は全身の皮膚が情報を受容し, その情報が神経を伝って脳に送られ, 大脳皮質の特定領域でそれぞれの感覚が認識される.

8.5.1　眼

図 8.13 は, 眼球の断面図である. 眼は, 眼球と視神経からなる. 眼球の最も外側 (外界に接する部分) は角膜 (血管のない透明な組織) で, 知覚に鋭敏で, 物に触れると角膜反射が起こり眼を閉じる. 光は角膜を通過後, 虹彩の中央にある瞳孔 (カメラの絞りにあたる) を通って眼の中に入るが, 瞳孔の大きさは周囲の明るさによって調節される. 瞳孔を通過した光は, 血管や神経をもたない

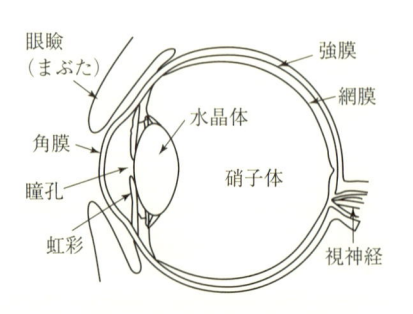

図 8.13　眼球の断面図

無色透明の水晶体 (レンズ) を通り，硝子体に入る．水晶体は近くを見るときには厚くなり，焦点を合わせる役割をしている．水晶体内のタンパク質が変性して濁ると透明性が失われ，白内障を発症する．血管をもたない角膜や水晶体には，角膜と水晶体の間にある眼房水が栄養を供給している．硝子体はゼリー状の透明物質である．硝子体を包む膜は，内側から網膜・脈絡膜・強膜である．網膜は視細胞や視神経細胞などからなり，光の受容器として働く桿体細胞 (明暗を区別する) と錐体細胞 (色彩を区別する) がある．光情報はさらに双極細胞などを経て，視神経細胞の軸索 (視神経) によって大脳視覚野に送られる．

桿体細胞ではロドプシンが光情報の受容体として働いていて，このタンパク質の働きにビタミン A が必須なので，ビタミン A の欠乏は視覚障害 (夜盲症，鳥目) の原因となる．

8.5.2 耳

図 8.14 に耳の構造を示す．音 (空気の振動) が耳介から外耳道を経て鼓膜に達すると，鼓膜が振動する．耳介から鼓膜までを外耳とよび，鼓膜の内部が中耳で，鼓膜に接するツチ骨，キヌタ骨，そして内耳に接するアブミ骨 (この 3 つを耳小骨という) を介して音を増幅し，内耳に伝える．内耳にはカタツムリのような形をした蝸牛や複雑な形の半規管からなる骨迷路があり，骨迷路の内側に膜迷路とよばれる膜性の袋がある．アブミ骨の振動は蝸牛内部のコルチ器にある有毛細胞に伝わり，有毛細胞の興奮により蝸牛神経に活動電位 (9.3.1 項参照) を生じさせ，その興奮が蝸牛神経を介して大脳皮質聴覚野に伝わると，音として認識される．また，耳は平衡感覚も司る．内耳の前庭にある耳石が動くと，感覚受容器である平衡斑の有毛細胞が興奮し，前庭神経を介して脳に頭の位置や傾きなどの情報を伝える．半規管は回転を感ずる感覚受容器として働いている．

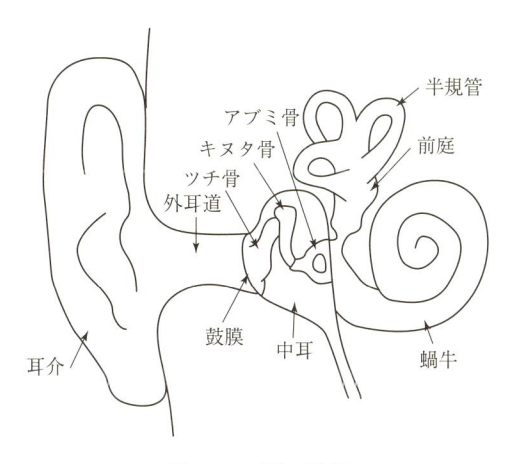

図 8.14 耳の構造

8.5.3 鼻

鼻は外鼻 (外から見える鼻の部分) と鼻腔からなり，空気は外鼻孔 (鼻の穴) から鼻に入る．鼻腔の奥は咽頭に繋がり，外鼻と鼻腔は鼻中隔により左右に分けられている．鼻腔上部の嗅粘膜に嗅細胞があり，嗅細胞の先端にある線毛に，におい物質に対する化学受容器が存在する．数百〜千種類も存在するにおい物質の受容体がにおい物質に結合すると，嗅細胞の興奮が起こり，その情報が嗅神経線維を経て大脳皮質嗅覚野に送られ，においとして認識される．

8.5.4 舌

図 8.15 に舌の全体像と表面構造を示す．舌には 4 種 (糸状，茸状，葉状，有郭) の乳頭がある．軟口蓋，咽頭，喉頭部にある茸状，葉状，有郭乳頭には，数十個の味細胞からなる味蕾が存在し，水に溶けた分子やイオンが味細胞の味毛 (微絨毛) に結合して，味細胞を興奮させる．味細胞の興奮は，味覚神経線維を経て，脳幹にある味覚神経核に伝えられ，さらに視床から大脳の味覚中枢に達して，味を感じる．味覚には，酸味，塩味，甘味，苦味の 4 つの基本味があり，酸味は舌の外側で，塩味は舌先と周縁で，甘味は舌の先で，苦味は舌の根本で，それぞれ感じるとされている．

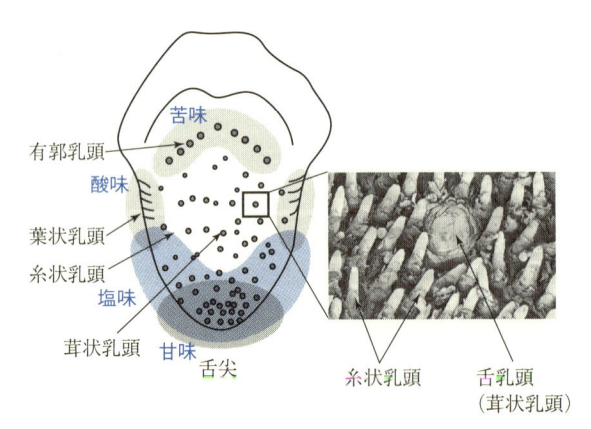

図 8.15 舌の全体像と表面構造

8.5.5 皮 膚

図 8.16 に示すように，皮膚の表面は重層扁平上皮細胞からなる表皮で，内部にある真皮に接する基底膜上に基底層があり，その上に有棘層 (基底層の細胞が分化したケラチノサイト)，顆粒層 (ケラチンを合成する)，淡明層 (多量のケラチンを含む死細胞)，角質層 (死細胞) がある．基底層の細胞が約 1 カ月かかって順次角質に変化していき，最期は垢となってはがれ落ちる．表皮にはメラニン細胞があって黒褐色の色素 (メラニン) を合成し，メラニンが紫外線を吸収することにより皮膚を保護している．表皮の下層に存在するメルケル細胞

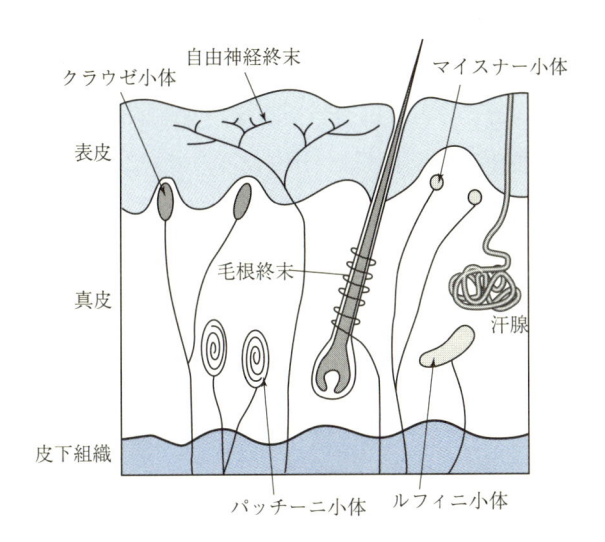

図 8.16 皮膚の構造
クラウゼ小体: 冷覚，自由神経終末: 痛覚・温覚・冷覚，
マイスナー小体: 触覚，毛根終末: 触覚，パッチーニ小体: 触覚，
ルフィニ小体: 温覚

が皮膚の触覚受容器官としての役割を担っていて，表皮や真皮に分布する神経終末の感覚受容器は，温度，圧，痛みなどの情報を受容する．表皮の下には真皮がある．真皮は結合組織からなり，その中に神経，血管，毛包などが存在する．汗腺 (エクリン腺，アポクリン腺) は汗を分泌し，脂腺は皮脂を分泌する．毛は死んだケラチノサイトが糸状になったものである．

8.6　筋

手足の動き，心臓の拍動，消化管の蠕動運動などは，いずれも筋の収縮による．筋は構造および収縮メカニズムの違いにより，骨格筋，心筋，平滑筋の 3 種に分けられる (図 8.17).

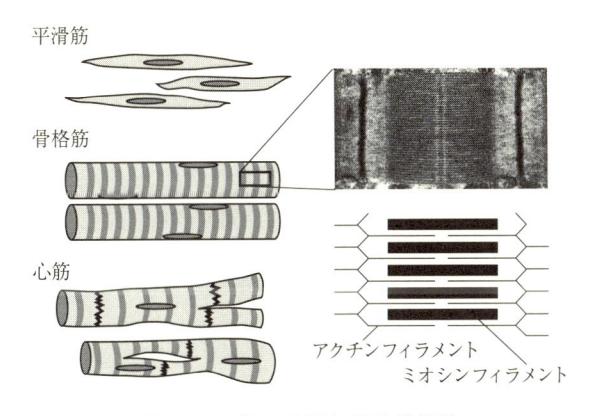

図 8.17　筋の分類と骨格筋構造

8.6.1 骨格筋・心筋

骨格筋は骨格に付着し，自分の意志で身体の運動を起こす (随意運動) 筋である．紡錘形で，両端の腱で骨に結合しているので，この筋の収縮・弛緩により骨格を動かすことができる．一方，心筋は心臓を構成する筋肉組織であり，不随意筋である．骨格筋および心筋はともに横紋筋とよばれる．これは，筋を形成する筋線維の微細構造である筋原線維を顕微鏡で観察すると，明暗の差により横紋 (横縞) がみられるからである (図 8.17)．この横紋は，ミオシンからなる太いフィラメントと，アクチンからなる細いフィラメントの重なり具合により，暗い部分 (太いフィラメントの重なり) と明るい部分 (細いフィラメントの重なり) が交互にみられるためにできる．

横紋筋の収縮は，ミオシンとアクチンが Ca^{2+} の影響によって相互作用することにより起こる (7.1.5 項参照)．骨格筋も心筋も細胞内に小胞体が発達し多量のカルシウムを蓄えているが，心筋の場合には，細胞の興奮に伴って細胞外から流入する Ca^{2+} の寄与が骨格筋の場合よりも大きいと考えられている．

8.6.2 平滑筋

平滑筋には横紋がみられず，紡錘形の細胞内にアクチンフィラメントとミオシンフィラメントが不規則に存在している．骨格筋や心筋に比べて小胞体が未発達である．収縮には Ca^{2+} が必要で，Ca^{2+} 結合タンパク質カルモジュリンに Ca^{2+} が結合するとミオシンがリン酸化され，アクチンと反応して収縮を起こす．リン酸化ミオシンが脱リン酸化されると，弛緩が起こる．消化管など心臓以外の臓器や血管の収縮・弛緩を起こす筋が平滑筋である．

8.7 内分泌系

内分泌系は，ホルモンなどの生理活性物質を介して，神経系とともに生体の恒常性 (ホメオスタシス) 維持の役割を果たしている．ホルモンは内分泌腺で生産され (図 8.18)，血液中を標的臓器 (作用部位) に運ばれ，標的細胞上あるいは細胞内に存在する受容体に結合することにより，情報を伝える．産生細胞自身に作用する場合 (オートクリン) や近くの細胞に作用する場合 (パラクリン)，ホルモンとは区別してオータコイドとよぶ．

内分泌腺には，脳下垂体 (前葉，後葉)，松果体，甲状腺，副甲状腺 (上皮小体)，副腎 (皮質，髄質)，膵臓 (ランゲルハンス島)，性腺 (精巣，卵巣) などがある．また，主要な機能が他にあるため内分泌腺とはよばないが，心臓，胃，腸，腎臓，肝臓などもホルモンを分泌している．おもなホルモンの分泌部位を表 8.1 に示す．

8.7 内分泌系

表 8.1 おもなホルモンと分泌部位

分泌部位		ホルモン
視床下部		黄体形成ホルモン放出ホルモン 甲状腺刺激ホルモン放出ホルモン 成長ホルモン放出ホルモン ソマトスタチン 副腎皮質刺激ホルモン放出ホルモン
下垂体	前葉	成長ホルモン 副腎皮質刺激ホルモン プロラクチン 黄体形成ホルモン 甲状腺刺激ホルモン 卵胞刺激ホルモン
	後葉	オキシトシン バソプレシン
松果体		メラトニン
甲状腺		カルシトニン チロキシン トリヨードチロニン
副甲状腺		副甲状腺ホルモン (パラトルモン)
胸腺		チモシン
心臓		ナトリウム利尿ペプチド
腎臓		エリスロポエチン レニン
副腎	皮質	アルドステロン コルチゾール (グルココルチコイド)
	髄質	アドレナリン ノルアドレナリン
胃		ガストリン
十二指腸		コレシストキニン セクレチン
膵臓	ランゲルハンス島	グルカゴン インスリン
肝臓		アンギオテンシノーゲン (前駆体)
胎盤		性腺刺激ホルモン
卵巣		卵胞ホルモン 黄体ホルモン
睾丸		テストステロン
脂肪細胞		レプチン

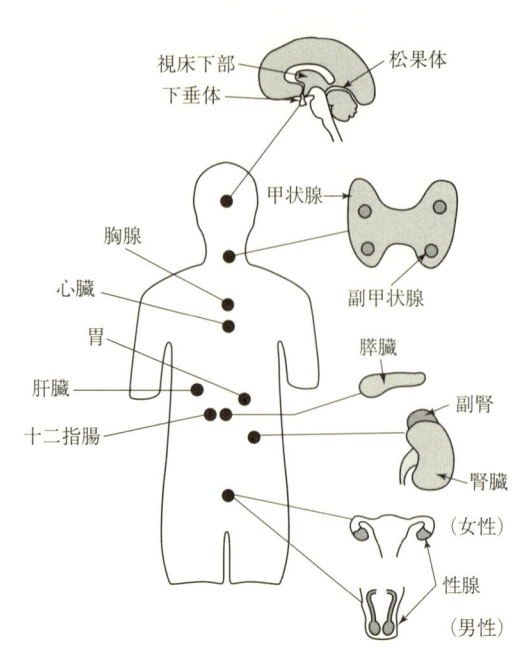

図 8.18　内分泌系の分布

　ホルモンの産生は，生体の恒常性を維持するために適切にコントロールされる必要がある．そのため，神経系や上位および下位のホルモンによって制御される．例えば，視床下部から副腎皮質刺激ホルモン放出ホルモンが分泌されると，その標的組織である脳下垂体前葉に作用して副腎皮質刺激ホルモンを分泌させる．副腎皮質刺激ホルモンは副腎皮質に作用して副腎皮質ホルモンの合成を促す．血液中のホルモン濃度が十分に高くなると，上位のホルモン産生組織に作用して上位ホルモンの分泌を抑制し (ネガティブフィードバック)，その結果下位ホルモンの産生・分泌が低下して，血液中のホルモン濃度が下がる．
　ホルモンは，水溶性のペプチドホルモンやタンパク質ホルモン，アミン類ホルモン，脂溶性ホルモン (ステロイドホルモン) の3種に分類される．水溶性ホルモンの受容体タンパク質は標的細胞の膜上に存在し，ホルモンが結合すると構造が変化してその情報を細胞内に伝える．一方，脂溶性ホルモンの受容体は細胞内にあり，細胞内に侵入したホルモンと結合して情報を受けとる．ホルモンが受容体に結合すると，細胞内でそれぞれ特異的な情報伝達系により情報が伝えられ，細胞の機能に変化をもたらす．

■ まとめ

- ヒトの器官には，消化器，呼吸器，循環器，泌尿器，感覚器などがある．
- 消化器は，口から肛門までの消化管と肝臓，膵臓などの付属器からなり，食物の消化・吸収と排泄にかかわっている．
- 呼吸器は，気管と肺からなり，空気中の酸素を取り込んでガス交換を行う．
- 循環器は，心臓と血管からなり，全身に酸素や栄養を送り，末梢からは二酸化炭素や老廃物を回収している．
- 泌尿器は，腎臓と尿路からなり，腎臓でつくられた尿を排泄する．
- 感覚器には，眼，耳，鼻，舌，皮膚があり，それぞれ視覚，聴覚と平衡感覚，嗅覚，味覚，触覚と痛覚にかかわっている．
- 手足や心臓，消化管などの動きは，筋 (骨格筋，心筋，平滑筋) の働きによる．
- 生体の恒常性 (ホメオスタシス) は，内分泌系や神経系の働きによって保たれている．

■ 演習問題

8.1 消化酵素 (アミラーゼ，ペプシン，トリプシン，リパーゼ) に合致する記述はどれか．

(1) 膵液に含まれ，脂肪を分解する．
(2) 唾液に含まれ，デンプンを分解する．
(3) 胃の主細胞でつくられ，酸性の条件でタンパク質を分解する．
(4) 膵液に含まれる前駆体が活性化されて生じ，タンパク質を分解する．

8.2 口から肛門までの経路を順に並べよ．

(1) 盲腸　(2) 十二指腸　(3) 上行結腸　(4) 直腸　(5) 食道　(6) 横行結腸
(7) 空腸　(8) 胃　(9) S字結腸　(10) 下行結腸　(11) 回腸

8.3 血液が移動する順序はどれか．

(1) 左心室→左心房→肺動脈→肺→肺静脈→右心室→右心房→大動脈→動脈
　　→毛細血管→静脈→大静脈→左心室
(2) 左心室→左心房→大動脈→動脈→毛細血管→静脈→大静脈→右心室→右心房
　　→肺静脈→肺→肺動脈→左心室
(3) 左心房→左心室→大動脈→動脈→毛細血管→静脈→大静脈→右心房→右心室
　　→肺動脈→肺→肺静脈→左心房
(4) 左心房→左心室→大動脈→動脈→毛細血管→静脈→大静脈→右心房→右心室
　　→肺静脈→肺→肺動脈→左心房

8.4 腎臓における尿の生成から排泄はどのような順序で行われるか．

(1) 尿管　(2) ヘンレ係蹄　(3) 遠位尿細管　(4) 膀胱　(5) 近位尿細管
(6) 尿道　(7) 糸球体　(8) 集合管　(9) 腎盂　(10) ボーマン嚢

8.5 以下の機能にかかわりの深い部位は何か．下の選択肢から選べ．

(1) 視覚において，焦点を合わせる．
(2) 明暗を区別する．
(3) 回転を感ずる．
(4) 紫外線から皮膚を保護する．
(5) 触覚の受容をする．

【選択肢】 表皮 (メラニン細胞)，表皮 (メルケル細胞)，水晶体，半規管，桿体細胞

9
脳 と 神 経

　私たちが，ものを考えたり，体を動かしたりできるのは，神経が働いているからである．例えば，目や耳で自分の周囲の状況の変化を感知し，手や足を動かすとき，体の中ではその連絡を神経が行っている．神経を構成する単位は細胞であり，脳や脊髄だけでなく，体のすみずみにまで繊維のように張り巡らされている．神経の興奮の伝わり方には，電気的な信号による場合と，化学伝達物質が作用する場合がある．このような神経の連絡に障害が起こると，記憶や運動に支障をきたすものをはじめ，いろいろな神経疾患が発症する．この章では，神経系の構造と分類，神経細胞とそれを取り巻く細胞たち，興奮とその伝わり方，神経が侵される疾病について学習する．

9.1 神 経 系

　動物は，光や音などの刺激に反応して行動を起こす．このとき，これらの刺激を受容する眼や耳などは受容器とよばれ，反応して体を動かすための筋肉などが効果器とよばれる．神経系は，これらの受容器と効果器を結び付ける役目をしている．すなわち，受容器にある感覚細胞が刺激に応じて興奮すると，感覚神経によって脳に伝えられる．脳は中枢神経として，運動神経を通して効果器に指令を出す (図 9.1)．動物には内分泌系という情報伝達系もあり，これにはホルモンという化学物質が用いられる．これに対して，神経系では電気的な信号を利用するので，内分泌系を介した反応よりも速やかな情報の伝達が可能である．

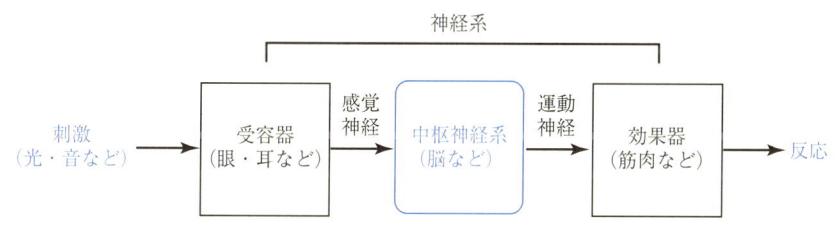

図 9.1 神経系の働き

9.1.1 神経系の分類

神経系は中枢神経系と末梢神経系に大別される（図 9.2）．中枢神経系は脳と脊髄より構成される．末梢神経系はさらに体性神経系と自律神経系に分類される．体性神経系には，中枢の指令を筋肉に伝える運動神経と，逆に末梢から中枢に情報を伝える感覚神経が含まれる．自律神経系は交感神経と副交感神経からなり，意志とは無関係に内臓や分泌腺を支配している．

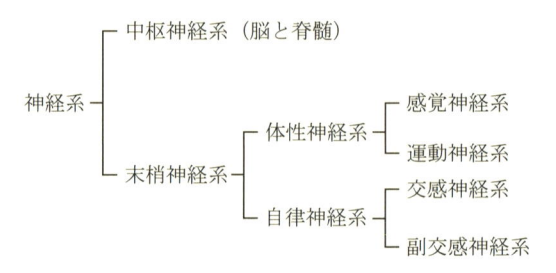

```
                ┌─ 中枢神経系（脳と脊髄）
                │
        神経系 ─┤                        ┌─ 体性神経系 ┌─ 感覚神経系
                │                        │            └─ 運動神経系
                └─ 末梢神経系 ────────────┤
                                         └─ 自律神経系 ┌─ 交感神経系
                                                       └─ 副交感神経系
```

図 9.2 脊椎動物の神経系

9.1.2 脳

中枢神経系を構成する脳は，大脳・間脳・脳幹・小脳からなる（図 9.3）．脳幹には中脳・橋・延髄が含まれる．

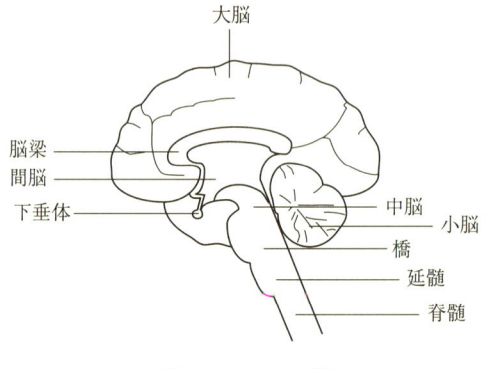

図 9.3 ヒトの脳

(1) 大　脳

大脳は左右の半球に分かれている．外側は神経細胞の細胞体（9.2.1 項参照）が集まっている大脳皮質であり，灰白質ともよばれる．内側は神経線維が集まっている大脳髄質であり，白質ともよばれる．さらに，大脳半球の深部には大脳辺縁系・大脳基底核がある．

大脳皮質：大脳皮質の大半は新皮質からなる．大脳半球は，表面の主要な溝を境として，前頭葉・側頭葉・後頭葉・頭頂葉の 4 つの部分に分けられる（図 9.4）．

9.1 神経系

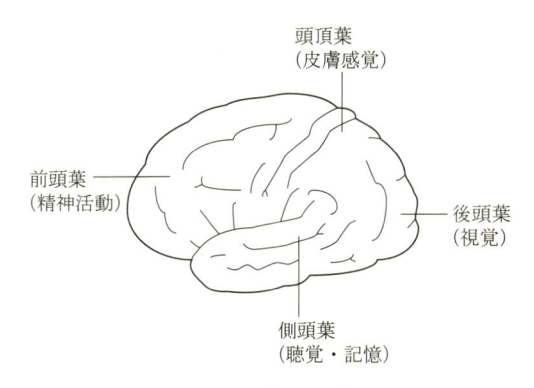

図9.4 大脳半球

前頭葉…精神活動，言語，運動などを司る．
側頭葉…聴覚，記憶などを司る．
後頭葉…視覚を司る．
頭頂葉…触覚，温痛覚，空間感覚などを司る．

大脳辺縁系：大脳辺縁系は，大脳半球の内側部にあり，発生学的に古い旧皮質からなる．新皮質に高度な精神活動を営む中枢があるのに対して，旧皮質では本能的な行動を司っている．構成要素として，海馬や扁桃体があり，海馬は記憶の形成に重要な役割を果たしている．

大脳基底核：大脳基底核は，大脳半球の深部にあり，運動の調節などにかかわる神経核群である．構成要素である被殻と尾状核を合わせて線条体という．

(2) 間　脳

間脳は視床と視床下部からなる．

視床：視床は，嗅覚以外のすべての感覚情報を集める中枢であり，情報を処理して大脳皮質へ送る．

視床下部：視床下部は，自律神経系や内分泌系の中枢である．体温調節，摂食調節，情動行動など生命活動の調節に中心的な役割を果たす．

(3) 中　脳

中脳は，視覚や聴覚の情報を処理している．また，黒質にはドーパミン含有神経の細胞体があり，線条体へ投射している．

(4) 延　髄

延髄は，呼吸運動や血管運動など，生命維持に必須の中枢である．

(5) 小　脳

小脳には，全身の運動を調節し，体の平衡を保つ中枢がある．また，運動の学習にもかかわっている．

黒質：中脳の一部を占める神経核．緻密部と網様部があり，緻密部から線条体にドーパミンを送っている．正常の黒質はメラニン色素を含むため黒く見えるが，パーキンソン病では黒質の神経細胞が変性するので肉眼でも異常が観察される．

9.1.3 脊髄

　脊髄は脊椎骨の中にある細長い円柱上の中枢神経で，上方は延髄に繋がっている．脊髄の中央部には細胞体が集まった灰白質があり，周辺部には神経線維が集まった白質がある (図 9.5)．脊髄からは左右に神経線維が出ている．腹側の部分が前根で運動神経の線維が出ていて，背側の部分が後根で感覚神経の線維が出ている．受容器からの興奮は，感覚神経によって後根から灰白質に入り，白質を通って大脳の感覚中枢に伝えられる．大脳から効果器に指令を伝えるときには，興奮が白質から灰白質を通り，運動神経によって前根から送られる．

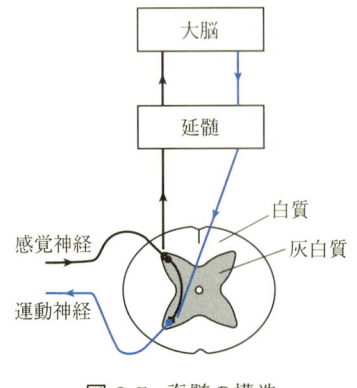

図 9.5 脊髄の構造

9.1.4 体性神経系

　体性神経系のうち運動神経は，中枢神経系から骨格筋に情報を送る遠心性線維である．感覚神経は，末梢から中枢神経系に情報を送る求心性線維である．これらが大脳を介した興奮伝達を行えば，私たちが思い通りに体の部分を動かす随意運動となる．一方，刺激を受けたときに無意識にすばやく体が動くことがある．これが反射である．例えば，熱いものに指先が触れると，思わず手を引っ込める (屈筋反射)．また，ひざ関節のすぐ下を軽く叩くと，思わず足が上がる (膝蓋腱反射)．これらの無意識な動きは，興奮が大脳に伝わる前に，手や足の筋肉に興奮が伝わるためである．すなわち，これらの反射の中枢は脊髄にあり，脊髄反射とよばれている．反射の経路を反射弓 (受容器 → 感覚神経 → 反射中枢 → 運動神経 → 効果器) という．

随意運動: 生物の行う運動の中で，自己の意志に基づく運動のこと．具体的には，手を握る，歩く，走る，視線の移動，発声などである．反対に，不随意運動は意志に基づかない不合理な運動で，ふるえ (振戦) などがある．

膝蓋腱反射: 下肢を曲げ，膝蓋骨の下のところを叩くと，筋肉が収縮し，下肢が上がる反射．末梢神経障害の診断などに用いる．

9.1.5 自律神経系

　自律神経系は，意志とは無関係に循環，呼吸，消化，分泌，排泄，体温調節など基本的な生命活動の維持に働いている．交感神経と副交感神経という 2 系統の遠心性神経からなり，多くの器官は，これら両方の支配を受けている．こ

9.1 神経系

のとき，一方が働きを促進すれば，他方は抑制するというように互いに反対の作用(拮抗作用)を示す．例えば，心臓に対しては，交感神経は心拍数を増加させるように働き，副交感神経は減少させるように働く．また，腸管運動は副交感神経によって促進され，交感神経によって抑制される．一般に，交感神経が興奮すると全身の活動は活発となり，エネルギーは消費される．逆に，副交感神経は，安静時や睡眠中にエネルギーを確保するように働く．このように，各器官の活動は，交感神経と副交感神経のバランスにより調節されるので，自律神経系は，生体の恒常性の維持に重要な役割を果たしているといえる．

自律神経系の中枢は中脳・延髄・脊髄などにあるが，これらの働きは上位の中枢である間脳の視床下部によって調節されている．交感神経は脊髄から出ていて，副交感神経は中脳，延髄，脊髄下部から出ている．どちらの神経も，効果器に至るまでの途中，自律神経節内でニューロン(9.2節参照)を交代する．中枢神経から自律神経節までを節前線維といい，自律神経節から効果器までを節後線維という．

自律神経節と，節後線維の末端から効果器への興奮の伝達には神経伝達物質が関与している(9.3節参照)．交感神経の自律神経節では，節前線維の末端からアセチルコリンが分泌される．これにより興奮を受け取った節後線維の末端からノルアドレナリンが分泌され，各器官に作用する(図9.6)．副交感神経では，自律神経節でも節後線維の末端でもアセチルコリンが神経伝達物質として作用する．

交感神経の末端から放出されたノルアドレナリンは，効果器側のアドレナリン受容体に結合して作用を発揮する(図9.6)．アドレナリン受容体はα受容体とβ受容体に分類される．一方，アセチルコリン受容体はニコチン性受容体とムスカリン性受容体に分類される．ニコチン性受容体は，交感神経と副交感神経の自律神経節において節後ニューロンの細胞体に存在する．副交感神経の末端から放出されたアセチルコリンは，効果器側のムスカリン性受容体に結合する．

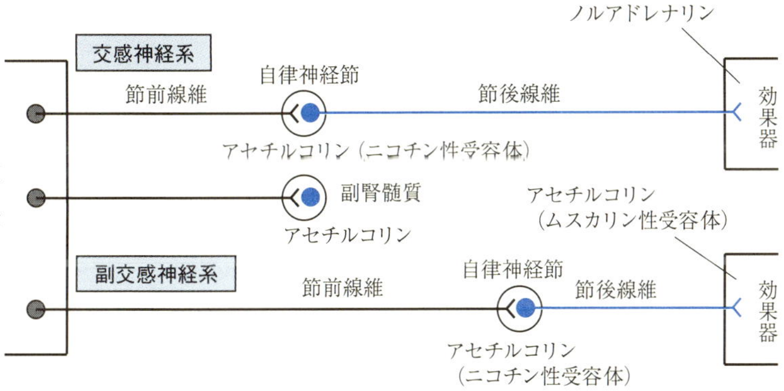

アセチルコリン:

$$CH_3-\overset{CH_3}{\underset{CH_3}{N^+}}-CH_2CH_2OCOCH_3$$

ノルアドレナリン:

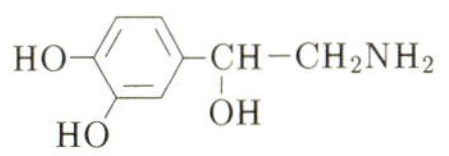

HO-⟨⟩-CH(OH)-CH$_2$NH$_2$ (HO-)

図 9.6 自律神経系

自律神経系によって臓器が支配されているということは，ノルアドレナリンやアセチルコリンによって臓器の機能が調節されているともいえる．実際，これらのバランスが崩れると種々の病気になることがある．例えば，アセチルコリンによって気管支が収縮すれば喘息になりやすい，あるいは，ノルアドレナリンによって血管が収縮すると高血圧になるなどのことがある．そのため，これらの神経伝達物質の作用を増強または減弱させる物質が薬として，広く臨床の場で用いられている．

9.2 神経細胞とグリア細胞

神経系は，ニューロン(神経細胞)とそれを支持・保護するグリア細胞(神経膠細胞)から構成されている．

9.2.1 神経細胞

ニューロン(神経細胞)は，情報の伝達や処理を行い，細胞体，樹状突起，軸索からなる(図9.7)．細胞体には，核や細胞小器官が存在する．樹状突起は，細胞体から出ている多数の突起であり，それぞれの突起がさらに枝分かれしている．これらには，他のニューロンの軸索が近づいてシナプス(9.3節参照)を形成し，他のニューロンからの情報を受け取ることができる．一方，軸索は細胞体から1本だけ出る突起であり，樹状突起よりも長い．軸索は，他のニューロンや効果器とシナプスを形成し，情報を他の細胞に受け渡すことができる．

脊椎動物では，軸索の多くはシュワン細胞が何重にも巻き付いて髄鞘という鞘を形成することがある(図7.6参照)．軸索に沿った1つの髄鞘の長さは約1 mmであり，隣の髄鞘との間は途切れてくびれているようにみえる．この部分をランビエ絞輪という．髄鞘をもつ軸索を有髄神経線維，もたないものを無髄神経線維という．脊椎動物では多くの神経線維が有髄である．

シュワン細胞: 末梢神経系のグリア細胞の1つ．神経細胞の軸索を束ねたり，軸索の周囲に髄鞘を形成する．1つの有髄神経細胞には多くのシュワン細胞が巻き付く．

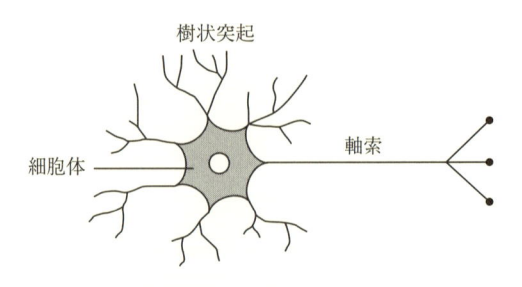

図9.7 ニューロンの形態

9.2.2 グリア細胞

グリア細胞は，神経膠細胞というように，発見当初は神経細胞の周囲で「膠」のように存在する，すなわち，ニューロンとニューロンの間の空間を埋める接着剤のように考えられていた．しかし，近年の脳研究から神経系において重要な役割をもつことがわかってきた細胞である．グリア細胞は，中枢神経系において次の3種類に分類される．

(1) アストロサイト

アストロサイト(星状膠細胞)は，多数のニューロンを物理的に支え，ニューロンの動作環境を維持している．また，血管とも連絡し，必要な栄養分を取り込みやすくする．その他に，ニューロンが興奮したときに細胞外液に放出された過剰な神経伝達物質を回収する．脳や脊髄の毛細血管には，有害物質が脳に入り込まないように，血液中からの物質移動を厳しく制限する「関所」がある．これを血液脳関門とよぶが，アストロサイトはこの形成にもかかわっている．

(2) オリゴデンドログリア

オリゴデンドログリア(乏突起膠細胞)は，ニューロンの軸索に巻き付き，髄鞘を形成する．これは絶縁体として働き，興奮の伝導速度を速める (9.3 節参照)．末梢神経では，シュワン細胞がこの細胞に該当する．

(3) ミクログリア

ミクログリア(小膠細胞)は，貪食作用をもち，変性したニューロンやその死骸を取り込む．サイトカインの分泌など，脳内の免疫細胞として働く (10.2.4 項参照)．

血液脳関門: 毛細血管の内皮細胞の間隔が極めて狭いことによる物理的な障壁．水溶性の高い物質あるいはタンパク質などの大きな分子はこの関門を透過しにくい．また，脳内から血管へ物質を積極的に排出するしくみもある．

9.3 神経の興奮と伝導・伝達

受容器に生じた興奮は，ニューロンによって中枢や効果器に伝えられるとき，電気的な信号と化学的な信号に変換される．すなわち，興奮が1つのニューロンの軸索内を伝わるときは，電気的な信号として伝えられ，これを伝導という．一方，シナプスを介して他の細胞に伝わるときは，神経伝達物質を使って伝えられ，これを伝達という．

9.3.1 静止電位と活動電位

生きている正常な細胞では，細胞内は細胞外液に対して電気的に負の状態に保たれている．これは，細胞内と外でイオンの組成が異なるためである．ニューロンの細胞膜にあるNa^+-K^+ポンプはNa^+を細胞外へ，K^+を細胞内へ能動輸送している．そのため，細胞内ではK^+の濃度が高く，細胞外では

Na^+-K^+ポンプ: 細胞膜輸送系の膜貫通タンパク質であり，ATPの加水分解と共役して細胞内からNa^+を汲み出し，K^+を取り込む．エネルギーを用いて積極的に物質を輸送するので能動輸送 (2.3.1 項参照) という．

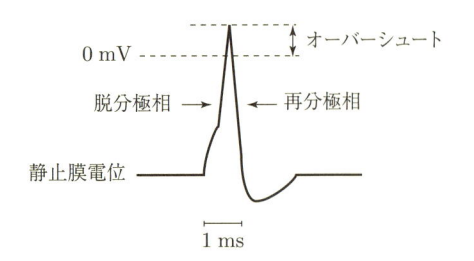

図 9.8 活動電位

Na^+ の濃度が高い状態になる．そこで，細胞内の K^+ が細胞外へ移動すると細胞内が負の電位となる．K^+ の外への移動は，細胞外の Na^+，K^+ の電気的な反発を受け，つりあったところで平衡状態となる．このときの電位が静止電位であり，細胞内の電位は細胞外に対して $-60 \sim -90$ mV となっている．このように，細胞膜を境に電位差があることを分極しているという．

ニューロンが刺激されると，細胞内の電位が分極した状態から+方向に変化する．これを脱分極という．一定以上の刺激を加えると，膜電位は突然大きく正に変化し，その後速やかに静止電位に戻る (図 9.8)．このような一過性の急激な膜電位変化を活動電位とよび，活動電位が発生することを興奮という．

脱分極の後に活動電位が発生する場合は，細胞膜のナトリウムチャネルが開き，細胞外の Na^+ が細胞内に大量に流入する．その後，カリウムチャネルが開いて細胞内の K^+ が細胞外に流出することにより，電位はもとのレベルに戻っていく (再分極)．

ニューロンに刺激を加えるとき，弱い刺激では脱分極しても活動電位までは発生しない．興奮が起こるのに必要な最小の刺激の強さを閾値という．閾値より弱い刺激では，刺激の程度にかかわらず，活動電位は発生しないが，逆に，閾値以上の刺激では，刺激をいくら強くしても活動電位の大きさは変わらない．これを全か無かの法則という．刺激の強さは，活動電位を発生する頻度と興奮する感覚細胞の数に反映され，これらが刺激の強弱として中枢に伝えられる．

9.3.2 興奮の伝導

不応期: ナトリウムチャネルが不活性化状態となっているため，刺激に反応しない期間．不応期がなければ活動電位は軸索の両方向へと伝導が可能であるが，不応期があるために活動電位の逆流が起こらないようになっている．

神経の軸索を伝わる電流は，銅線を流れる電気のように伝わるのではなく，ナトリウムチャネルの開閉の連鎖によって伝わっていく．まず，軸索の 1 カ所で興奮が起こると，Na^+ が流入し，細胞膜内外の電位が逆転する．すると，隣接部位との間に電位差を生じるため，活動電流が流れる．これが刺激となって隣接部位のナトリウムチャネルが開口し，活動電位が発生する (図 9.9)．こうして次々と隣へ興奮が伝わっていく．最初に興奮した部位はしばらく刺激に反応しない (不応期) ので，興奮は一方向のみ (末梢へ) に伝わることになる．

有髄神経線維では，髄鞘が絶縁体として働くため，活動電位はナトリウムチャネルの限局したランビエ絞輪でのみ起こる．興奮は絞輪から絞輪へととび

(a) 無髄神経線維

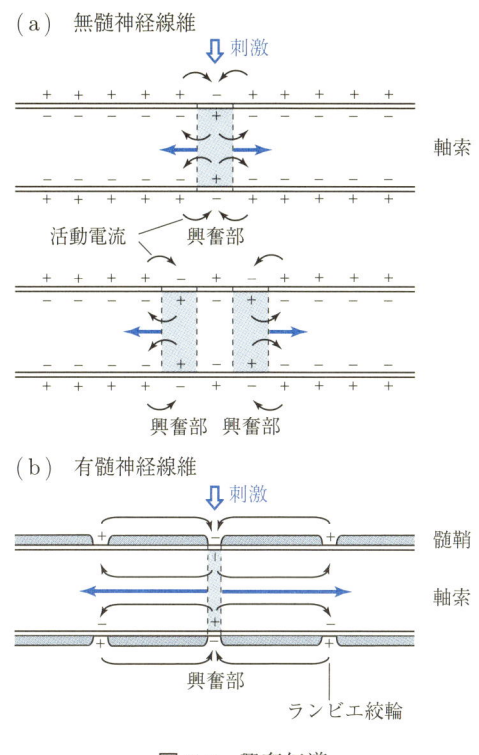

(b) 有髄神経線維

図 9.9 興奮伝導

とびに伝わるので，跳躍伝導とよばれる (図 9.9)．そのため，有髄神経線維では無髄神経線維に比べ脱分極の回数が少なく，伝導速度が速い．

9.3.3 シナプスでの伝達

軸索内を伝わってきた興奮は，軸索の末端でその情報を電気信号から化学信号に変換する．軸索の末端は，隣の細胞と狭いすきまを隔てて接続しているので，電気信号では興奮を伝えられないからである．この接続部分の構造をシナプスとよび，狭いすきまのことをシナプス間隙とよぶ (図 9.10)．シナプスは，軸索と神経細胞の樹状突起や細胞体，あるいは軸索と効果器との間で形成される．化学信号を担う物質が神経伝達物質であり，代表的なものにアセチルコリンやノルアドレナリンがある．

軸索の末端には小さな顆粒が多く含まれている．これがシナプス小胞であり，この中に神経伝達物質が貯蔵されている．興奮が軸索末端まで伝わってくると，シナプス前膜の電位が変化し，ここに存在するカルシウムチャネルが開口する (図 9.10)．Ca^{2+} が流入すると，シナプス小胞とシナプス前膜が融合して小胞内の神経伝達物質が放出される．伝達物質は，シナプス間隙を拡散してシナプス後膜に到達し，特異的な受容体と結合する．こうして伝えられた化学信号が刺激となって次の細胞に活動電位を発生させる．

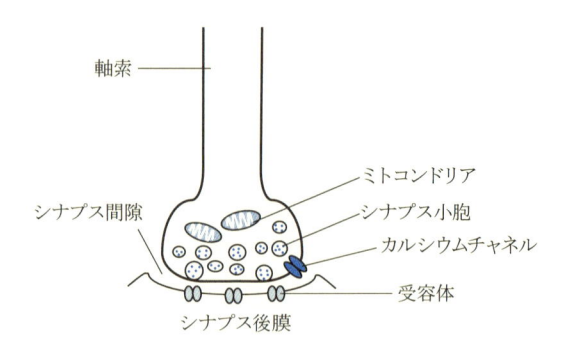

図 9.10 シナプスの構造

　分泌された神経伝達物質は，速やかに酵素によって分解されたり，軸索側に回収されたりするので，極めて短い時間しか作用しない．このように，役目を終えた神経伝達物質をシナプス間隙から速やかに消失させることは，次の情報伝達のための準備となる．

　神経細胞や効果器のシナプス後膜上にある受容体は，対応する神経伝達物質に対して，「鍵と鍵穴」の関係にある．しかし，1つの伝達物質に対応する受容体は複数存在し，情報を促進的に伝える場合と抑制的に伝える場合がある．抑制的な場合には次の細胞には活動電位が発生しなくなる．通常1つの神経細胞上には，多くの軸索がシナプスを形成するので，興奮性の信号や抑制性の信号を次々に受け取ることになる．こうして個々の神経細胞では，細胞体において情報の統合が行われている．

　1つのシナプスに強い刺激を与えた場合，そのシナプスで生じる脱分極が，強い刺激を与える前よりも大きくなることがある．これは強い刺激によってシナプスの伝導効率が高まったことを意味する．このように，シナプスにおける神経の興奮の伝導効率が状況によって変化できることをシナプスの可塑性という．これは記憶の形成にかかわっていると考えられている (9.4 節参照)．

可塑性: 物体に力を加えて変形させたとき，力を取り除いても変形がそのままになる性質 (⇔ 弾性)．記憶や学習は神経細胞の樹状突起や軸索が伸びて近くの神経細胞とのシナプスを形成することにより実現されると考えられている．

9.4 神経に関する疾患

　多くの神経疾患が知られているが，ここでは神経筋接合部疾患と神経変性疾患の代表例を紹介する．

9.4.1 重症筋無力症

　運動神経の軸索末端と，効果器である骨格筋との間に形成されるシナプスを神経筋接合部とよぶ．ここでの伝達物質はアセチルコリンであり，シナプス後膜のニコチン性アセチルコリン受容体に結合して信号を伝えると，筋肉が収縮する．重症筋無力症では，このアセチルコリン受容体に対する抗体 (10.2.6 項参照) が産生され，受容体が破壊されてしまう．その結果，アセチルコリン

の作用が障害されて，筋の易疲労性と脱力感を示す．抗体は本来，病原体などが体内に侵入したときに，それらを攻撃する免疫で働く物質である．それが自分の成分である受容体タンパク質などに対して産生される場合，自己抗体とよぶ．重症筋無力症は自己免疫疾患の1つともいえる．

外眼筋が好発部位であり，症状として眼瞼下垂が起こる．筋力低下が眼筋にとどまる眼筋型と，四肢筋にまで及ぶ全身型がある．症状には日内変動があり，朝は軽度であるが，午後から夕方にかけて増悪する．また，免疫機能に重要な役割を果たす胸腺に異常を起こす(胸腺腫や胸腺過形成)ことが多い．

治療としては，アセチルコリンを分解する酵素を阻害する薬や免疫抑制薬が用いられる．また，全身型では胸腺摘除術が行われる．

9.4.2 アルツハイマー病

近年，高齢化社会の到来とともに認知症が増加していくことが問題となっている．認知症とは，いったん獲得された認知機能が，後天的な脳の器質障害によって持続的に低下し，日常的，社会的な生活に支障をきたす状態をいう．これは，自然な老化現象である加齢による「もの忘れ」とは異なる．例えば，自然な老化では，食事で何を食べたかを忘れるというように，忘れることが体験したことの「一部」であるのに対し，認知症では，食事したこと自体を忘れるというように，体験したことの「全体」になる．認知症を引き起こす原因としては，脳実質の変性によって起こる変性性認知症と，脳血管の障害によって起こる脳血管性認知症の2種類がある．変性性認知症の代表的なものがアルツハイマー病である．日本では，以前は脳血管性認知症が多かったが，現在ではアルツハイマー病の方が多い．

アルツハイマー病の症状の経過は，3期に分けられる．初期では，新しいことが覚えられなくなる．正常な老化によるもの忘れと鑑別が難しいため，早期発見ができない場合が多い．中期では，現在だけでなく，昔の記憶も障害されるようになる．計算や読み書きができなくなったり，服が着られなくなったりなど，思うように正しい動作ができなくなる．今がいつなのかわからないような時間の見当識障害や，自分の家がわからないような場所の見当識障害が起こり，結果として徘徊や精神混乱を繰り返すようになる．家族の介護の負担が増える時期である．後期は，ほとんどの記憶を失い，失禁するようになり，最終的には寝たきりとなる．

アルツハイマー病では，神経細胞が広範に脱落し，脳が全般的に萎縮する．萎縮は，まず記憶の形成に重要な海馬に起こり，次いで大脳皮質に広がり，脳室が拡大する．このとき，海馬を中心にβ-アミロイドタンパク質(Aβタンパク質)が凝集・沈着した多数の老人斑が神経細胞外に出現する．また，神経細胞内には異常にリン酸化されたタウタンパク質が蓄積した神経原線維変化が

自己免疫疾患：異物を認識し排除するための役割をもつ免疫系が，自分自身の正常な細胞や組織に対してまで過剰に反応し攻撃を加えてしまうことで症状をきたす疾患の総称．関節リウマチ，全身性エリテマトーデスなどがある．

胸腺：リンパ球のうち，T細胞の分化，成熟に関与する臓器．胸骨の後，心臓の前に位置し，心臓に乗るように存在する．自己反応性のT細胞は胸腺内で消去される(10.2.4項参照)．

脳血管性認知症：脳梗塞や脳出血など脳の血管に異常が起きた結果，認知症になるもの．障害が残った状態で後遺症として進行する．障害された部位によって症状は異なる．

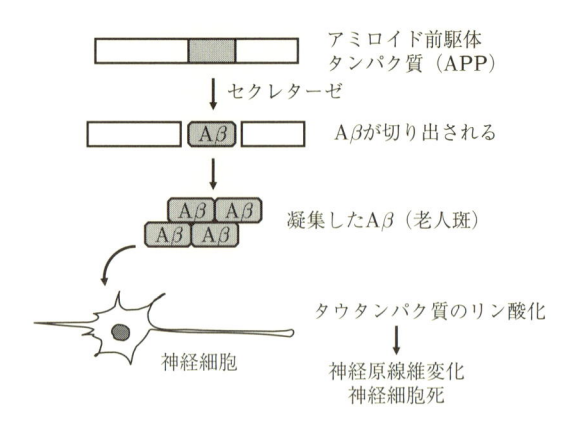

図 9.11 アルツハイマー病のアミロイド仮説

みられる．Aβ タンパク質は，前駆体タンパク質から酵素的に切り出され，まず早期に老人斑が沈着する．Aβ はタウタンパク質をリン酸化し，神経原線維変化を引き起こす．これらにより神経細胞が変性を起こすと考えられている（図 9.11）．

現在，アルツハイマー病の進行を抑える治療薬として，アセチルコリンを分解する酵素を阻害する薬物が使われている．これは，アルツハイマー病の脳では，アセチルコリンの低下が認められることが根拠となっている．

9.4.3 パーキンソン病

パーキンソン病は，アルツハイマー病に次いで多い神経変性疾患である．中脳の黒質が変性することによってドーパミンが欠乏し，大脳基底核による運動の制御が障害され，スムーズな運動ができなくなる．以下のような4つの症状が表れる．

無動：動作の開始に時間がかかり，動作もゆっくりしか行えない．顔の筋肉も動かないので無表情となる．

安静時振戦：初発症状に特徴的で，じっとしているときにふるえが生じ，動作で抑制される．親指と他の指で丸薬を丸めるような動きから丸薬丸め運動ともよばれる．

筋固縮：四肢筋が硬くなり，関節が受動運動に対して抵抗を示すようになる．

姿勢反射障害：姿勢を立て直す機能が障害される．前かがみで小刻みに歩き，いったん歩き始めると前のめりになって加速していき，止まれなくなる．また，すくみ現象のため足が踏み出せなかったり，棒のように倒れてしまったりすることがある．

まとめ

　ドーパミンは中枢神経系の神経伝達物質であり，ノルアドレナリンの前駆体でもある (図 9.12). 中脳の黒質から大脳基底核の線条体への投射において，黒質由来のドーパミン作動性神経の変性により，線条体でのドーパミンの作用が減弱する．ドーパミンの前駆体である L-ドーパ (図 9.12) は血液脳関門を通過して脳内でドーパミンに変換されるため，L-ドーパ自身が中心的な治療薬として使用されている．

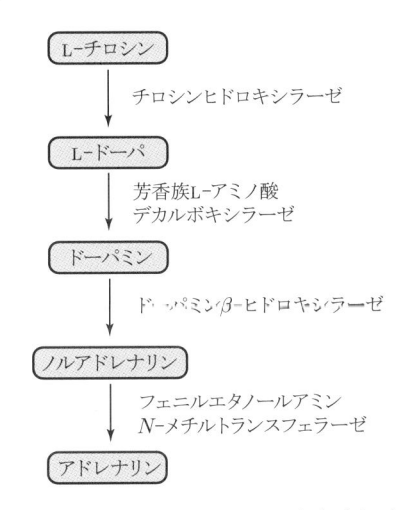

```
┌─────────┐
│ L-チロシン │
└─────────┘
     │ チロシンヒドロキシラーゼ
     ▼
┌─────────┐
│ L-ドーパ  │
└─────────┘
     │ 芳香族L-アミノ酸
     │ デカルボキシラーゼ
     ▼
┌─────────┐
│ ドーパミン │
└─────────┘
     │ ドーパミンβ-ヒドロキシラーゼ
     ▼
┌──────────┐
│ノルアドレナリン│
└──────────┘
     │ フェニルエタノールアミン
     │ N-メチルトランスフェラーゼ
     ▼
┌─────────┐
│ アドレナリン│
└─────────┘
```

図 9.12 カテコールアミン生合成経路

ドーパミン：中枢神経系に存在する神経伝達物質．モノアミン神経伝達物質の 1 つで，カテコール基をもつためカテコールアミンでもある．統合失調症では，その陽性症状がドーパミンの過剰によると考えられている．

■ まとめ
- 神経系は，中枢神経と末梢神経からなり，末梢神経系はさらに体性神経系と自律神経系に分類される．
- 体性神経系は，運動神経と感覚神経からなる．
- 自律神経は，交感神経と副交感神経からなり，内臓や分泌腺を支配している．
- 神経伝達物質には，アセチルコリンやノルアドレナリンなどがある．
- グリア細胞には，アストロサイト，オリゴデンドログリア，ミクログリアなどがあり，神経細胞を支持・保護している．
- 神経が興奮すると活動電位が発生し，軸索を伝導する．
- 軸索の末端から隣の細胞への興奮の伝達は，シナプス間隙での神経伝達物質によって行われる．
- 神経に関する疾患には，重症筋無力症，アルツハイマー病，パーキンソン病などがある．

■演習問題

9.1 神経系に関する記述の空欄に適切な語句を下の選択肢から選べ.

神経系は, [①]と[②]とからなる. [①]は脳と脊髄より構成される. [②]はさらに[③]と[④]に分類される. [③]には, 中枢の指令を筋肉に伝える[⑤]と, 逆に末梢から中枢に情報を伝える[⑥]が含まれる. [④]は[⑦]と[⑧]からなり, 意志とは無関係に内臓や分泌腺を支配している. 一般に, [⑦]が興奮すると全身の活動は活発となる.

【選択肢】 交感神経, 副交感神経, 中枢神経系, 末梢神経系, 自律神経系, 体性神経系, 運動神経, 感覚神経

9.2 中枢神経系に関する記述のうち, 正しいものはどれか.
(1) 脳幹には小脳が含まれる.
(2) 大脳皮質は白質ともよばれる.
(3) 脊髄前根から運動神経が出ている.

9.3 自律神経系について以下の問いに答えよ.
(1) 自律神経節で分泌される神経伝達物質は何か.
(2) 交感神経の節後線維の末端から分泌される神経伝達物質は何か.
(3) アドレナリン受容体を2つあげよ.
(4) アセチルコリン受容体を2つあげよ.

9.4 3種類のグリア細胞 (アストロサイト, オリゴデンドログリア, ミクログリア) に対応する記述はどれか.
(1) 貪食作用をもち, 脳内の免疫細胞として働く.
(2) ニューロンの軸索に巻き付き, 髄鞘を形成する.
(3) 細胞外液の過剰な神経伝達物質を回収する.

9.5 神経の興奮と伝導・伝達に関する記述の空欄に適切な語句を下の選択肢から選べ.
(1) ニューロンが刺激されると, 細胞内の電位が[①]電位から+方向に変化する. これを[②]という. 一定以上の刺激を加えると, 膜電位は突然大きく正に変化し, その後速やかに静止電位に戻る. これを[③]とよぶ.
(2) [④]神経線維では, [⑤]が絶縁体として働くため, 活動電位はナトリウムチャネルの限局した[⑥]でのみ起こる. 興奮は[⑥]から[⑥]へととびとびに伝わるので, [⑦]伝導とよばれる.
(3) 軸索の末端は, 隣の細胞と狭いすきまを隔てて接続している. この接続部分の構造を[⑧]とよび, 狭いすきまのことを[⑧]間隙とよぶ. [⑧]は, 軸索と神経細胞の[⑨]や細胞体, あるいは軸索と[⑩]との間で形成される.

【選択肢】 シナプス, ランビエ絞輪, 髄鞘, 有髄, 跳躍, 静止, 樹状突起, 活動電位, 効果器, 脱分極

9.6 3つの神経疾患 (重症筋無力症, アルツハイマー病, パーキンソン病) に対応する記述はどれか.
(1) じっとしているときにふるえが生じる.
(2) 筋力低下が特に眼筋にみられる.
(3) 記憶が障害され, 徘徊や精神混乱を繰り返す.

10
感染と免疫

人類にとって「感染症」は，いつの時代にも大きな脅威であり，突発的な感染症の流行により，人類の歴史が大きく動いたこともある．多くの感染症について，単細胞の生物が原因となることがわかったのは 19 世紀のことであった．これらの微生物に対しての防御システム，つまり「免疫」というしくみの発見は，それより約 100 年前の 18 世紀末ジェンナーによる種痘の開発から始まり，巧妙な働きが徐々に明らかにされ，免疫学の体系が確立された．20 世紀の医学生物学の領域における重要な発見の多くがこの領域から生まれている．1970 年代に生み出された「モノクローナル抗体」が 21 世紀に入って医薬品として使用され，それまで治療が困難であった病気を治すことができるようになった．日々多くの人々の命が，ワクチンや抗生物質によって救われている事実の重要性は，誰しもが認めざるを得ないであろう．この章では，感染と免疫について学ぶ．

エドワード・ジェンナー **(1749-1823)**：イギリスの医学者．種痘法の開発により予防接種の基盤をつくった．

10.1 感染とは

10.1.1 感染

感染とは，細菌やウイルスなどの病原微生物が侵入し定着する現象で，病気を発症すれば感染症となる．発症するかどうかは，微生物の性質とヒトの生体防御反応に大きく依存している．微生物が定着するだけで病気を起こさないことも多い．ヒトに対して病原性のある微生物は，細菌，真菌，ウイルスに大別され，様々な病気を引き起こすものが知られている．感染するとすぐに病気を起こす病原体もあるが，宿主の免疫機能の低下など特殊な場合を除いて"お行儀よく"している微生物も多い．ヒトの体表面や体内には細菌やカビなど無数の微生物が棲みついている．これらは常在菌とよばれる．常在菌は，消化管内に定着しているだけでなく，消化・吸収を積極的に助ける有益なものから，皮膚や粘膜の表面など免疫系のバリアの外にいて免疫系から大目にみてもらっているものまで様々である．外傷などが原因で大量に体内に侵入する場合や，免

日和見感染: 健常人では免疫機能により非病原性である微生物に対しても, 免疫力が低下すると発症することがある.

抗生物質: 微生物によって産生される抗菌性物質. ペニシリンは, アオカビがつくり, 細菌の成育を阻害する.

疫機能が衰えている場合には, 常在菌による感染症が発症することがある. 後者のような感染を日和見感染という.

10.1.2 抗生物質と耐性菌

20世紀の半ばにペニシリンが実用化されて以来, 抗生物質が次々と発見され, 感染症の治療に用いられてきた. 病気の原因となる微生物を直接に殺傷する作用をもつ抗生物質は, 様々な感染症に対して優れた効果を示したので, 人類が感染症に勝利するのも近いと考えた人も多かった. しかし, 抗生物質を使い始めてわずかの期間で薬剤耐性菌が次々と出現し, 医療の分野での大きな問題となっている. 例えば, 20世紀後半には, メチシリン耐性黄色ブドウ球菌 (MRSA), バンコマイシン耐性腸球菌 (VRE), 多剤耐性緑膿菌 (MDRP), アシネトバクターなど, 複数の薬剤に耐性をもつ多剤耐性菌が相次いで出現し, 抗生物質による感染症の制圧が幻想にすぎないことを経験した。さらに, 21世紀に入って, 炭疽菌によるバイオテロまがいの事件が起こったり (2001年), SARSコロナウイルスによる重症急性呼吸器症候群が東南アジアを中心に発生したり (2003年), また, 2009年にはメキシコから広がった新型のブタインフルエンザの世界的流行などがあり, 21世紀が「感染症」の時代となることを予感させる出来事が相次いだ. このようなことを考えると, 抗生物質の乱用を避け耐性菌の出現を阻止することや予防接種を適切に活用し, 感染に対しての抵抗力を身に付けることが必要である.

10.2 免疫のしくみ

10.2.1 免疫とは

生体が感染症に対して抵抗力を得ることを, 古い言葉で「疫」(感染症) を免れるという意味で免疫という. 「はしかに一度かかると二度とかからない, または, かかっても軽くすむ」ことはよく知られている. このような現象は, 免疫に記憶という重要な特徴があることによるものである. この特徴を利用したのが予防接種である. 予防接種に用いるワクチンは, 病原体を弱毒化したもの, またはその一部であり, ヒトや動物にあらかじめ投与すると病原体に対する免疫が強化され, 本来の病原体と遭遇したときに, これを容易に排除することができる. このような免疫の記憶は, たくさんある病原体のうち, ワクチンに含まれる病原体だけに起こる. すなわち, 「はしか」のワクチンは, 「はしか」のみに効果があり, 他の病原体に対しては無効である. このことを抗原特異的という言葉で表す. 免疫の記憶は, 多種多様な免疫担当細胞たちの共同作業によって形成され, 一定期間維持される.

免疫系は, 「自分のもの」(自己) と「自分以外のもの」(非自己) を厳密に識

別し，自己に対しては攻撃しないが，非自己に対して攻撃をしかけるという特徴がある．免疫系が識別する非自己は，病原微生物，植物の花粉，異種のタンパク質などをはじめ，自己以外のすべてであるので，その種類は極めて多い．臓器移植での拒絶反応や輸血での血液型不適合による副作用も免疫によるものである．

10.2.2　生体防御のしくみ

　微生物や異物の侵入を食い止めたり，体内に侵入した微生物の増殖を抑え異物を排除したりする生体防御のしくみは，バリアと攻撃の2つのシステムから構成される．

　バリアシステム：体の表面を覆う皮膚は，微生物の侵入を防ぐ強固なバリアとして働く．また，涙，だ液，粘膜から分泌される粘液には，微生物の細胞外壁を溶かす酵素が含まれ，微生物の活動を妨げる．また，食物とともに侵入してきた微生物は，強い酸性を示す胃酸によって殺される．ここを通り抜けたとしても，腸内にいる細菌によって増殖が抑えられる．

　攻撃システム：細菌などの微生物がバリアシステムを突破して体内に侵入した場合，攻撃システムにかかわる免疫担当細胞が待ち受けている．これらの細胞の多くは，血液中の白血球であり，いろいろな種類の白血球が役割分担している．例えば，食細胞とよばれる細胞が微生物や異物を細胞内に取り込み消化する．このような働きを食作用という．また，リンパ球とよばれる白血球は，直接に微生物や異物を攻撃して破壊したり，抗体とよばれる飛び道具を放出して異物を処理したりする．前者のように細胞が直接に働く免疫反応を細胞性免疫，後者のように抗体がかかわる免疫反応を体液性免疫とよんでいる．

10.2.3　自然免疫と獲得免疫

　免疫の大きな特徴に「記憶」があることをすでに述べたが，これは高等動物が進化の過程で獲得してきた性質である．それ以前の生物は，記憶を伴う免疫反応を起こす能力はないが，原始的な免疫系が備わっている．ヒトなどの高等動物においても，その機能が維持されており，これを自然免疫 (先天性免疫) とよび，高等動物に特徴的な記憶を伴う免疫を獲得免疫 (後天性免疫) とよんでいる．これらの両者が協調して免疫系を構成している (図 10.1)．

　自然免疫 (先天性免疫)：皮膚や粘膜のバリア機能や食細胞による食作用が含まれる．代表的な食細胞であるマクロファージや好中球は，体内に侵入した細菌などを細胞内に取り込み，殺菌，消化，分解する．自然免疫では，標的に対しての特異性が低く，様々な微生物などの異物を貪食することができる．そのため個々の標的に対する免疫記憶が形成されない．また，自然免疫による処理には限界があり，これだけで病原体を処理することは難しい．

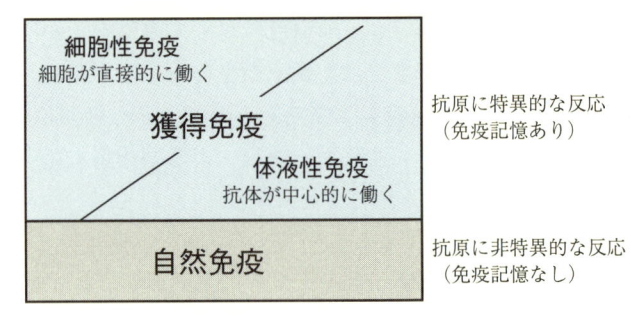

図 10.1 自然免疫と獲得免疫

獲得免疫 (後天性免疫)：抗原特異性が高く，免疫記憶が形成され，病原体の処理能力も高い．獲得免疫には，侵入してきた異物に結合する抗体を産生する体液性免疫と抗体の関与しない細胞性免疫が働き，いずれもリンパ球が中心的な役割を果たす．

10.2.4 免疫を担当する細胞と器官

(1) 免疫担当細胞

免疫を担当する細胞はおもに血液中の白血球である．白血球にも以下に記すような様々な種類があり，それらが協力して免疫系を担っている (図 10.2)．

マクロファージ (大食細胞)：血液中の単球とよばれる白血球が分化した細胞で，体内の様々な器官に存在する．食作用により異物を取り込み分解する．また，分解した異物の一部を細胞表面に表出し，ヘルパー T 細胞に対し抗原提示とよばれる働きをする (10.2.6 項参照)．

樹状細胞：ヘルパー T 細胞に抗原提示する専門の細胞であり，抗原提示能力はマクロファージよりも高い．胸腺での T 細胞の成熟にも関与する．

抗原提示: 細菌などの抗原を細胞内へ取り込んで分解した後に，一部を細胞表面へ提示する機構．

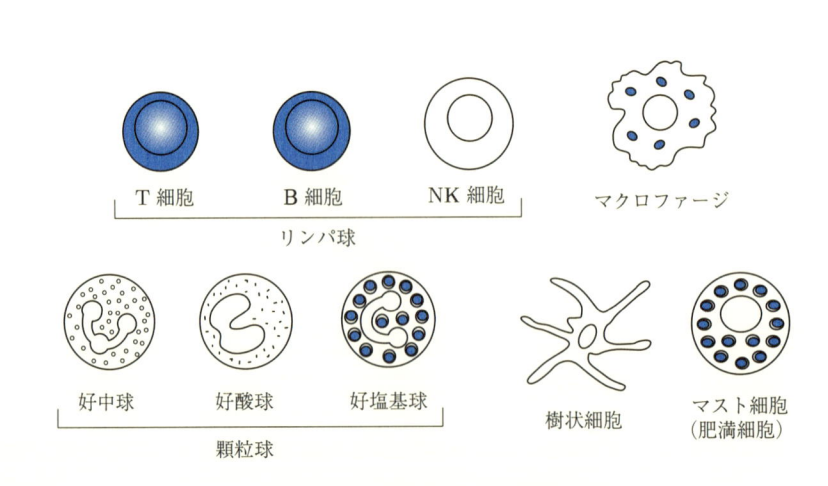

図 10.2 免疫を担当する細胞

好中球：マクロファージと同様に，食作用によって異物を取り込み分解する細胞である．血液中の白血球の中で数が最も多い．

T細胞：胸腺で成熟するリンパ球の集団である．抗原を識別するための受容体である T 細胞抗原受容体 (T 細胞レセプター，TCR) をもつ．機能的にヘルパー T 細胞とキラー T 細胞に分類される．ヘルパー T 細胞は，抗原提示を受けるとサイトカインを分泌し，他の免疫担当細胞を活性化させる．キラー T 細胞は，ウイルス感染細胞や非自己細胞を破壊し，細胞性免疫で中心的な役割を果たす．胸腺での T 細胞の成熟中に，自己成分に反応する細胞が排除されることが，自己を攻撃しないという免疫系の性質に寄与している．「T」は胸腺 (thymus) の頭文字である．

B細胞：骨髄で分化・成熟するリンパ球の集団である．細胞表面に抗原を識別するための受容体 (膜結合型抗体) があり，抗原が結合するとヘルパー T 細胞の介助を得て抗体産生細胞 (形質細胞) に分化して抗体を産生する．体液性免疫で中心的な役割を果たす．「B」は骨髄 (bone marrow) の頭文字である．

ナチュラルキラー細胞 (NK 細胞)：T 細胞や B 細胞より大きめの細胞で，ウイルス感染細胞やがん細胞に対して傷害作用を示す．自然免疫を担っている．

マスト細胞 (肥満細胞)：粘膜や結合組織に定着し，細胞質に塩基性色素で染まる顆粒をもつ．顆粒に含まれるヒスタミンなどの化学伝達物質を放出し，炎症や即時型過敏症 (アレルギー) を開始させる働きがある (10.4.1 項参照)．

(2) 免疫担当器官

免疫担当細胞の分化の場を提供する一次リンパ器官 (骨髄，胸腺) と，成熟したリンパ球が免疫応答を開始する場である二次リンパ器官 (リンパ節，脾臓，粘膜関連リンパ組織など) がある．これらの器官は，血管およびリンパ管により連絡されている．リンパ管は，血管系と同様に全身を巡っているが，末梢組織の毛細リンパ管から静脈に戻る一方通行となっている．組織液を取り込んだ毛細リンパ管は，次第に太くなり，胸管やリンパ本幹に集まり，首の近くで鎖骨下静脈に合流する．

骨髄：骨の内部には，支持組織および血管系からなる網目構造および血球細胞によって構成された骨髄がある．すべての血液細胞は，骨髄の多能性幹細胞からつくられる．リンパ球のうち B 細胞は，骨髄内で分化・成熟を完了する．成熟した B 細胞は二次リンパ器官に移動し免疫反応に参加する．T 細胞の場合は，その前駆細胞が胸腺へ移動し分化・成熟する．

胸腺：心臓の上部に位置する器官で，T 細胞が成熟する器官である．未熟な胸腺細胞が分布する皮質と，成熟した胸腺細胞が分布する髄質とからなる．胸腺では，機能的に成熟した T 細胞を選び，自己成分に反応する T 細胞を除去する「選択」が行われる．

T 細胞抗原受容体：T 細胞レセプター (TCR) ともよばれる．抗原認識のための受容体で，MHC 分子 (10.3 節参照) および結合した抗原断片のペプチドをともに認識する．T 細胞内に活性化シグナルを伝える．

サイトカイン：細胞間相互作用にかかわる液性因子．免疫にかかわるサイトカインの多くは，白血球が産生し他の白血球に作用するので，インターロイキン (白血球の間を意味する) とよばれる．

脾臓：最大の免疫器官であり，血液により運ばれてくる抗原の濾過器としての機能がある．脾臓は，古くなった赤血球を処理する赤脾髄とリンパ球が集合する白脾髄とからなる．

リンパ節：リンパ管の所々に存在するリンパ球が多数集まった節状の組織である．ヒトでは体全体で 300～600 個のリンパ節がある．微生物などの異物が侵入してくると，リンパ節に集まったリンパ球によって捕捉される．感染症ではリンパ節に多くのリンパ球が集まるためリンパ節が腫れることがある．

粘膜関連リンパ組織：粘膜経由で侵入する微生物などに対処するために，腸管のパイエル板などの粘膜関連リンパ組織がある．これらは，腸管免疫などの粘膜での免疫に重要な役割を果たしている．

10.2.5 体液性免疫と細胞性免疫

体液性免疫は，抗体が関与する免疫応答である．免疫を獲得した個体の体液 (特に血液) を他の個体へ移入することにより免疫能を移すことが可能である．例えば，ジフテリアや破傷風に対する免疫が成立した個体の抗体 (抗血清) を，ジフテリアや破傷風の患者に投与する抗血清療法は体液性免疫の効果である．

細胞性免疫は，おもに細胞が担う応答であり，免疫を獲得した個体から免疫細胞を移入することにより免疫能を移すことが可能である．例えば，結核菌に対する免疫反応は血清の受身移入では伝達されず，感作リンパ球 (T 細胞) を移すことで伝達できる．表 10.1 に両者の特徴を示す．

表 10.1 体液性免疫と細胞性免疫の比較

	体液性免疫	細胞性免疫
特徴	抗原抗体反応およびそれに続く反応により抗原を処理する	T 細胞やマクロファージが抗原 (組織や細胞) を直接攻撃し破壊する
代表的な例	● 毒素中和反応 ● 溶菌・溶血反応 ● 花粉症のようなアレルギー反応 ● ウイルスや細菌に対する反応 ● 免疫複合体病	● IV 型アレルギー反応 ● 移植の拒絶反応 ● ウイルスや細胞内寄生菌の排除 ● 腫瘍に対する免疫 ● 一部の自己免疫疾患

10.2.6 抗 体

(1) 抗原抗体反応

免疫系によって異物とみなされる物質のことを抗原とよび，タンパク質や多糖類など，分子量 1000 以上の大きな分子が抗原となる．抗原に対して特異的な抗体が抗原に結合することを抗原抗体反応という．この反応がきっかけとなり，抗原を無毒化したり，排除したりする反応が起こる (10.2.8 項参照)．

(2) 抗体の構造と機能

抗体は，免疫グロブリンともよばれるタンパク質で，長いポリペプチド鎖である重鎖 (H 鎖，heavy chain) 2 本と，短いポリペプチド鎖である軽鎖 (L 鎖，light chain) 2 本で構成され，アルファベットの Y 字形をしている (図 10.3). Y 字形の開いた先端の部分に抗原が結合し，抗原抗体反応が起こる．この先端部分を可変部，それ以外の部分を定常部という．つまり，抗原との結合部位は可変部にある．産生された抗体は，特定の抗原にのみ結合し，他の抗原には結合しない．この性質を「抗原特異的」という言葉で表す．これは，抗原結合部位 (可変部) のアミノ酸配列が様々であり，その部位の立体構造が抗体ごとに変わるためである．抗体が様々な抗原と結合するためには，多種類の可変部が用意されている必要がある．この多様性は，可変部をコードする遺伝子の再構成というゲノム DNA の組換えによってつくられる．

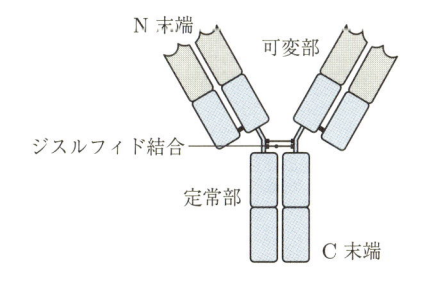

図 10.3 抗体の構造

多様な抗原に対する抗体が産生されるしくみを説明するために，1950 年代にバーネットによりクローン選択説が提唱された．この説は，1 つの B 細胞は 1 種類の抗体をつくるが，個体が生まれる頃までに，1 種類ずつの抗体をつくる数多くの B 細胞が生成し，その中から抗原に適した抗体を産生する B 細胞が選ばれて，抗体産生細胞や記憶 B 細胞に分化する，というもので，現在では正しいことが証明されている．

抗体には，H 鎖の定常部の違いよる 5 種類のクラス (アイソタイプ) が存在する (図 10.4). それらは，体内における存在場所，濃度，半減期なども異なっ

フランク・M・バーネット (1899-1985): オーストラリアの医学者．「クローン選択説」を提唱し，1960 年にノーベル生理学・医学賞を受賞した．

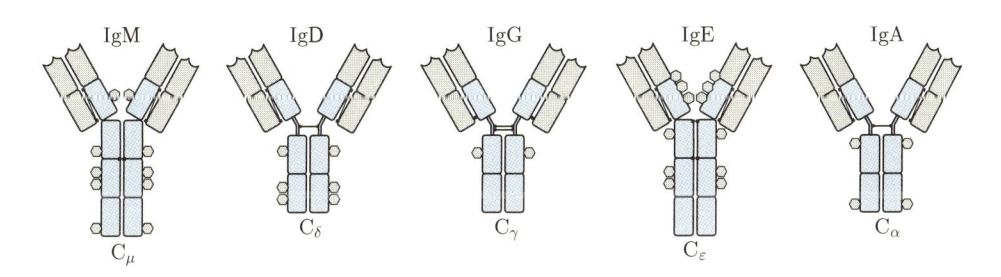

図 10.4 抗体の 5 種類のクラス
(C_μ, C_δ, C_γ, C_ε, C_α は定常部の名称)

ており，それぞれ機能的な特徴がある．体液性免疫で中心的に働き体内に最も多く存在する IgG，アレルギーを引き起こす IgE，粘膜に存在する IgA，初期応答に重要な IgM，存在量が少量であり機能不明であったが近年，好塩基球に結合することがわかった IgD の 5 種類がある．

(3) 抗体産生における免疫担当細胞の協力 (図 10.5)

抗原特異的な抗体を産生する過程には，以下のように免疫担当細胞の協力によって調節されている．①マクロファージや樹状細胞などの抗原提示細胞が抗原 (異物) を細胞内に取り込んで分解する (食作用)．②抗原提示細胞は，分解された抗原 (抗原断片) を細胞表面に表出し，ヘルパー T 細胞に伝える (抗原提示)．③情報を受け取ったヘルパー T 細胞は活性化し，サイトカインを放出して，同じ抗原を認識する B 細胞の分化・増殖を促進する．④抗原特異的 B 細胞が活性化し増殖する．一部は，抗体を産生する抗体産生細胞 (形質細胞) に分化し，一部は，抗原情報を記憶する記憶 B 細胞 に分化する．⑤抗体産生細胞は，抗原に対応した抗体を産生し血液中に分泌する．

記憶 B 細胞: 同じ抗原と再び遭遇すると，速やかに抗体産生細胞に分化・増殖し，短時間で大量に抗体をつくる (二次応答).

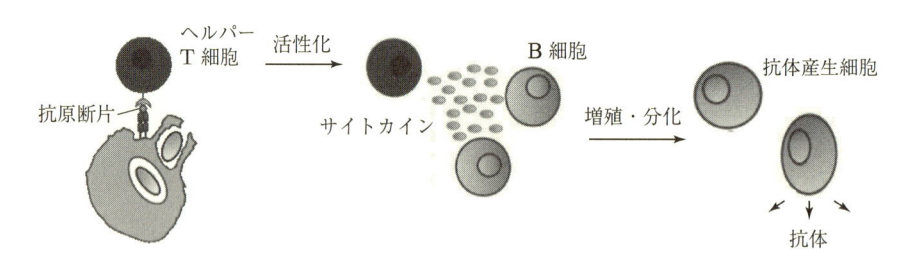

図 10.5 抗体産生における細胞間の協同作用

10.2.7 補体の働き

抗体が抗原に結合しただけでは抗原を除去することはできない．抗原の除去のためには，他の免疫系の働きを必要とする．その 1 つが補体 (補体系) である．補体は，血清中に存在する約 20 種類のタンパク質群の総称で，通常，不活性な状態で存在するが，抗原抗体反応が引き金となって活性化される．活性化の過程は，個々の成分が次々と活性化される連鎖反応である．最終的には，補体成分が細菌の表層に結合し膜侵襲複合体 (MAC) とよばれる「穴」を形成して溶菌させる．また，活性化の過程で生成する補体成分の断片 (フラグメント) には，細菌に結合することにより好中球やマクロファージの食作用を促進させる作用もある．このような作用をオプソニン作用という．さらに，フラグメントの中には，食細胞を引き寄せる走化性因子として働いたり，平滑筋の収縮，血管透過性の亢進，マスト細胞 (肥満細胞) からのヒスタミンの遊離を起こしたりする．このようなフラグメントは，アレルギー反応に類似の応答を起こすことからアナフィラトキシンとよばれる (図 10.6)．

補体の活性化反応のような連続反応をカスケード (連続的に連なる小滝の意味) 反応という言葉で表す．

膜侵襲複合体: membrane attack complex: MAC.

走化性: 細胞や細菌などが特定の化学物質の濃度勾配に対して方向性をもって動く現象.

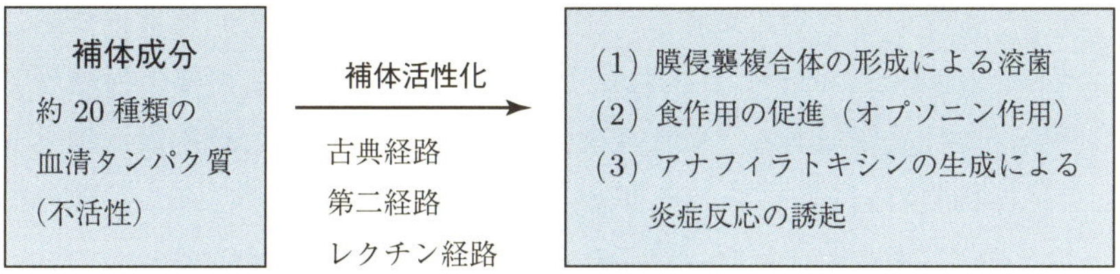

10.2 免疫のしくみ

図 10.6 補体の活性化と作用

補体成分　約 20 種類の血清タンパク質（不活性）→ 補体活性化　古典経路　第二経路　レクチン経路 →
(1) 膜侵襲複合体の形成による溶菌
(2) 食作用の促進（オプソニン作用）
(3) アナフィラトキシンの生成による炎症反応の誘起

抗原抗体反応が引金となる補体活性化の経路を古典経路とよぶ．この経路以外に，細菌や真菌の細胞壁成分によって活性化される第二経路およびレクチン経路とよばれる経路もある．

10.2.8　体液性免疫の働き

抗原抗体反応が起こった後，抗原 (異物) はどのように処理されるのだろうか．補体活性化による細菌の破壊が起こることを前項で述べたが，これを含めて以下のような免疫反応が進行する．この生体防御のしくみをまとめて体液性免疫という (図 10.7)．

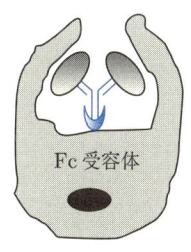

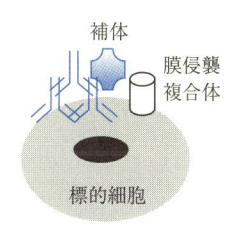

図 10.7　体液性免疫による抗原の処理
(a) オプソニン化　(b) 中和　(c) 補体活性化　(d) 抗体依存性細胞傷害

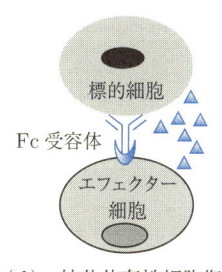

オプソニン化：抗原に抗体が結合すると，マクロファージや好中球による食作用が促進される．これらの細胞は，抗体の H 鎖の定常部 (Fc 領域) に対する受容体 (Fc 受容体) を細胞表面にもっており，抗原抗体複合体を結合し細胞内に取り込む．
中和：ウイルスや毒素などと結合して感染力や毒性を失わせる．
補体活性化：古典経路による補体活性化のカスケード反応が進行する．
抗体依存性細胞傷害 (ADCC)：Fc 受容体をもつ免疫細胞の多くは，抗体を介して標的となる細胞が結合すると活性化され，サイトカインや細胞内顆粒に含まれる成分を放出して標的細胞を傷害する．好中球，マクロファージ，NK 細胞の場合は，おもに IgG クラスの抗体が，また好塩基球やマスト細胞 (肥満細胞) の場合には IgE クラスの抗体がかかわる．

Fc 受容体: 抗体の抗原結合部位と反対側の領域 (H 鎖定常部) を Fc 領域とよび，これに結合する受容体をいう．

抗体依存性細胞傷害: antibody-dependent cell-mediated cytotoxicity: ADCC.

10.2.9　細胞性免疫の働き

(1) キラー T 細胞の働き

抗体による攻撃の他に，キラー T 細胞 (細胞傷害性 T 細胞，CTL) が抗原を

直接攻撃し排除するしくみがある．これを細胞性免疫という．非自己であると認識された細胞は，キラーT細胞により破壊される．臓器移植の拒絶反応が細胞性免疫の代表例である．ウイルスに感染した細胞やがん細胞などは，もともと自己の細胞であるが，キラーT細胞によって破壊される．また，細胞内に寄生する細菌である結核菌など感染した細胞も同様に標的となる．

(2) 細胞性免疫の応答

細胞性免疫のしくみは，抗原の情報をヘルパーT細胞に提示されるまでは体液性免疫と同様である．この後，ヘルパーT細胞は，抗原情報をキラーT細胞に伝え活性化を促す．キラーT細胞は，標的細胞を攻撃し，アポトーシス (4.2.4 項参照) を起こさせ死滅させる．

10.3 臓器移植の拒絶反応

他人の皮膚を移植すると，移植された皮膚はやがて変質して脱落してしまう．皮膚以外の臓器でも拒絶反応が起こり，一般に移植片拒絶反応という．体内のほとんどすべての細胞には，組織適合抗原とよばれる自分のマークが発現している．最も重要なものは，主要組織適合遺伝子複合体 (MHC) とよばれる遺伝子でコードされる細胞膜糖タンパク質である．ヒトの場合には HLA とよばれる (5.3.3 項参照)．HLA は個人により構造が少しずつ異なるので，他人に移植した場合には，非自己とみなされ免疫系の攻撃対象となる．移植片拒絶反応は，おもに細胞性免疫の機序で起こる．

主要組織適合遺伝子複合体: major histocompatibility complex: MHC. この遺伝子にコードされるタンパク質は主要組織適合抗原とよばれる．

非自己抗原の情報は，抗原提示細胞からヘルパーT細胞に伝えられる．そして，ヘルパーT細胞が分泌するサイトカインによりキラーT細胞が誘導され，キラーT細胞は，細胞表面にあるT細胞抗原受容体により非自己標的細胞を認識する．キラーT細胞は増殖し，移植片のまわりに集まり，移植片の細胞を攻撃する．その一部は，体液性免疫と同様に，記憶細胞に分化する．

10.4 免疫と疾病

10.4.1 アレルギー

免疫応答が過剰に起こり，じん麻疹や粘膜の炎症 (くしゃみ，鼻水，涙，かゆみ) が生じることをアレルギーという．花粉，ほこり，動物のタンパク質，食物などアレルギーの原因となる物質をアレルゲンとよぶ．アレルギーは，アレルゲンに対応する抗体 (IgE) が結合したマスト細胞 (肥満細胞) から，ヒスタミンなどの化学物質が放出されることで起こる．一般的に，アレルギー性疾患とよばれる気管支喘息，じん麻疹，花粉症は，このような機序で起こり，I 型アレルギーに分類される．アレルギーは，抗体が関与する I〜III 型，T 細胞やマクロファージの関与する IV 型に分けられる．

10.4.2 自己免疫疾患

免疫応答は生体にとって非自己成分を排除するしくみであり，通常は自己の成分に対しては働かないように制御されている．これを免疫寛容という．自己免疫疾患とは，免疫寛容機構の破綻によって自己の成分に対して抗体産生や細胞性応答が誘導されることである．その結果，自己の細胞や組織に対して損傷を与えることで，自己免疫疾患の発症に至る．自己免疫疾患の患者は全人口の5～7%に及ぶ．全身の臓器や組織に病変がみられる全身性疾患，特定の臓器のみに病変がみられる臓器特異的疾患に分けられる．全身の細胞内に普遍的に存在する核や細胞質タンパク質などの抗原が標的となる全身性疾患として，全身性エリテマトーデス，関節リウマチ，全身性強皮症，シェーグレン症候群などがある．特定臓器にのみ存在する特異的な抗原が標的となる臓器特異的疾患として，Ⅰ型糖尿病，重症筋無力症，バセドウ病，慢性甲状腺炎 (橋本病)，多発性硬化症，突発性血小板減少性紫斑病などがある．

10.4.3 免疫不全症

免疫担当細胞や免疫反応に重要な分子の欠損あるいは機能低下によって，免疫応答が不十分になった状態を免疫不全あるいは免疫不全症という．このような個体では，病原微生物を排除できず感染症にかかりやすい状態，すなわち易感染状態となる．そのため，感染症の重篤化や弱毒微生物による日和見感染 (10.1.1 項参照) を起こしやすい．免疫不全症は，先天的 (遺伝的要因) な場合と後天的な場合とに大別される．

先天性免疫不全症は，おもに遺伝子異常が原因であり，100を超える原因遺伝子が知られている．感染症を起こしやすいだけではなく，悪性腫瘍の発生頻度が健常人と比べ100倍以上高くなる病型や自己免疫疾患の合併が多い病型もある．リンパ球系に障害をきたす三大免疫不全症 (無ガンマグロブリン血症，高IgM血症，X連鎖性重症免疫不全症) の原因遺伝子が明らかになっている．細胞の活性化を担うシグナル伝達にかかわる分子の欠損が原因であることがわかり，この発見により遺伝子治療への可能性が開かれた．

後天性免疫不全症の1つがエイズ (AIDS) で，ヒト免疫不全ウイルス (HIV) がヘルパーT細胞に侵入して破壊することで，免疫力が低下する．そのため，感染症にかかりやすくなったり，悪性腫瘍が発生したりする．

HIV: human immunodeficiency virus. レトロウイルス科に属する．RNAからDNAを生成する逆転写酵素をもつ．

AIDS: acquired immunodeficiency syndrome, 後天性免疫不全症候群．

10.4.4 エイズ (AIDS)

1981年にアメリカにおいて，数例の男性のエイズ患者が報告されたのが最初で，その後世界的な大流行となった．2002年末の統計では，HIV感染者は世界で4200万人を超え (WHOの推定による)，死亡者数も2200万人を超えて

いる．HIV 感染後，数年の無症候期間を経てエイズの発症に至るため，潜在的患者の数は実際の感染者数をはるかに上回る．

HIV 感染では，極端な免疫低下によって，カポジ肉腫や他の微生物の二次感染，すなわち日和見感染が直接の死亡原因となることが多い．例としては，カリニ肺炎やサイトメガロウイルス感染が高い頻度でみられる．エイズは性感染症の1つであるが，汚染血液または血液製剤によって感染したケースもあり，血友病 (5.2.3 項参照) 患者のエイズ感染が社会問題となった．現在は，輸血用血液はすべて HIV の検査が行われている．HIV は主としてヘルパー T 細胞に感染するが，マクロファージや脳のグリア細胞にも感染する．グリア細胞への感染は，エイズ脳症 (痴呆など精神神経障害) 発症の原因となる．

HIV の感染過程の解明に伴い，抗 HIV 薬の設計・開発が行われ，いくつかの医薬品が臨床で使用されている．逆転写酵素阻害薬 (アジドチミジン，ジデオキシシチジン，ジデオキシイノシンなど) やウイルスタンパク質をつくるために必要なプロテアーゼ阻害薬 (リトナビル，サキナビルなど) が開発されている．しかし，副作用や耐性が生じやすいなどの問題もある．また，ウイルスの外被糖タンパク質に変異が起きやすいため，有効なワクチンができにくい．

10.5 免疫の医療への応用

10.5.1 ワクチン療法

病原性微生物や毒素を無毒化・弱毒化した製剤をワクチンといい，これを投与することで病気を予防する方法をワクチン療法という (10.2.1 項参照)．ワクチン療法は免疫記憶という免疫系の特性を上手に利用することにより感染症の罹患を免れる方法である．大規模な感染症の広がりは，医療費の増大や労働力の欠乏といった面から経済的にも大きな損失を招く．個人的にも国家レベルでも，ワクチンによる予防接種は，多くの生命を救い，また経済的な損失を防ぐことができるという利点がある．

ジフテリア，百日咳，破傷風，ポリオ，麻疹，風疹，日本脳炎，結核について予防接種を受けるよう努めることが予防接種法で定められている．

10.5.2 血清療法

動物にワクチンを注射することにより体内に産生された抗体を感染症 (ジフテリア，破傷風など) の治療，あるいはヘビ毒の中和などに用いることを血清療法という．自分自身で抗体を産生するのに要する時間を待たずに異物を排除でき，即効性がある．しかし，持続性がないのが欠点である．また，投与される抗体はヒト以外の動物由来なので，ヒトの体内で異物として認識され，同じ動物の血清を複数回用いると激しい免疫応答 (二次応答) が起こってしまう．

10.5.3 抗体医薬品

<u>抗体医薬品</u>とは，生体のもつ免疫システムの主役である抗体を主成分とした医薬品である．1つの標的(抗原)だけを特異的に認識するモノクローナル抗体の製造技術の発展によって，近年，新規の抗体医薬品が次々と開発されている．抗体によるウイルスや毒素の中和作用，抗体依存性細胞傷害(ADCC)活性，補体依存性細胞傷害(CDC)活性を利用した治療薬である(10.2.8項参照)．副作用の少ない効果的な治療薬として注目され，関節リウマチやがんなどの治療に使われ始めている．ゲノム解析により，創薬のターゲットとなる抗原分子が特定されていくことで，抗体医薬の可能性が拡大していくことが期待されている．

補体依存性細胞傷害: complement-dependent cytotoxicity: CDC.

■まとめ

- 感染とは，細菌，真菌，ウイルスなどの病原微生物が侵入して定着する現象である．
- 感染症の治療には抗生物質が有効であるが，近年，薬剤耐性菌が次々と出現し，医療分野で大きな問題になっている．
- 免疫系は，自己と非自己を識別し，非自己である病原微生物や異種のタンパク質などを識別し排除する．
- 免疫には「記憶」という特徴があり，再び同じ抗原に出会うと強力な抵抗力を発揮する．ワクチンは，この特徴を利用している．
- 免疫系は自然免疫と獲得免疫とからなり，両者が協調して働く．獲得免疫は，抗体が中心的にかかわる体液性免疫と細胞が直接的に働く細胞性免疫に分けられる．
- 免疫を担当する細胞は，おもに血液中の白血球であり，免疫器官としては，骨髄，胸腺，脾臓，リンパ節などがある．
- 抗体は抗原と特異的に結合する．次いで補体が活性化され抗原除去を助ける．
- 臓器移植の拒絶は，移植片を非自己として攻撃する免疫反応である．
- 免疫系が過剰に応答するとアレルギーや自己免疫疾患が起こる．一方，免疫系の機能低下により免疫不全症となる．
- 後天性免疫不全症候群(エイズ)はヒト免疫不全ウイルス(HIV)の感染により起こる．
- 医療への応用として，ワクチン療法，血清療法，抗体医薬品などがある．

■演習問題

10.1 以下の空欄にあてはまる適切な語句または数字を下の選択肢から選べ．ただし，同じものを複数回使用してもよい．

(1) 病原微生物は，[①]，[②]，[③]に大別され，様々な感染症を引き起こす．ヒトの体表面や体内に棲みついている微生物は[④]とよばれ，免疫機能の低下した個体では[⑤]感染症を起こす．

(2) 免疫応答は，[①]に特異的で，抵抗性が[②]されることが特徴である．ワクチン接種を受けた個体では，病原体に遭遇したときに[③]に，かつ[④]の抗体が産生される．

(3) 抗体は，免疫[①]ともよばれ，[②]本の[③]鎖および[④]本の[⑤]鎖から構成される．抗原の結合部位は[⑥]部にある．[③]鎖の[⑦]部の違いにより[⑧]種類のクラスに分類される．

(4) 臓器移植の拒絶反応において認識される分子のうち，最も重要なものは主要[①]抗原である．ヒトの場合は[②]とよばれる．

(5) アレルギーの原因となる物質を[①]とよぶ．IgE抗体が結合した[②]細胞から放出される[③]などの生理活性物質がアレルギー症状を引き起こす．

(6) 自己成分に対して免疫反応が起こらないことを免疫[①]といい，これが破綻すると[②]疾患が引き起こされる．

(7) 後天性免疫不全症候群（エイズ）は，[①]の感染により発症する．このウイルスは[②]細胞を傷害する．

【選択肢】 1, 2, 5, HLA, HIV, ウイルス, 細菌, 常在菌, 真菌, アレルゲン, ヒスタミン, グロブリン, ヘルパーT, 自己免疫, 組織適合, 日和見, 肥満, 記憶, H(重), L(軽), 定常, 可変, 抗原, 大量, 寛容, 急速

10.2 以下の機能を担う免疫担当細胞の名称を答えよ．

(1) 抗体産生細胞に分化する．
(2) 血液中の単球が，組織に定着し分化した食細胞である．
(3) 血液中で最も数が多く，強い食作用を示す．
(4) 胸腺で成熟し，細胞性免疫において中心的な役割を担う．
(5) 自然免疫を担う細胞で，ウイルス感染細胞やがん細胞に対して傷害作用を示す．
(6) 樹状突起をもち，抗原提示能力が高い．

10.3 免疫系は自然免疫，獲得免疫，体液性免疫，細胞性免疫などに分けられる．それらの違いと特徴についてそれぞれ述べよ．

11 がん

　現在，我が国では，およそ3人に1人の死因はがんであり，第1位を占めている．がんは，その予防，診断，治療において，医療の現場で多くの解決すべき問題を抱えており，薬科学者や薬剤師の果たす役割も大きい．また，疾患の生物学を中心とする科学の進歩が，がんの予防，診断，治療に与えるインパクトは大きく，最新の研究成果が，診断法や治療薬の開発などの新しい医療技術を通して大きく社会に貢献している．したがって，薬学部出身者は，がんに関する最新の知識を身につけていることが強く求められる．

11.1 はじめに

11.1.1 がんを表す用語と分類

　異常な細胞増殖によって形成される「腫瘍」には良性と悪性のものがあり，悪性のものは上皮系細胞 (7.1.1項参照) 由来のもの (癌腫: カルシノーマ) とそれ以外のものとに分けられる (図11.1)．上皮由来のものには，扁平上皮由来のもの (扁平上皮癌) と腺上皮由来のもの (腺癌) がある．これらは漢字で「癌」と記される．カルシノーマ以外の悪性腫瘍は，間葉系細胞由来のもの (肉腫: ザルコーマ)，造血細胞由来のもの，神経系の細胞由来のもの，それ以外のものに大別される．造血細胞由来のもののうち，リンパ腫は腫瘍を形成するが，それ以外は，しばしば血液中で遊離細胞となり，白血病に分類される．これらの分類に入らないものとして，メラノーマ (黒色腫: 色素細胞 (メラノサイト) 由来)，小細胞肺がん (神経内分泌系の細胞由来)，肝細胞がんなどがある．これら悪性化した細胞によって引き起こされる疾患すべてを含む概念として，ひらがなの「がん」が用いられる．この章では，特に必要でないかぎり，「がん」および「がん細胞」というひらがな標記を用いる．

良性と悪性: benign (良性) と malignant (悪性) の訳語．治療する必要のない増殖性の疾患と治療しないと死に至るがんという疾患を表すことが多い．がん以外にも治療しないと死に至る疾患は悪性である．

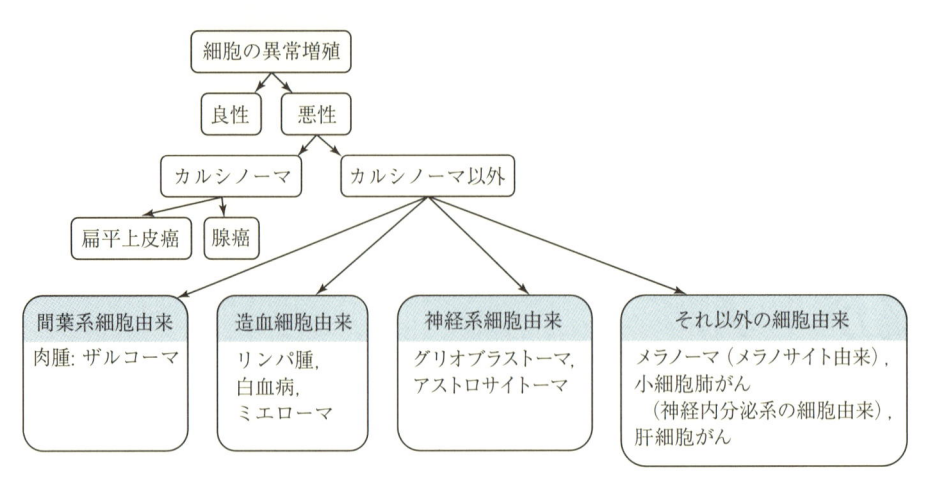

図 11.1 がんの定義と分類

11.1.2 がんの原因

　がん細胞が生じる原因は遺伝子の傷である．ウイルス，化学物質，放射線は，がんの原因となる．それらは，いずれも遺伝子に変化を起こす．また，遺伝子に突然変異を起こす物質は発がん性がある．一方，特定の遺伝子に変異をもつ個体ががんにかかりやすい場合がある．これらはいずれも，がん細胞の生じる原因が遺伝子の傷であることを物語っている．実験動物にがんを起こすがんウイルスの研究から，がんウイルスは細胞増殖を制御するシグナルを伝えるタンパク質の遺伝子 (がん原遺伝子: proto-oncogene) をコードすることが明らかになった．

　ヒトのがんの約 20%はウイルス感染が原因とされるが，ウイルスががんを起こす原因は，必ずしも感染によって細胞増殖性が高くなるためではない．一例として，肝炎ウイルス感染による肝臓がんの場合，ウイルス感染によって腫瘍微小環境で慢性的に炎症応答が引き起こされ，細胞死と細胞増殖が繰り返されることが引き金になると考えられており，発症に至るまでには長い時間がかかる．このように，個体の中でがん細胞が生じ，増殖して腫瘍を形成する過程は炎症によって促進される．一方，がん細胞に対する免疫応答は，がん細胞の増殖や腫瘍形成を抑制する．例えば，EB ウイルスの感染は，マラリア感染により免疫応答が抑制されている個体では，がん (バーキットリンパ腫) を引き起こすが，免疫応答が正常な個体では感染性単核球症となり自然に治癒する．

11.1.3　がん細胞であることの判定基準

　遺伝子が傷つくと必ず細胞ががん化するわけではない．遺伝子の傷が原因で，細胞が自律的な増殖能を得ることにより，がん化の引き金が引かれる．自律的な増殖をもたらす細胞形質は多様である．その例としては，アポトーシス

腫瘍微小環境: 血管内皮細胞，結合組織細胞，免疫細胞などの宿主細胞とそれらが産生する細胞外マトリックス (7.1 節参照) などが，がん細胞とともに腫瘍を形成している．これらの細胞と細胞外マトリックスを腫瘍微小環境という．

炎症: 発熱および血液成分や血液細胞の組織への移行などを伴う組織の変化のこと．白血球，特に好中球の組織浸潤と活性化した好中球の産物による組織傷害が起こる．

EB ウイルス: エプスタイン・バー (Epstein-Barr) ウイルス．

11.1 はじめに

(4.2.4 項参照) からの回避，増殖因子なしでの増殖シグナルの発生，増殖抑制シグナルへの不応性などがあげられる．がん細胞が個体の中で増殖し腫瘍を形成するまでには，さらに多くの変化が起こる．

個体の中にできた腫瘍 (増殖性の病変) を外科手術によって摘出したときに，これが悪性，つまり「がん」であるのか，それとも良性であるのかは，病理診断によって判定される．その基準として，細胞の形態と組織の形態が重要である (表 11.1)．さらに，腫瘍と周辺組織との境界における細胞浸潤の有無が特に重視される．

表 11.1 組織の形態変化と腫瘍

組織の形態異常	一過性の病変による形態変化: 炎症など 過形成 (hyperplasia): 細胞の増殖を伴う異常 腫瘍: 周囲と異なる形態
悪性腫瘍の形態的な特徴	細胞核の位置，大きさ，染色体などにおける不均一性が高い 基底膜への浸潤が見られる

ある細胞が悪性であるかどうかは，その細胞を実験動物に移植することによっても判定できる．ヒト以外の動物のがん細胞の場合，移植抗原の遺伝的な背景が同一な同系の動物を用いる．ヒトのがん細胞では，免疫不全マウスに移植し腫瘍を形成するか否かを判定する．しかし，腫瘍が形成されるかどうか，また結果的に動物が死に至るかどうかは，投与した細胞の数，投与経路，免疫応答の強弱，共投与した物質や細胞にも大きく依存する．さらに，動物の週齢，雌雄，飼育環境などの多様な因子が影響を及ぼす．したがって，がん細胞である基準は明確に定義できるものではない．

11.1.4 疾病としてのがん

がんという疾患にかかると，生活の質 (QOL: quality of life) の低下が起こり，治療をしなければ命を落とすのがなぜであるのかは重要な問題である．例えば，皮膚のメラノサイト由来のがんであるメラノーマが死を招くのは，これが皮膚の機能を阻害するためではない．また，他の組織や細胞に必要な栄養を横取りして成長するためでもない．メラノーマは肺や脳などの，ヒトが生存するうえで必須な臓器に転移して増殖し，臓器の機能を障害するので，個体にとって不都合な結果がもたらされる．また，メラノーマを含めがん細胞は免疫系や血液凝固系の機能を阻害し，感染症や諸々の病態を引き起こし，臓器不全に至らせる．このように，がんは遺伝子の傷が原因であるものの，個体というシステム全体に起こる疾患である．

増殖因子: 成長因子ともいう．細胞表面の受容体に結合し細胞の増殖 (遺伝子の複製と細胞分裂) を促進する因子．タンパク質のものが多い．分泌細胞自身に作用する場合もあり，オートクリン (自己分泌) 機構による細胞増殖促進とよばれる．

増殖シグナルと増殖抑制シグナル: 細胞増殖因子が受容体に結合すると，受容体は，様々な方式によって細胞の増殖を促進する (7.2 節参照)．これには，増殖を制御，抑制する機構も組み込まれている．

細胞浸潤: 病理組織学では，上皮由来であるがん細胞が上皮と間葉系組織との間にある基底層 (7.1 節参照) を越えて存在していることをいう．基底膜を通過する能力を培養容器中で実験的に確かめることができる．

免疫不全マウス: 高等動物は，種に特徴的な移植抗原をもつので，ヒトの細胞をマウスに移植しても免疫応答によって拒絶される (10 章参照)．しかし，免疫不全マウス (SCID マウス，ヌードマウス，RAG-/-マウスなど) では，移植されたヒトの細胞は拒絶されず生着し，移植を受けた個体を殺す結果になる．

11.2 がん細胞の特性とその背景

11.2.1 がん細胞の特性

株化したがん細胞は，培養容器内で増殖させることができるので，がん細胞に特徴的な細胞の性質を理解するために多用されてきた．例えば，培養容器の表面に単層で広がるだけでなく，重なりあったり半浮遊状態でも増殖したりすることがあり，かつてはこれががん細胞の本質であるかのように考えられていたこともあった．その他にもアポトーシスを起こしにくい，増殖因子やそれを含む血清に依存しないで増殖する，1つの細胞から半浮遊状態で増殖できる，増殖抑制シグナルに不応答性である，運動性が高い，ATP産生が酸化的リン酸化でなく嫌気的な解糖系 (3.2節参照) への依存度が高い，などの性質をもつことが知られている．これらの特性のほとんどは，遺伝子に傷がついたことの直接の結果ではない．しかし，がん細胞に特徴的な振舞いが明らかになったことで，どのような遺伝子が傷つき，その遺伝子産物の産生が制御できなくなったり機能不全に陥ったりすると，がん細胞が発生するかが明らかになった．それらががん遺伝子およびがん抑制遺伝子とよばれるものである．

11.2.2 がん遺伝子

特定の遺伝子を正常細胞に強制的に発現させると，がん細胞に特徴的な性質をもつようになった場合，その遺伝子をがん遺伝子 (oncogene) という．前述のように，最初に発見された複数のがん遺伝子は，いずれも動物にがんを起こすがんウイルスの遺伝子として記載され，それらと相同性の高い遺伝子がヒトや動物のゲノムにも存在することがわかり，それぞれウイルスがん遺伝子，細胞性がん遺伝子とよばれる．ウイルスの感染とは関係なく，これらの遺伝子の機能が亢進している例が，がん細胞にみられる．がん遺伝子は，そのほとんどが細胞増殖にかかわるタンパク質をコードするものであり，増殖因子，受容体，増殖因子の結合を細胞内に伝えるシグナル分子などである (表11.2) (7.2節参照).

がん遺伝子の機能が亢進する原因としては，変異によるmRNAやタンパク質の安定化 (分解の抑制)，変異によるタンパク質の機能亢進，染色体転座による転写の活性化，制御領域のDNAの脱メチル化，遺伝子の増幅などが知られている (図11.2).

染色体転座によるがん遺伝子活性化の一例が，1960年に慢性骨髄性白血病で発見されたフィラデルフィア染色体である．この染色体は第9染色体のc-ABLがん原遺伝子と第22染色体のBCR遺伝子が転座により融合して生じたもので，c-ABL産物の機能が恒常的に活性化された状態にある．ABL遺伝子は，もともとマウスの白血病細胞から見つかったもので，タンパク質リン酸

11.2 がん細胞の特性とその背景

表 11.2　がん遺伝子の種類と機能

がんウイルス	がん遺伝子	動物種	がん遺伝子産物の機能 *
ラウス肉腫ウイルス	src	ニワトリ	非受容体型チロシンキナーゼ
骨髄球腫症ウイルス	myc	ニワトリ	転写因子
赤芽球症ウイルス	erbB	ニワトリ	受容体型チロシンキナーゼ
アベルソン白血病ウイルス	abl	マウス	非受容体型チロシンキナーゼ
ハーヴェイ肉腫ウイルス	H-ras	マウス	単量体 G タンパク質
カーステン肉腫ウイルス	K-ras	マウス	単量体 G タンパク質
FBJ 肉腫ウイルス	fos	マウス	転写因子
ハーディー-ズッカーマン肉腫ウイルス	kit	ネコ	受容体型チロシンキナーゼ
サル肉腫ウイルス	sis	サル	増殖因子
AKT8 ウイルス	akt	マウス	セリン・トレオニンキナーゼ
ニワトリ肉腫ウイルス	jun	ニワトリ	転写因子

* 7.2 節参照.

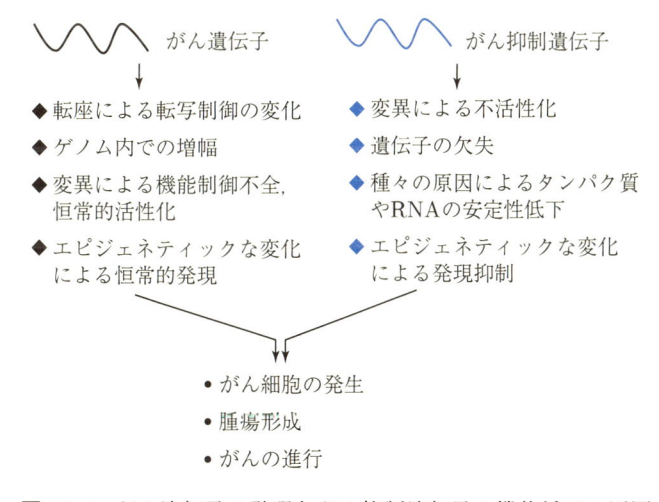

がん遺伝子
- 転座による転写制御の変化
- ゲノム内での増幅
- 変異による機能制御不全,恒常的活性化
- エピジェネティックな変化による恒常的発現

がん抑制遺伝子
- 変異による不活性化
- 遺伝子の欠失
- 種々の原因によるタンパク質やRNAの安定性低下
- エピジェネティックな変化による発現抑制

↓
- がん細胞の発生
- 腫瘍形成
- がんの進行

図 11.2　がん遺伝子の発現とがん抑制遺伝子の機能低下の原因

エピジェネティクス: DNA の塩基配列以外の情報により遺伝形質が規定されることを表す語. DNA のメチル化, ヒストンのアセチル化やメチル化などの修飾による機序が知られる (2.3.2 項参照).

化酵素をコードする (表 11.2). この融合遺伝子産物の機能を特異的に阻害するのが, イマチニブ (商品名グリベック) であり, 分子標的治療薬として白血病の治療に使われている.

11.2.3　がん抑制遺伝子

高等動物の細胞には, がん遺伝子の機能を抑制する分子をコードする遺伝子であるがん抑制遺伝子が存在する (表 11.3). 多くのがん抑制遺伝子は, 家族性がんにおいて変異をもつことから見出された. がん抑制遺伝子産物の機能の研究から, これらのタンパク質は, 細胞周期の制御 (2.5 節参照), 細胞死の制御 (4.2 節参照), 細胞増殖シグナル伝達の制御 (7.2 節参照) などを通して, 細胞の恒常性, 特に多細胞生物における細胞の社会的な振舞いを保つことが明らかに

分子標的治療薬: 従来の抗がん剤は, 増殖性の高い細胞を殺す物質であるため, 副作用が強かった. 1990 年以降, がん細胞が増殖する分子機構 (例えば増殖シグナル) を抑制する物質が登場し, 分子標的薬とよばれるようになった.

表 11.3 がん抑制遺伝子の種類と機能

がん抑制遺伝子	染色体の位置	家族性がん症候群	がん抑制遺伝子産物の機能
VHL	3p25	フォン・ヒッペル-リンドウ症候群	ユビキチン化酵素
APC	5p21	家族性大腸腺腫	タンパク質分解酵素
$p16^{INK4A}$	9p21	家族性黒色腫	細胞周期の制御
PTEN	10q23.3	多様	脱リン酸化酵素
WT1	11p13	ウィルムス腫瘍	転写因子
RB	13q14	網膜芽細胞腫	転写制御因子
CDH1	16q22.1	家族性胃がん	細胞間接着
TP53	17p13.1	リー・フラウメニ症候群	転写制御因子
NF2	22q12.2	神経線維腫症候群	細胞骨格と膜の結合

された．したがって，遺伝的背景として変異をもつ個人は，複数のがんにかかるリスクが高い．

このような危険因子の例としてよく知られているのが，乳がんと卵巣がんの危険因子である BRCA-1/2 遺伝子である．乳がん患者では，5〜10%がこれら遺伝子のどちらかに変異をもつことが知られている．最近では，遺伝子変異からみて，生涯のうちに乳がんを患う可能性が 80%を越えるという判断のもとに，予防的乳腺切除も行われるようになった．BRCA-1/2 遺伝子の産物は，細胞が分裂増殖する際の遺伝子複製の誤りを修復することに関与する．

一部のがんが家族内に多発することが従来から知られていたが，最近その遺伝的背景が明らかにされ始めた．しかし，遺伝的背景をもつがんは限られてお

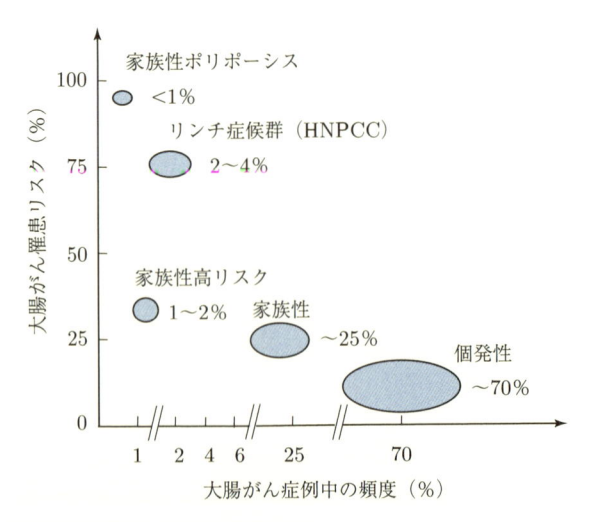

図 11.3 大腸がん症例中の頻度と罹患リスク
がんのかかりやすさは遺伝することがある．大腸がんにかかりやすい遺伝子が同定されているが，このような遺伝的背景をもつ患者の割合は低い．一方，このような背景をもつ個人が，生涯のうちに大腸がんを罹患する可能性は非常に高い．

り，家族的背景をもつことが知られていた大腸がんにおいても，遺伝的背景の違いによって異なる程度の発がんリスクがあること，また大腸がん全体におけるそれぞれの相対頻度は異なることが明らかになった(図11.3).

11.2.4 多段階発がんとがんの治療標的

病理学的な解析から，がんが良性腫瘍の一部から発生する場合があることが強く示唆されていた．良性の腫瘍は，遺伝子の傷のために増殖性が亢進した細胞から発生することも多い．遺伝子解析の結果，がん細胞には，さらに複数の遺伝子変異が蓄積していることが明らかになった(図11.4).異常が起こった遺伝子の組み合わせは，必ずしも同じではないが，がん細胞が発生して腫瘍を形成する組み合わせがある．また，複数の細胞からなる腫瘍の中には，異なる変異を蓄積している部分が存在する．つまり，がん細胞は，その発生時点ですでに個性をもち不均一である．がん細胞が腫瘍を形成する過程で，炎症の惹起，免疫系による排除への抵抗，腫瘍内血管の形成，組織から血管やリンパ管内への浸潤などを経て転移を形成する．これらの過程で，多くの遺伝子の変異や発現変化ががん細胞に起こっている．

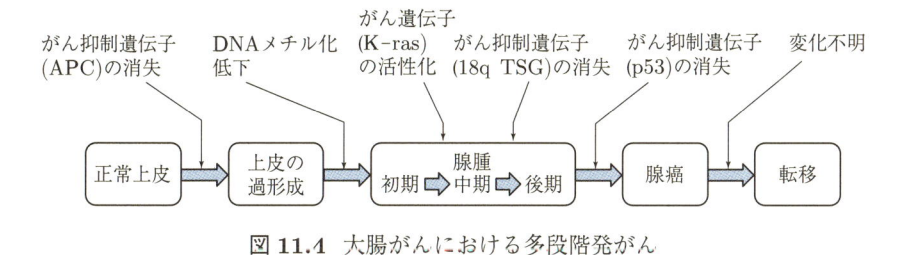

図11.4 大腸がんにおける多段階発がん

11.3 がんの進行

11.3.1 がんと微小環境

腫瘍は，目に見えない微小な大きさである頃から，すでに，がん細胞だけでなく種々の宿主の細胞や組織で成り立っている．顕著な例では，膵臓がんの組織のほとんどは線維芽細胞とそれらが産生したコラーゲン線維であり，がん細胞の占める割合は，体積，重量ともに小さい．腫瘍組織には線維芽細胞以外にも，血管(血管内皮細胞)や免疫細胞(ナチュラルキラー，Tリンパ球，マクロファージ，ミエロイドサプレッサー細胞など)が共存している．これらの細胞は腫瘍微小環境を形成し，増殖，がん細胞の遺伝子発現変化やそれに伴う分化，変異と細胞としての進化などを制御している．このように，遺伝子の傷によって生じたがん細胞が，増殖し生存を続け，腫瘍形成に至る過程は，微小環境との相互作用よって決定づけられている．

11.3.2　がん幹細胞

腫瘍を形成している細胞の中で，がん細胞自身も多様であることは先に述べたが，その1つの側面として，幹細胞としての性質をもつがん細胞が含まれると考えられている．がん幹細胞は，分裂増殖の速度は速くないので，通常の抗がん剤や放射線治療に対して感受性が低い．細胞分裂で生じる娘細胞の1つは，がん幹細胞となり，もう1つが高い増殖性をもつ．その結果，腫瘍を形成するがん細胞のほとんどは「がん細胞の特性」(11.2.1項参照)で述べた性質をもつ増殖性の高い細胞であるが，これらを撲滅しても，少数のがん幹細胞が生き残るために再発が避けられないことになる．最近では，がん幹細胞を表面マーカーなどで検出することが可能になり，これを標的とする治療法の開発が急がれている．

11.3.3　上皮間葉転換

がん細胞の増殖に伴い，性質が多様化し，宿主にとって不都合な変化が起こる．なぜそのような変化が起こるのかは不明であるが，腫瘍微小環境の変化に伴うと考えられる．固形がんの多くは上皮細胞由来であるが，一部のがん細胞は，上皮細胞の辿った分化の道筋を逆に遡ることがある．分化した上皮細胞は，隣接する細胞とカドヘリンなどを介して強固に接着し(7.1.2項参照)，管状の構造を形成しているが，このような性質は，がん細胞においても保たれていることが多い．しかし，細胞がバラバラになって移動を始めることがあり，発生の初期にみられる細胞の変化に似ているため，上皮間葉転換とよばれている．Eカドヘリンの発現が消失するなど，細胞生物学的にも類似の変化が起こっている(図11.5)．

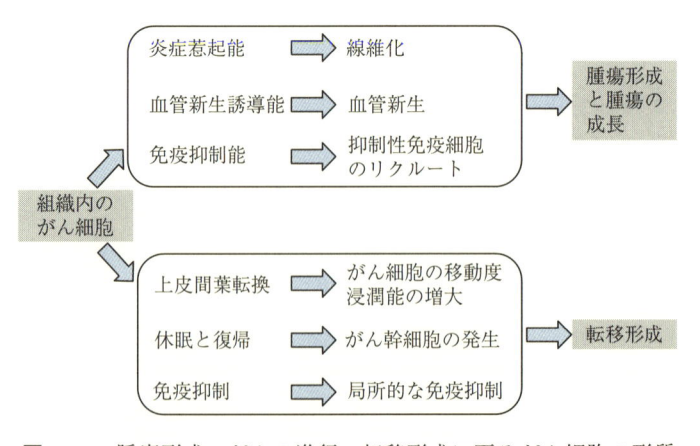

図 11.5　腫瘍形成，がんの進行，転移形成に至るがん細胞の形質

11.3.4 がん転移

がんが生活の質の低下を招き致死的であるのは，ヒトの生存に必須である組織や器官の機能を障害するからであり，多くの場合がん転移が原因である．がん転移は，直接の播種(バラバラになって飛び散ること)やリンパ管を通しての播種，血管内への浸潤によって第一歩が踏み出され，遠隔部への転移では，転移先の臓器での組織内浸潤と転移腫瘍形成が次の重要なステップとなる．これらのステップにはマトリックス分解酵素やケモカイン受容体の機能などが重要と考えられる(図11.5)．転移性の高いがん細胞は，少数の亜集団ではあるが，転移に必要な性質を多数合わせもっている．上皮間葉転換で生じたがん細胞や幹細胞としての性質をもつがん細胞は，転移を形成する確率が高い．

がんが転移しやすい臓器には特徴がある．例えば，乳がんはリンパ節転移と遠隔転移を起こすが，遠隔転移は肺，骨，脳に起こる．消化器がんの転移は門脈を経由して肝臓に起こることが多い(8.1節参照)．しかし，特定の臓器に"親和性"がある原因は不明であり，同じメラノーマでも眼に発症したものは肝臓に，皮膚に発症したものは肺に転移しやすい．その原因は今でも謎である．

11.3.5 腫瘍による血管新生

がん細胞は，無限に分裂増殖を繰り返す可能性があるが，それは栄養補給があることが前提である．体内で増殖する腫瘍は，直径が 1 cm を越えると，外部からの浸透による栄養補給では内部が生存できないので，血管を腫瘍組織内に呼び込むこと，すなわち血管新生 が必要になる．がん細胞が血管を作らせて引き込む特性は，がん細胞と宿主細胞の関係の中でも重要なものの 1 つである．

腫瘍内に新生したばかりの血管は血管壁が脆弱で，すでに完全に分化したものとは異なっている．これを利用して，腫瘍内の血管を攻撃して破壊し，腫瘍内血管の形成を抑えて腫瘍内への栄養補給を断つ治療法が有効である．これらの治療法が注目されるのは，がん細胞を直接の標的とする治療との併用療法が効果的な点である．がん細胞が産生分泌し血管新生を誘導するタンパク質である血管内皮細胞増殖因子(VEGF)の活性を阻害する抗体であるベバシズマブ(商品名アバスチン)は，別の抗がん薬であるフルオロウラシルとの併用で効果が高い．がんの血管の性質が正常の血管に近くなり，がん組織への抗がん剤の到達を助ける効果もあると言われている．

マトリックス分解酵素: 基底膜や組織中で細胞と細胞の間隙を埋めている構造体を細胞外マトリックスとよぶ (7.1節参照)．浸潤能の高いがん細胞は，細胞外マトリックス成分であるコラーゲンやプロテオグリカンを分解する酵素を分泌し，浸潤に利用する．

ケモカイン: 免疫系の細胞は，しばしば他の細胞が分泌するタンパク質の濃度勾配に従って移動する．このように細胞を誘引する活性をもつタンパク質の総称である．がん細胞もケモカイン受容体を発現することがあり，ケモカインに誘引され移動し転移を形成する．

11.4 がんに対する免疫応答

11.4.1 がん細胞に対する免疫応答

がんの発生に免疫応答が重要な役割をもつことは，バーキットリンパ腫の発生と免疫抑制との関係からも示唆されていたが (11.1.2 項参照)，移植臓器の拒絶を抑制する免疫抑制薬の使用からも推定された．さらに，免疫応答に重要なサイトカインのノックアウトマウス (6.6.2 項参照) を用いた実験的な研究からも証明された．

多段階発がんの説明に，がんが発生するまでには多くの遺伝子変異が蓄積する必要があることを述べたが (11.2.4 項参照)，変異によってタンパク質のアミノ酸配列の違いを生じることが，免疫系により非自己として認識される原因となる．そのような場合には，がん細胞は免疫系によって認識され排除される．しかし，がん細胞に対する免疫応答は，別の個体に生じたがん細胞や，同じ個体で別の多段階の変異蓄積を経て生じたがん細胞には有効でない．また，がん細胞は，免疫系の制御分子であるサイトカインを分泌し，また免疫系を抑制する分子を発現することにより免疫系から逃れて腫瘍を形成する．これらの機構は，がんの進行や病態とも関係が深い．リンパ球表面で免疫応答を抑制している分子である CTLA4 (抑制性共刺激受容体) の機能を阻害する抗体が患者の予後を改善したことで，新しいタイプのがん治療戦略として注目されている．

11.4.2 がんワクチン

がん細胞に対する特異的な免疫応答を積極的に誘導することで，がん治療の一環とすることも試みられている．最近では，免疫応答を誘導するために，免疫応答の始動にかかわる細胞である樹状細胞 (10.2.4 項参照) を利用する試みが成功を収めている．また，がん細胞に対する免疫応答が実際にみられるときに，その抗原となっている細胞表面分子やその断片がワクチンとして用いられている．

11.5 がんの予防，診断，治療

11.5.1 がんの予防

がんの原因が明らかになるにつれて，がんの種類によっては予防法が確立され始めている．例えば，子宮頸がんの原因は，発がん性の特に高いパピローマウイルスの感染によることが明らかになり，その感染を押さえることによって達成できる．実際に，それらの感染を押さえるワクチン (ペプチドワクチン) が開発され，広く用いられることにより，子宮頸がんが激減すると期待されている．また，多くのがんの発症の過程で炎症が重要な役割を担うことが明らかに

なり，抗炎症薬ががんの予防に役立つことが証明されている．低用量のアセチルサリチル酸 (アスピリン) の長期投与が大腸がんの予防に有効とされている．

11.5.2 がんの診断と腫瘍マーカー

がんの診断には，臓器ごとに，内視鏡などによる直接の検出および細胞診，画像診断，血液などを用いた体外診断が総合的に用いられる．がん細胞がつくる，または非がん細胞ががん細胞に反応してつくる物質のうちで，血液や尿などに検出され，がんの存在，種類，量，個性などを反映する指標となるものを腫瘍マーカーという．代表的な腫瘍マーカーには，AFP，CEA，CA19-9，PSA，ミエローマタンパク質などがある．最近では，それらの検出にモノクローナル抗体 (10.5.3 項参照) が使用されることが多い．臨床検査学では腫瘍マーカーの検出は重要な課題である．しかし，体液由来の腫瘍マーカーから早期のがんを検出することは難しく，偽陽性 (false positive) や偽陰性 (false negative) の問題も多い．

一方，病期診断，腫瘍の負荷の判定，治療の有効性の判定，再発のモニターなどには，血液中の腫瘍マーカーは極めて有用である．臨床病理学では，腫瘍が良性か悪性かの判定やがんの個性診断，さらに予後判定などに腫瘍マーカーが補助となる．しかし，がん細胞の産物だけが，がんのマーカーとなるわけではない．がん抑制遺伝子である p53 は細胞周期とアポトーシスの制御因子であり，その変異と発現レベルの上昇が多くのがんで確認されている．その際に，血清中に抗 p53 抗体が出現し，これががんの早期マーカーとして利用できる (商品名 Mesacup)．

11.5.3 がんの治療と個別化医療

がんの治療 (固形腫瘍の場合) は，外科的切除，放射線治療，薬物治療 (抗がん剤などによる)，あるいはそれらの組み合わせによって行われる．白血病の場合は，薬物治療がおもな治療法となる．また，ワクチンなどによる免疫系の活性化は，治療法としてはまだ確立していない．がん遺伝子やがん抑制遺伝子の中には，多くのがんで高頻度に異常がみられるものがある．例えば，がん遺伝子としては，上皮成長因子 (EGF) 受容体およびそのファミリー遺伝子である Her-2/neu/erbB 受容体は多くの腫瘍，特に前者は大腸がん，後者は乳がんで高発現し，それぞれの機能を抑制する抗体が分子標的薬で，セツキシマブ (商品名アービタックス)，トラスツズマブ (商品名ハーセプチン) として知られている．

受容体からの増殖シグナルを伝える G タンパク質 (7.2.4 項参照) である K-ras は多くのがんで変異がみられ，この場合には受容体の機能を抑制しても細胞増殖を抑えることができない．これらのことは治療法を選択するうえで

がんの個性診断: 同じ組織由来のがん細胞であっても，性質 (例えば，治療薬に対する感受性，転移性，免疫応答の起こりやすさや増殖抑制など) が多様である．これらの違いや変化を見極めることは，効果的ながん治療を行ううえで極めて重要である．

表 11.4 がんの個別化治療

適応症	バイオマーカー	薬剤名
乳がん	HER2	トラスツズマブ
肺がん	EGF	ゲフィチニブ
大腸がん	K-ras	セツキシマブ
		パニツブマブ
非小細胞肺がん	ALK	グリゾチニブ

重要な意味をもち，がんの遺伝子発現状態または変異の有無を決定し，これに基づいて治療する機会が非常に増えている (表 11.4)．例えば，乳がんでは，Her-2/neu/erbB 受容体の発現レベルを検証し，トラスツズマブに感受性であることを期待して，これを用いて治療する．肺がんでは，EGF 受容体が高発現である場合，ゲフィチニブ (商品名イレッサ) に感受性が高いと判断し，これを用いる．大腸がんでは，K-ras に変異を有する場合，抗 EGF 抗体セツキシマブに耐性である．すなわち，分子標的治療薬の使用に際しては，適用する患者の選別が前提となる．これらは，がんにおける個別化医療の最も重要な側面である．

がんの個別化医療： がんの治療は，がんの種類や進行度などによって大きく異なる．がんの個別化医療では，がん細胞に見られる遺伝子の変異や発現レベルの違いを検出し，それに基づき分子標的治療薬を使い分けることが大切である．

■ まとめ
- がんは，遺伝子の傷により生じる増殖性の細胞が原因で起こる疾患である．
- がん細胞において変異や発現変化がみられ，そのため細胞増殖の異常をきたす遺伝子は，がん遺伝子あるいはがん抑制遺伝子とよばれる．
- がん細胞の生成から，腫瘍の形成，宿主にとって有害な遠隔転移の形成に至るまでには，複数の遺伝子変異が蓄積するとともに，腫瘍微小環境とよばれる宿主の細胞や組織とがん細胞との相互作用が重要な役割を果たす．
- がん細胞に対する免疫応答は，がんの増殖を抑制する重要な宿主因子であるが，がん細胞は，しばしば宿主の免疫応答を回避し，それを抑制するしくみを備えている．

■ 演習問題

11.1 次の記述はいずれも誤りである．なぜ誤りであるか簡単に説明せよ．
(1) がんは治療しても必ず再発するので，治療することにあまり意味はない．
(2) がんは自己の細胞から生じるので，これに対する免疫応答は起こらない．
(3) がんの治療薬は，いずれも副作用が強いので，治療を受けることは苦痛を伴う．
(4) がんのかかりやすさは遺伝的に決まっているので，喫煙などの生活習慣は影響しない．

11.2 がん遺伝子およびがん抑制遺伝子に関する記述のうち，正しいものはどれか．
(1) がん遺伝子の多くは，細胞の増殖制御にかかわるタンパク質をコードする．
(2) がん遺伝子には，がんウイルスの遺伝子として発見されたものがある．
(3) 生まれつきがん抑制遺伝子に変異をもつと，がんにかかりやすいことがある．
(4) がん遺伝子はリン酸化酵素，がん抑制遺伝子は脱リン酸化酵素のみをそれぞれコードする．

演習問題

11.3 がんの進行に関する記述の空欄に適切な語句を下の選択肢から選べ.

(1) 悪性腫瘍には,がん細胞だけでなく,血管を形成する細胞,線維芽細胞,[①]細胞などが共存している.

(2) ヒトの生存に必須でない器官のがんであっても,[②],肝臓,脳など,生存に必要な器官に血液循環を介して転移し,増殖し,その器官の機能を障害することによって致死的となる.

(3) 上皮由来のがんが[③]を破壊して浸潤する際には,マトリックス分解酵素が重要な役割を果たす.

(4) 大腸,膵臓,胃などのがんは,[④]を経由して[⑤]に転移することが多い.

(5) 上皮由来のがん細胞は,外部からの刺激によって性質を変え,隣接している細胞との強い接着を断ち切って移動し始めることがある.現象は上皮[⑥]転換とよばれる.

(6) 悪性腫瘍を形成しているがん細胞の中には性質の異なるものが含まれていることがあり,増殖速度が遅いために,抗がん剤や放射線に感受性が低い[⑦]細胞もその１つである.

(7) 悪性腫瘍内の血管を攻撃して破壊し,あるいは腫瘍内血管の形成を押さえて腫瘍内への栄養補給を断つ治療法が有効であり,血管内皮細胞に対する[⑧]を中和する抗体が用いられる.

【選択肢】 がん幹,増殖因子,門脈,間葉,基底層,免疫,肺,肝臓

12
生命と環境

　地球は，宇宙で唯一生命の存在が確認されている星である．なぜ地球に生命が誕生したのか，なぜこれほどまでにバラエティー豊かな生物種が誕生したのか，その全貌はいまだ明らかになっていない．しかし，水と大気を有し，太陽からの恵みを享受できる地球という環境が生物の繁栄にとってまさに絶妙であったことは確かである．太陽からの恵みは植物によって受け取られ，他の生物が必要とする酸素や糖がつくられる．植物は食べられることで，自らが作り出した栄養物質を他の生物に与えていく．多様な生物種が食べる−食べられるの関係を築きながら，共存してきたのが地球である．生物の安住の地となっている地球ではあるが，広大な大地や海も長い年月をかけて少しずつダイナミックに形を変えてきた．太陽と地球の活動の影響を受けながら変動する環境に対応するように，私たち生物は，遺伝情報を書き換えて新たな形質をもつ生物を作り出し，今日の生物多様性を生み出した．この章では，生命の誕生から生物多様性の形成に至った経緯とその科学的背景について学習する．

12.1 種の多様性

12.1.1 生命の起源

　地球は，約46億年前に太陽を取り巻く微惑星の衝突により誕生したと考えられている．太陽系の中で，液体の水が存在していた地球上には，その後，無機物から生命の素となる有機物が合成され，やがて生命が誕生していったと思われる．これは化学進化説とよばれる考え方である．

　この化学進化説の先駆けは，オパーリンのコアセルベート仮説である．原始地球において無機物からメタンなどの低分子有機物が生じ，これら低分子有機物が作り出す強還元条件下でさらに高分子有機物が形成され，コアセルベートとよばれる親水コロイドが作り出される．この親水コロイドは分裂・融合する性質をもち，これが生命の基礎となったのではないか，とする説である．この説の一部は，ミラーにより実証されている．ミラーは，原始地球環境を模した

アレクサンドル・I・オパーリン (1894-1980)：ロシアの生化学者．著書『生命の起源』において化学進化説を提唱した．

スタンリー・L・ミラー (1930-2007)：アメリカの生物学者．無機前駆物質からアミノ酸などの有機物の合成に成功した．

メタン，アンモニア，水素，水蒸気の混合ガスに放電を繰り返すことにより，アミノ酸などの有機物を作り出すことに成功したのである．

しかし，その後，原始地球の大気は還元的なものではなく，水蒸気，二酸化炭素，窒素などからなる酸化的なものであったことが明らかになっていき，ミラーの実験結果も原始地球での生命の素となる有機物の誕生を再現したとはいえなくなった．そこで登場したのが，深海の熱水噴出孔に生命の起源を求める説である．深海の熱水噴出孔では硫化水素，メタン，アンモニアなどの還元性物質が噴出していて，ミラーが実験で用いたような還元的な環境を見出すことができる．金属イオンも豊富に存在していて，高温・高圧下で有機物の合成反応が促進された可能性が考えられる．しかし，水中でのアミノ酸重合反応は困難であるなどの問題もあり，いかにして非生命から生命が生じたのかについては，いまだに明確な解答は得られていない．

12.1.2 酸素濃度の上昇と真核生物の出現

グリーンランドで約 38 億年前の堆積岩の中に有機炭素の存在が確認されていて，これが現在知られている地球上最古の生命の痕跡である (図 12.1)．より確かな生命の証拠となるのは，オーストラリアで発見された約 35 億年前の細菌らしきものの化石であろう．その後，シアノバクテリア (藍藻類) のような光合成を行う細菌が出現し，光合成により酸素が産生されるようになったが，初期には海水中に大量に含まれていた鉄に吸収され，海水や大気中の酸素濃度

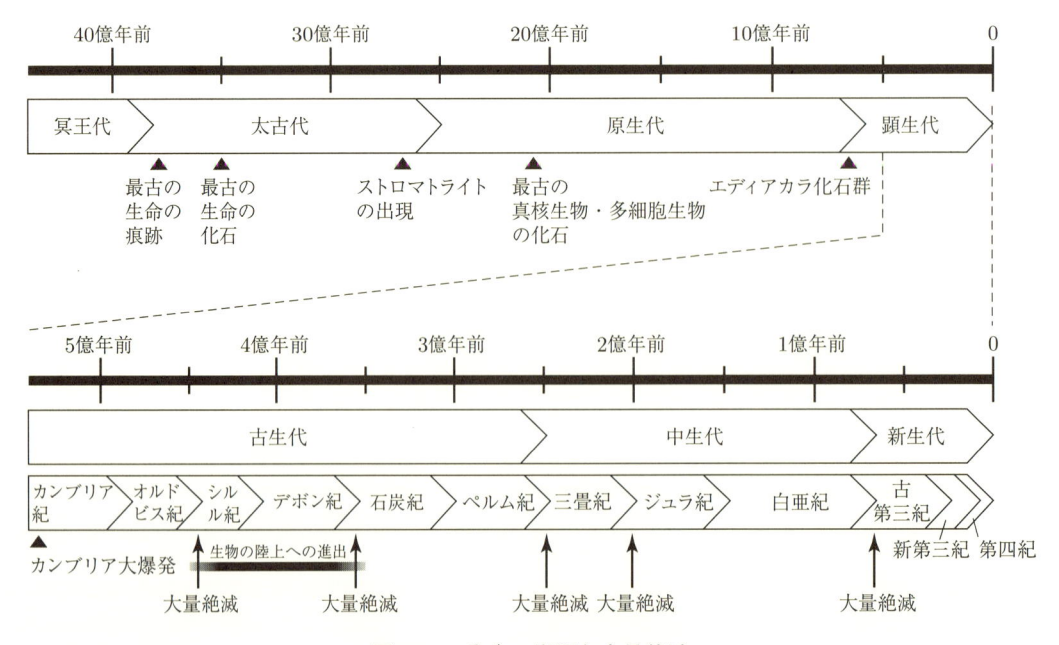

図 12.1 生命の出現と大量絶滅

の上昇にはまだ至らなかった．この頃の酸素と結び付いた鉄は酸化鉄として沈殿・堆積し，縞状鉄鉱層を形成している．この縞状鉄鉱層が堆積した時期と同時期の地層からシアノバクテリアが層状に堆積したストロマトライトとよばれる化石が見つかっていて，西オーストラリアで発見された約 27 億年前のものが最古とされている．酸化鉄の堆積に伴い海水中の溶存鉄が減少していき，徐々に海水や大気中の酸素濃度が上昇していった．これが好気性生物の出現を促したのである．

初期の好気性生物は好気性の細菌であったと思われるが，やがて単細胞の真核生物が誕生し，多細胞生物が登場することになる．生物のサイズが大きくなると，より大きなエネルギーが必要になるが，酸素呼吸によるエネルギー産生がそれを可能にしたのである．最古の真核生物の化石は，グリパニアとよばれる化石で，約 21 億年前のアメリカ・ミシガン州の縞状鉄鉱層から発見されている．多細胞生物については，約 11 億年前のインドの砂岩層から発見された生痕化石が最古のものとされていたが，最近になって西アフリカのガボンで見つかった約 21 億年前の化石に多細胞生物らしきものが含まれていたという報告があった．

12.1.3 進化の過程

約 6 億年前になると，エディアカラ化石群に代表されるような多細胞生物の化石記録が増え始め，約 5 億 4000 万年前から始まるカンブリア紀に突入すると生物の多様性が一気に増大した．これをカンブリア大爆発とよぶ．このカンブリア大爆発では，現在知られている動物門に属するほとんどの動物の祖先が誕生した．この頃には，酸素濃度上昇に伴いオゾン層が形成されるようになり，陸上に降り注ぐ有害な紫外線量が減少していった．それにより，紫外線量が減弱する海水中でしか生存できなかった生物が陸上でも生存可能になり，植物を先頭に両生類や昆虫などが陸上へと進出していった．約 4 億 5000 万年前から約 3 億 5000 万年前にかけてのことである．その後，両生類から進化した爬虫類が出現し，さらに爬虫類から哺乳類へと進化していった．

しかし，この過程の中で大量絶滅もたびたび起こっている (図 12.1)．化石記録上では計 5 回の大量絶滅が明らかになっていて，なかでも約 2 億 5000 万年前のペルム紀終期の大量絶滅は最も深刻であった．海洋無脊椎動物の 90%以上の種が絶滅したとされている．また，約 6500 万年前の白亜紀終期の大量絶滅では，それまで陸上の優占群であった恐竜が絶滅し，哺乳類が繁栄する契機となった．このような大量絶滅によって種や科の激減があったが，それは一時的な現象であり，全体としての多様性は時間とともに増大してきた．しかし，現在は，人間による乱獲，大気汚染，土地開拓などを原因とした 6 回目の大量絶滅が進行中であるともいわれている．

12.1.4 生物の系統

30数億年前に地球上に誕生した生物は，今日に至るまでに進化と絶滅を繰り返し，生物多様性を生み出してきた．現在，地球に存在する生物種数の推定値は300万種から1億種ともいわれている．すでに命名された種は約200万種であり，その約半数は昆虫である．

生物の命名は，リンネが提唱した二命名法が基礎となっている．リンネは，類似した生物どうしをグループ化し，さらに類似したグループどうしをより大きなグループにまとめていくという手法で，生物を階層状に分類して体系化した．これをリンネ式階層分類体系とよぶ．このリンネ式階層分類体系に従って，現在では生物は8つの階層に分けられている．下位の階層から順に，種，属，科，目，綱，門，界，ドメイン (超界) となっていて，上位の階層ほど所属する生物数が多くなる．

ウメを例にとると，真核生物ドメインの植物界という広い階層から徐々に狭まっていき，バラ科サクラ属のウメという1つの種に限定されることになる (図 12.2)．

カール・フォン・リンネ (1707-1778)：スウェーデンの植物学者で生物学者．形態による動植物の分類を行った．分類学の父ともよばれる．

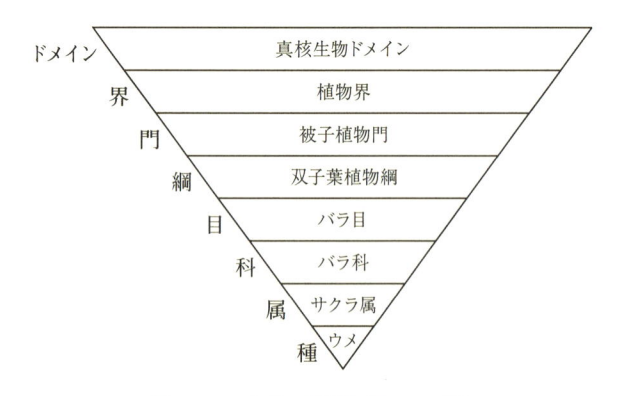

図 12.2 生物の階層 (ウメの例)

以前は，種から界までの7つの階層で構成されていたが，リボソーム RNA(6.5.4項参照) 分析の結果をもとに，界は3つの大きなグループにまとめることができるという三ドメイン説がウーズにより提唱され，現在ではこの考え方が浸透してきている．界をいくつに分類するかについても，ホイタッカーらによって提唱された五界説が標準的であったが，三ドメイン説に合わせた六界説が認められるようになってきている (2.1 節参照)．

カール・R・ウーズ (1928-2012)：アメリカの微生物学者．リボソーム RNA 分析による生物分類を行い，三ドメイン・六界説を提唱した．

ロバート・H・ホイタッカー (1920-1980)：アメリカの植物生態学者．五界説を提唱した．

すなわち，生物は，真正細菌ドメイン，古細菌ドメイン，真核生物ドメインの3つのドメインに分類される．真核生物ドメインは，さらに原生生物界，植物界，菌界，動物界の4つの界に分類されることになる (表 12.1)．

なお，二命名法により生物を命名する場合は，属と種のラテン語名をイタリック体 (斜体) で記すことになっている．例えば，ヒトは *Homo* 属の *sapiens* 種ということで *Homo sapiens* と命名される．ラテン語で "ヒト" を意味する

表 12.1 三ドメイン・六界説

真正細菌ドメイン	古細菌ドメイン	真核生物ドメイン			
真正細菌界	古細菌界	原生生物界	植物界	菌界	動物界

Homo と "賢者" を意味する *sapiens* が組み合わされている．

12.2 食物連鎖

12.2.1 生態系

　どの生物も，自分の体を構築するための材料となる物質(必須物質)と動力源となるエネルギーの供給がなければ，生命を維持していくことはできない．よって，多種多様な生物が生存する地球上には，自らの必要とする物質とエネルギーを各々の生物が利用できる環境が整っているはずである．そのような環境では，多様な生物種が相互に影響を与え合いながら共存している．この特定の環境に共存している多様な生物種からなる集団を生物群集 (community) とよび，生物群集と生物群集に影響を与える周囲の物理的環境を1つの系としてまとめて捉えたものを生態系 (ecosystem) とよぶ．

　生態系の大きさは様々であり，小さな水たまりも湖も，熱帯雨林のジャングルも太平洋上の島々も，皆それぞれ1つの生態系である．もちろん地球全体を1つの大きな生態系として捉えることもできる．生態系を考えるうえでは，各生物種が必要な物質とエネルギーをどのように入手しているのか，その流れを把握することが重要になってくる．

12.2.2 物質の循環

　地球という限りあるスペースの限りある資源の中から，多様な生物種が各々の必須物質を摂取しそれを保有し続けたならば，いずれ生物が必要とする物質は枯渇してしまう．よって，多様な生物種が生命を維持していくためには，これらの必須物質を受け渡し合いながら，循環させて利用していくことが必要になる．

　生物群集内では，食べる-食べられるの関係の中で物質の循環がなされていて，何を食べて何に食べられるのかの違いによって，生物群集はいくつかのグループに分類される．まず，食べる行為をせず外部のエネルギー源を利用して自らが必要とする物質を生産する生物を生産者とよび，他の生物を食べる生物を消費者とよぶ．陸上では植物，水中では植物プランクトンや海底熱水鉱床の化学合成細菌などが生産者に該当する．植物や植物プランクトンは，光合成により太陽エネルギーを用いて無機物から有機物を合成することができ (3.6 節参照)，化学合成細菌は硫黄や鉄などの無機鉱物を使用して，有機物を合成

化学合成細菌: 無機物の酸化により得られるエネルギーを用いて炭酸同化を行う細菌．メタン菌，好塩菌，硫黄酸化細菌，硫黄還元細菌など．

することができる．これら生産者は，他の生物を食べる必要はなく，必要な物質は自分で生産できるので，独立栄養生物ともよばれる．

消費者は，他者を食べることで必要なエネルギーと物質を得ているので，従属栄養生物ともよばれ，生産者を食べる植食者，植食者を食べる肉食者，肉食者を食べる肉食者，他の生物種の遺骸や排泄物を食べる分解者に分類される．植食者は 1 次消費者，植食者を食べる肉食者は 2 次消費者，肉食者を食べる肉食者は 3 次，4 次さらに高次の消費者ともよばれる．例えば，植物 (生産者) はバッタ (植食者，1 次消費者) に食べられ，バッタはカエル (肉食者，2 次消費者) に食べられ，カエルはヘビ (肉食者，3 次消費者) に食べられ，ヘビはワシ (肉食者，4 次消費者) に食べられる (図 12.3)．このような食べる–食べられるの関係を食物連鎖とよぶ．実際には，食べる–食べられるの関係は 1 対 1 の関係ではなく，生物群集の中で複数の食物連鎖の関係が連携して網目状のネットワークを形成している (図 12.3)．これを食物網とよぶ．

食物網を通して，生産者が無機物から生産した有機物は，低次の消費者から高次の消費者へ受け渡されていく．そして，遺骸となった生産者や消費者に含まれる有機物を分解者が分解して無機物に変換し，地球環境に戻す．それを再び生産者が吸収し，有機物に変換するという形で循環していく (図 12.4)．

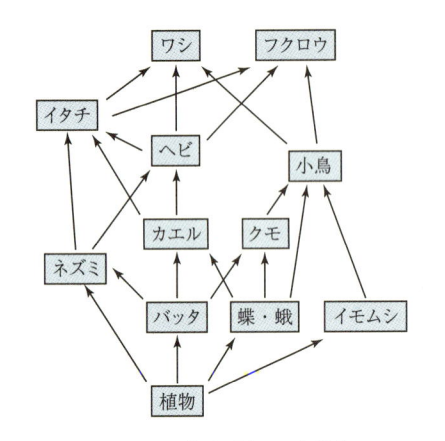

図 12.3 食物連鎖・食物網

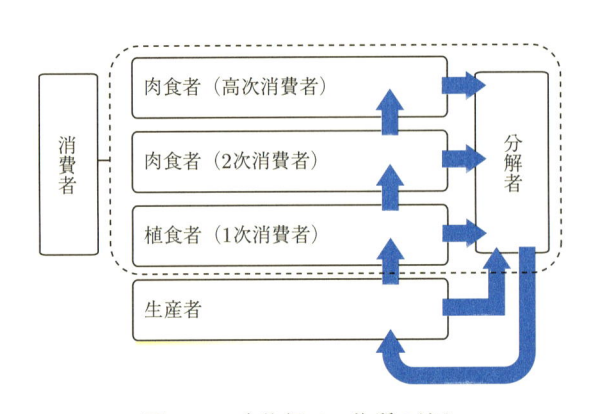

図 12.4 食物網での物質の流れ

(1) 炭素の循環

大気中あるいは水中の二酸化炭素は，生産者に取り込まれ，光合成により糖に変換される．この糖は，生産者から植食者，肉食者へと移動するとともに，一部は食べられなかった生産者や植食者にとどまる．最終的には，生産者，植食者および肉食者の遺骸や排泄物から分解者により二酸化炭素に分解され，大気中あるいは水中に戻る．また，分解者に分解されずに堆積した生産者，植食者および肉食者の遺骸はやがて化石燃料となり，燃焼により二酸化炭素として大気中に放出される (図 12.5)．

12.2 食物連鎖

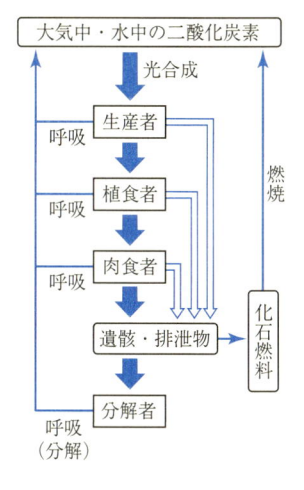

図 12.5 炭素の循環

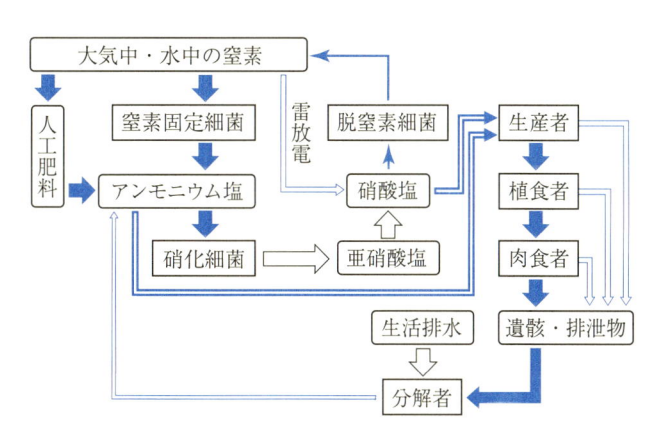

図 12.6 窒素の循環

(2) 窒素の循環

窒素はタンパク質や核酸の合成には不可欠な元素であるが，ほとんどの生物は窒素を直接利用することはできない．大気中あるいは水中の窒素は，窒素を利用できる数少ない生物である窒素固定細菌によってアンモニアに変換され，さらにアンモニウム塩となる．また，雷による放電によっても窒素酸化物へと変換され，さらに硝酸となる．人間による人工的な窒素固定も行われていて，人工肥料の生産に用いられる．アンモニウム塩は，さらに硝化細菌によって亜硝酸塩を経て硝酸塩にも変換される．

このようにして生じるアンモニウム塩や硝酸塩は生産者に取り込まれ，窒素同化によりアミノ酸，さらにタンパク質などが合成される．生産者が生成したタンパク質は，植食者，肉食者へと移動していき，体内で代謝され，尿素や尿酸の形で排泄される．最終的には，生産者，植食者および肉食者の遺骸や排泄物は，分解者によってアンモニウム塩や硝酸塩に変換される．

また，人間が排出する生活排水も同様に，アンモニウム塩や硝酸塩に変換される．これらの物質は，その後，再び生産者に吸収されるか，あるいは脱窒素細菌によって硝酸塩から窒素に変換され，大気中あるいは水中に戻る (図12.6)．

12.2.3 エネルギーの流れ

物質の循環とは異なり，エネルギーは生態系内を循環はせずに一方向に移動していく．太陽エネルギーとして外部から生態系にエネルギーが与えられ，それを生産者が捕捉するところから始まり，食物網を介して，植食者，肉食者，分解者へとエネルギーが受け渡されていく．しかし，各生物に捉えられたエネルギーの一部は，代謝や運動などの生命活動に利用され，熱として発散され失

窒素固定細菌: 大気中の窒素をアンモニアに変換するニトロゲナーゼをもつ細菌．根粒菌，フランキア属菌，シアノバクテリアなど．

硝化細菌: アンモニアを亜硝酸に酸化するニトロソモナス属菌や亜硝酸を硝酸に酸化するニトロバクター属菌など．

脱窒素細菌: 硝酸や亜硝酸を還元し，窒素に変換する細菌．チオバチルス属菌，パラコッカス属菌，ミクロコッカス属菌，シュードモナス属菌など．

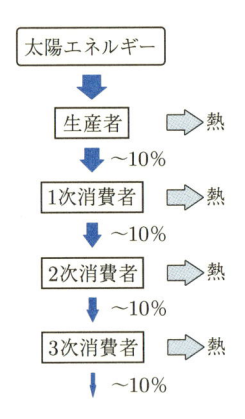

図 12.7 エネルギーの流れ

われていく．1つの栄養段階から次の栄養段階へは約10%のエネルギーしか伝達されないと考えられている (図 12.7)．

12.3 突然変異

12.3.1 進化と突然変異

　生物多様性を生み出した背景には，長い年月をかけた進化の歴史がある．生物が進化を遂げるためには，遺伝情報が変化し，変化した遺伝情報が子孫に伝達され，定着していく必要がある．DNAを修復する機能により，生物のDNA塩基配列は非常に厳密に維持されているが，まったく誤りがないわけではない．非常に低い確率ではあるが，塩基配列が変化し，修復されず不可逆的な変化として固定することがある．このようなDNAの変化を突然変異とよぶ．

　突然変異には，塩基の置換・欠失・挿入などにより塩基配列がわずかに変化する比較的小さなものから，遺伝子や染色体の重複・欠失・逆位・転座などの大きなものまで様々なケースがある．

　例えば，生殖系列において，ゲノムDNA中の遺伝子領域に影響を与えるような突然変異が生じると，それは次世代の表現型が影響を受ける原因となりうる．生存に害となるような影響の場合にはその子孫は淘汰されていくが，有益な影響の場合にはその子孫の生存競争力を増加させ，獲得した新たな形質として定着していく．

　しかし，ほとんどの多細胞真核生物では，ゲノムDNA中の遺伝子領域よりも非遺伝子領域の方が大きいので，非遺伝子領域に突然変異が起こる確率の方が高い．この場合には，子孫の表現型には影響を与えない．また，遺伝子領域に影響を与える突然変異であっても，表現型には影響を与えない場合もある．このように表現型には影響を与えない突然変異を中立突然変異とよぶ．

12.3.2 遺伝的多様性

　有性生殖をする多くの生物の細胞は，両親から受け継いだ染色体を1本ずつもっている．このように，2本で対となる染色体をもつ二倍体細胞は，染色体上の遺伝子も2コピーずつもち，これらは対立遺伝子とよばれる (5章参照)．対立遺伝子の組み合わせにより生物の表現型が決定されるが，長い進化の過程の中で，生物集団の個体間には突然変異によって生まれた新規の対立遺伝子が定着・蓄積し，それが多様な表現型を生む原因となっている．さらに，減数分裂時の染色体の独立分配と乗換えによっても，親世代とは異なる対立遺伝子の新しい組み合わせが生じる (2.4節，4.1節参照)．これらの結果から，1つの種の中には異なる対立遺伝子をもつ個体が多数存在することになる．これを遺伝的多様性とよぶ．

12.3.3 自然選択

　遺伝的多様性をもつ集団の中で，周囲の環境に適した特定の形質をもつ個体が生存しやすくなることがある．生存しやすい個体はその他の個体よりも高い確率で子孫を残すので，その特定の形質を表現型として発現させる対立遺伝子が子孫に伝わりやすくなる．このような状況下で世代を重ねていくと，ある特定の対立遺伝子をもつ個体が選択的に生き残り，数を増していく．このように，自然環境によって生き残る個体が決まることを自然選択とよぶ．

　自然選択の例としては，イギリスでのオオシモフリエダシャクという蛾の工業暗化が知られている．工業地帯の森林では，煤煙により樹木の表面が黒色化した結果，色の黒い形質をもつ蛾の方が，樹木に止まったときに捕食者である鳥に見つかりにくいことから生存に有利になる．したがって，自然環境の変化に応じて，その都度適した形質をもつ個体が生き残ることによって，集団の進化がなされてきたのである．

12.3.4 遺伝的浮動

　自然選択とは異なり，偶然的な要因によってもある特定の対立遺伝子をもつ個体が生き残ることがある．この場合，その対立遺伝子に由来する形質が生存に有利というわけではなく，利益を与えない中立的なものや有害なものの可能性もある．つまり，自然環境への適応度を上昇させない対立遺伝子であっても，それが選択的に次世代に伝わり，集団に定着していくことが起こりうるのである．このように，自然環境による選択圧とは無関係に，集団の中である特定の対立遺伝子の割合がランダムに変化することを遺伝的浮動とよぶ．遺伝的浮動による進化を唱えた説として，木村資生による中立説が知られていて，遺伝的浮動も進化を起こさせる原因になると考えられている．

木村資生 (1924-1994)：日本の遺伝学者．突然変異の多くは中立的な変異であり，中立的な変異が遺伝的浮動によって次世代に定着していくとする中立説を提唱した．

12.4 地球環境

12.4.1 気圏・水圏・地圏

地球を1つの生態系として捉える場合，生物が生息する生物圏と，地球環境を構成する気圏，水圏，地圏との繋がりが大切である．

気圏は，重力によって地球表面に保持された大気によって形成される領域であり，温度分布から鉛直方向に対流圏 (約 10 km まで)，成層圏 (約 10 km から約 50 km まで)，中間圏 (約 50 km から約 100 km まで)，熱圏 (約 100 km から約 1000 km まで) の4つの層に分類される．

水圏は，水によって占められた地球表面の領域をさし，海水と，地下水・湖沼水・河川水・氷河などからなる陸水とによって構成される．水圏の中の約 97%の水は海水として存在し，地表面積の約 75%を覆っている．水の高い比熱容量により，海水は熱しにくく冷めにくい性質をもち，地球の気温変動を小さくし気温を安定させることに寄与している．また，水は，溶媒として生物が必要とする様々な物質を溶解する性質をもち，生物の体を構成・維持するために必須の物質でもある．地表での温度変化に応じて固相・液相・気相の間を循環しうる水は，熱や物質を貯蔵し循環させる働きをもち，生物圏に大きな影響を及ぼしている．

地圏は，地殻，マントル，核から構成される．地殻は地球表面を覆う部分のことで，地表面から地下約 5 km から約 70 km までの部分をさす．陸地と海洋では厚さが異なり，陸地では約 30 km 以上となるが，海洋では薄く約 10 km 以下となる．マントルは地殻の下から核までの厚さ約 2800 km の部分をさす．

12.4.2 地球の異変

現在，地球に起こっている異変は，生物の多様性に大きな影響を与えている．その異変の多くは人間の活動によるものであり，人間による6回目の大量絶滅が起こりつつあるともいわれている．人間は大量の化石燃料を消費し，燃焼により有害物質を産生している．また，自然界には存在しない物質を合成したりもしている．それらは大気汚染を引き起こし，オゾン層破壊，地球温暖化などに繋がっていく．

オゾンは，成層圏において，酸素分子が紫外線の作用により酸素原子を生成し，再び酸素分子となり消滅する (図 12.8(a))．このように，生成と消滅のバランスがとれた形でオゾン層が形成され，生物に有害な紫外線のエネルギーを吸収する役目を果たしている．しかし，人間が合成したクロロフルオロカーボン類 (フロン) やハロン類は，紫外線によって塩素原子や臭素原子を生成し，これらがオゾンを分解する (図 12.8(b))．上部成層圏では，このようなメカニズムによりオゾン層が破壊されていく．

クロロフルオロカーボン類，ハロン類: 炭素，塩素，フッ素からなるハロゲン化炭素をクロロフルオロカーボンとよび，臭素を含むハロゲン化炭素をハロンとよぶ．クロロフルオロカーボンはフロンともよばれる．

12.4 地球環境

> (a) オゾンの生成と消滅
> $$O_2 \xrightarrow{紫外線} O + O \quad (紫外線により酸素分子が酸素原子に解離)$$
> $$O + O_2 \longrightarrow O_3 \quad (酸素原子が酸素分子と結合してオゾンが生成)$$
> $$O_3 + O \longrightarrow O_2 + O_2 \quad (オゾンが酸素原子と反応して消滅)$$
>
> (b) クロロフルオロカーボン類によるオゾン層の破壊
> $$CCl_3F \xrightarrow{紫外線} CCl_2F + Cl \quad (クロロフルオロカーボン類から塩素原子が解離)$$
> $$O_3 + Cl \longrightarrow O_2 + ClO \quad (オゾンが塩素原子と反応して分解)$$

図 12.8 オゾン層の破壊

　南極上空では，極域の冬から春にかけて下部成層圏でもオゾン層破壊が進行し，オゾンホールが観察されている．通常，下部成層圏では，クロロフルオロカーボン類は安定な塩化水素や硝酸塩素 ($ClONO_2$) に変化するが，冬期に気温の低い南極では，成層圏でも雲が形成されるため (他地域では対流圏で雲ができる)，雲の表面が化学反応の場となり，塩化水素や硝酸塩素から塩素分子や次亜塩素酸が生成する．春になり日光があたるようになると，塩素分子や次亜塩素酸から塩素原子が解離しオゾン層を破壊するというメカニズムが考えられている．

　地球の大気中に含まれる水蒸気，二酸化炭素，メタン，一酸化二窒素などの気体は，地表から放射される熱 (赤外線) を吸収し，地表の気温を高める効果をもっている．これらの気体は温室効果ガスとよばれ，地表の気温の低下を防ぐ役目を果たしていて，温室効果ガスがない場合には地表の気温は $-19°C$ 程度にまで低下するといわれている．産業革命以降の工業化に伴って，二酸化炭素，メタン，一酸化二窒素などの気体の大気中濃度が急激に増加していて，これらの人為的な温室効果ガスの濃度上昇の傾向と地球の平均気温上昇の傾向には正の相関がある．なかでも，大気中に含まれる量の多い二酸化炭素は重要な温室効果ガスであり，人為的な地球温暖化の元凶とされている．

　地球温暖化は，生物群集の地理的分布を変化させ，生物の多様性に大きな影響を与えると考えられている．オゾン層破壊物質の削減や温室効果ガスの排出量の削減に向けた国際的な取り組みが進行しているが，私たち 1 人 1 人が，人間の活動が生態系に与える影響の大きさを自覚し，生態系を維持するための努力を心がけていくことが大切であろう．

■まとめ
- 生物は，種，属，科，目，綱，門，界，ドメイン (超界) の8つの階層で分類される．最も上位のドメインは，真正細菌ドメイン，古細菌ドメイン，真核生物ドメインの3つからなる．さらに，真核生物ドメインは，原生生物界，植物界，菌界，動物界の4つの界に分類される．
- 生態系とは，生物群集とこれに影響を与える周囲の物理的環境を1つの系としてまとめて捉えたものである．
- 生物群集内の食べる-食べられるの関係を食物連鎖とよび，複数の食物連鎖が連携した網目状のネットワークを食物網とよぶ．食物網を通して，物質は生態系内を循環するが，エネルギーは一方向に移動するだけである．
- 生物の進化には，突然変異，自然選択，遺伝的浮動などが関与している．
- クロロフルオロカーボン類やハロン類は，成層圏にあるオゾン層を破壊する．
- 温室効果ガスとは，水蒸気，二酸化炭素，メタン，一酸化二窒素などの地表から放射される赤外線を吸収する作用をもつ気体である．

■演習問題

12.1 次の生物が属する界名を下の選択肢から選べ．

(1) 大腸菌 (2) コレラ菌 (3) コウジカビ (4) ウメ (5) トキ
(6) ハツカネズミ (7) アメーバ (8) メタン菌

【選択肢】真正細菌界，古細菌界，原生生物界，植物界，菌界，動物界

12.2 独立栄養生物はどれか，以下から2つ選べ．

(1) 肉食動物 (2) 草食動物 (3) 植物プランクトン (4) 化学合成細菌
(5) カビ

12.3 生態系内のエネルギーの流れに関する記述のうち，正しいものはどれか．
(1) 高次消費者から低次消費者，生産者の順に，一方向に流れていく．
(2) 食物網を通して，生態系内を循環している．
(3) 1つの栄養段階から次の栄養段階へは，10％程度しか伝わらない．
(4) 分解者は，おもに外部の非生物エネルギー源を利用している．

12.4 次の記述は，自然選択，遺伝的浮動，遺伝的多様性のどれに対応するか答えよ．
(1) AA, Aa, aa の3つの遺伝子型をもつ野草の集団から，山火事により偶然 AA, Aa の遺伝子型をもつものがすべて焼かれ，aa の遺伝子型をもつもののみが生き残り子孫を残した．
(2) ある野生動物の集団が，外観は似ていても，異なる対立遺伝子を多数もつ集団であった．
(3) 野生のシカの集団から，足の速いシカだけが捕食されずに生き残り，子孫を残した．

12.5 オゾン層についての問いに答えよ．
(1) 酸素分子 (O_2) からオゾン (O_3) が生成するしくみについて説明せよ．
(2) オゾン層は，地球上の生物にとってどのような役割をしているか．
(3) クロロフルオロカーボン類 (フロン) によって，オゾンが分解する反応を説明せよ．

13

生命技術と倫理

　生命技術は生物学の知見をもとに，生物のもっている働きを応用し，人々の暮らしに役立てる技術のことである．1970年代になり，細胞融合や遺伝子操作技術などの技術が急速に発展した．20世紀末には，生物の遺伝子であるDNAのすべてを明らかにするゲノムプロジェクトが始まり，生命技術によりクローン動物が作り出され，畜産分野や医薬分野などでの応用が図られている．医療分野では，遺伝子治療，生殖医療，再生医療への応用が期待されている．農業においても，多種類の遺伝子組換え作物が作り出されていて，私たちはすでに遺伝子組換え食品を口にしている．このように，生命技術の恩恵は計り知れないが，一方で私たちにはその利用にあたり，人類はもちろん，自然環境や生態系や全生命に配慮する倫理観が求められている．この章では，生命技術の例と，それらの技術の利用に伴う倫理について学習する．

13.1 生命技術

　生命技術はバイオテクノロジー(生物工学)ともよばれる．バイオテクノロジーは，バイオロジー(生物学)とテクノロジー(技術)の合成語である．特に，遺伝子操作を行う技術は，遺伝子工学ともよばれる．広い意味での生命技術は，昔から，ビール，ワインなどの酒類，みそ，しょうゆ，納豆，チーズ，ヨーグルトなどの発酵食品や抗生物質などの医薬品の生産に利用されていた．

　1970年代に遺伝子組換え技術が確立され，バイオテクノロジーが大きく変わった(6章参照)．この技術により，ヒトのDNAを細菌に導入し，ヒトのペプチドホルモンなどのタンパク質を大量に細菌内で生産できるようになった．1977年以降，ソマトスタチンなどのホルモンが大腸菌でつくられるようになり，1982年には最初の遺伝子組換え医薬品としてヒトのインスリンがアメリカで承認された．現在では，多くの遺伝子組換えによる医薬品・ワクチンが使用されている．農業分野でも，農薬に強い，害虫がつきにくい，病気に強い，日持ちがよいなどの性質をもった作物や家畜の新品種の開発などに応用されて

発酵: 酵母，乳酸菌などの微生物が嫌気条件下で，糖類などから，アルコール，乳酸，酢酸などを生成する過程をいう．

ソマトスタチン: 膵臓，脳の視床下部，消化管などで生産されるホルモン．インスリン，グルカゴン，成長ホルモンなどの分泌を制御する．

インスリン: 膵臓のランゲルハンス島から分泌されるペプチドホルモン．血糖値の恒常性維持に重要なホルモンである．

表 13.1 バイオテクノロジーの進歩に関連するできごと

1953 年	DNA の二重らせん構造発見 (ワトソン，クリック)
1956 年	センダイウイルスによる動物細胞融合 (岡田善雄)
1968 年	制限酵素の発見 (アーバー，スミス)
1973 年	遺伝子組換え技術 (コーエン，ボイヤー)
1975 年	モノクローナル抗体の作製 (ケーラー，ミルスタイン)
1977 年	DNA 塩基配列決定法 (サンガー)
	ヒトソマトスタチン遺伝子を大腸菌で発現 (板倉啓壱)
1982 年	組換えインスリン認可
1985 年	ポリメラーゼ連鎖反応発明 (マリス)
1986 年	最初の DNA シークエンサーが実用化
1990 年	ヒト遺伝子治療開始 (NIH)
1994 年	フレーバーセーバー (遺伝子組換えトマト) 市販
1996 年	クローン羊ドリー誕生 (ウィルムット)
1998 年	ヒト ES 細胞作製
2003 年	ヒトゲノムの 99%を解読

いる．表 13.1 に，バイオテクノロジーに関係するおもなできごとと，それを支える技術の進歩についてまとめる．

遺伝子組換え技術は，うまく使いこなせば，それから生み出されるものは大きいが，一度事故が起きれば取り返しがつかない．遺伝子組換え生物は，一度作り出され，環境に放出されると，生物として生存し増殖していき，制御が難しくなる可能性がある．

13.1.1 ゲノムプロジェクト

ゲノムとは，「生物をその生物たらしめるのに必須な最小限の染色体セット」であり，本体は DNA 分子である．ヒトゲノムには，ヒトの生命の設計図がすべて書き込まれている．それら全 DNA の塩基配列を解読することにより，遺伝子のカタログや地図の作成，遺伝子の働きや発生・分化のしくみの解明，生命現象の包括的な理解などを目指して，ヒトゲノム計画 (ヒトゲノムプロジェクト) が開始された (6.1.2 項参照)．大規模な国際協力のもと計画が進められ，2003 年にヒトの全ゲノム (99%) が解読された．ワトソンとクリックの DNA 二重らせん構造の解明から 50 年目のことである．ヒト以外の種についても，酵母，大腸菌，線虫，ショウジョウバエ，マウス，イネ，チンパンジーなどのゲノムが解読された (表 6.1 参照)．

ゲノムプロジェクトにより，ヒトの遺伝子の数は，事前の予測 (10 万) より少なく，2〜3 万であることが明らかになった．また，ゲノムの大きさは，個体の大小や知能や能力に必ずしも相関しているわけではない．現在，最大のゲノ

ヒトゲノム: 22 対の常染色体，1 対の性染色体，ミトコンドリアの DNA からなり，それらを合計すると，約 30 億の塩基対になる．例えば，塩基 1 つを 1 文字と仮定すると，新聞では約 50 年分，百科事典では約 1000 冊分に相当する．

13.1 生命技術

ムとしては，アメーバのゲノムが，ヒトゲノムの200倍の大きさであることが知られている．

21世紀になって，ゲノムプロジェクトは次の時代，すなわち**ポストゲノム科学**の時代に入った．ゲノムプロジェクトによって解読された遺伝子情報をもとに，1つ1つの遺伝子の働きについて解明が進み，病気と関連する遺伝子を探し出し，それに作用する薬を探し出していく**ゲノム創薬**や**ファーマコゲノミクス**とよばれる創薬アプローチが登場した．今後，患者個人の遺伝子を調べ，その情報に基づいて最適な医療を提供する**テーラーメイド医療**が可能となるだろう．

「ヒトゲノム情報」に関連する問題点としては，「個人情報が悪用されないか」，「知る権利，知られない権利」などの問題があり，その取扱いによっては，様々な倫理的，法的または社会的問題を招く可能性がある．そこで，ユネスコは1997年に，**ヒトゲノムと人権に関する世界宣言**を採択し，「ヒトゲノムを人類の遺産とし，何人もその遺伝的特徴の如何を問わず，その尊厳と人権を尊重される権利を有する」と宣言している．日本では2001年に，文部科学省，厚生労働省，経済産業省が共同で，**ヒトゲノム・遺伝子研究に関する倫理指針**を設け，「個人の遺伝情報」を扱うためのガイドラインを示している．

13.1.2 クローン動物

農業や園芸の領域では，挿し木が植物の新品種の開発や維持に古くから利用されている．受精によってできた種から成長した個体ではないことから，クローン作製技術の1つといえるかもしれない．「ソメイヨシノ(桜)」や「温州みかん」などが有名である．樹木の枝を地中に植えると根が成長していくことから，植物の**体細胞**には**多分化能**が備わっているといえるだろう．

動物においても畜産や医薬分野での**クローン動物**の開発が期待されていた．動物の体細胞には多分化能がないため，体細胞クローンの作製は困難であったが，**細胞融合**技術の進歩により体細胞クローン動物の作製の道が開かれ，1970年にイギリスではじめてカエルの体細胞クローンが作製された．

1996年7月にイギリスで，雌羊の乳腺細胞から取り出した核を，核を取り除いた別の卵子に移植することにより，世界初の**体細胞クローン羊**「ドリー」が誕生し(図13.1)，世界中に大きな衝撃を与えた．次いで，1997年10月にアメリカでクローンマウスが誕生した．1998年7年には日本で牛の体細胞を用いたクローン牛が誕生し，品種改良などへの応用が期待されている．その後，ブタ，ヤギなどでも体細胞クローンが作製されている．

1997年7月にイギリスで，クローン技術と遺伝子組換え技術を組み合わせ，ヒトのタンパク質を産生する羊「ポリー」が誕生した．その後，羊，ヤギ，牛，豚などを利用し，ヒトのホルモンや酵素などの有用物質を動物につくらせる実

体細胞：生殖細胞以外の身体の各部に分化した細胞のこと．動物では，プラナリアやヒトデなどの一部を除き，受精卵以外の体細胞から個体にまで人工的に成長させることは難しい．

細胞融合：複数の細胞が融合し1つの細胞になること．筋肉などでは発生段階で生理的に起こることがあるが，センダイウイルスなどのウイルスやポリエチレングリコールなどの薬品によって人為的にも起こすことができる．

ドリー：世界初の哺乳類の体細胞クローンの雌羊．スコットランドのロスリン研究所で6歳の雌羊の乳腺細胞の核を胚細胞に移植する技術によって誕生したが，6歳で死んだ．

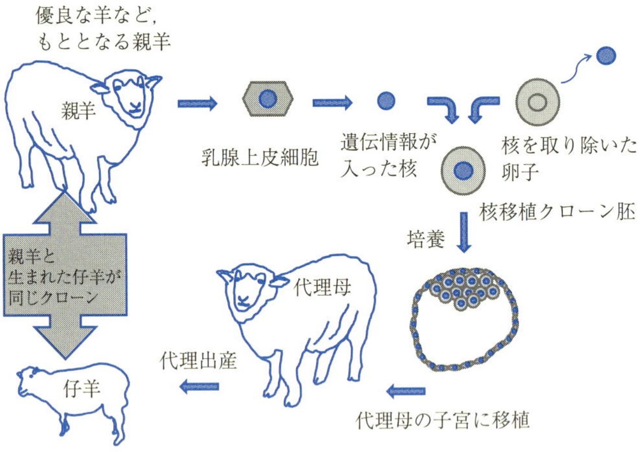

図 13.1 クローン羊 (動物) の作製法

ポリー: ヒトの遺伝子が組み込まれたクローン羊．ポリーには，血友病の治療に必要なタンパク質を合成するヒト遺伝子が組み込まれていて，このタンパク質を乳に分泌する．はじめての「薬の動物工場」となった．

用的研究が世界各国で進められている．

動物クローン技術の想定される応用例としては，① 肉質のよい牛など有用家畜の大量生産，② 遺伝子組換えクローン動物による医薬品生産，③ 希少動物の保護・再生，④ 実験用モデル動物の大量生産などがあげられる．一方，それを食べたり，利用したりする人間への安全性が問題点として常にあげられている．また，原理的にはクローン人間の作製も可能であるが，国際社会は一致してクローン人間の作製を厳しく禁止している．

2003 年には，生物多様性保護の観点から，遺伝子組換え生物の使用に関する国際的な規制の枠組みとして「生物の多様性に関する条約のバイオセーフティに関するカルタヘナ議定書」(カルタヘナ議定書) が締結された．現在，締約国はこれに基づく法的規制 (日本ではカルタヘナ法) を行っている．

13.1.3 遺伝子治療

遺伝子治療とは，患者の体内に DNA を直接導入し，病気の原因となる遺伝子の働きを補ったり抑えたりして病気を治す治療法である．

ADA 欠損症: アデノシンデアミナーゼ (ADA) の遺伝子が，先天的に欠損または変異しているため，重度の免疫不全になる病気．リンパ球の数が極度に少なく，感染症にかかりやすくなる．乳幼児期に感染症などで死亡することが多い．

世界で最初の遺伝子治療は，1990 年にアメリカで **ADA 欠損症**を患う 4 歳の少女に対し行われた．ADA 欠損症の患者は，リンパ球に ADA(アデノシンデアミナーゼ) という酵素がないために，重度の免疫不全を起こし感染症にかかりやすくなるので，無菌室の中で暮らさなければならない．治療法の概要を図 13.2 に示す．少女から採取したリンパ球に，ウイルスを利用して正常な ADA 遺伝子を導入した後，体外で培養しリンパ球を増殖させる．そして，点滴によって患者へ戻すという手順である．

その後，家族性高コレステロール血症，血友病なども遺伝子治療の対象となった．また，後天的に遺伝子が傷つくことによって起こる病気 (例えば，癌) や，エイズなどにまで対象が広がっていった．アメリカでは，すでに 50 種類

13.1 生命技術

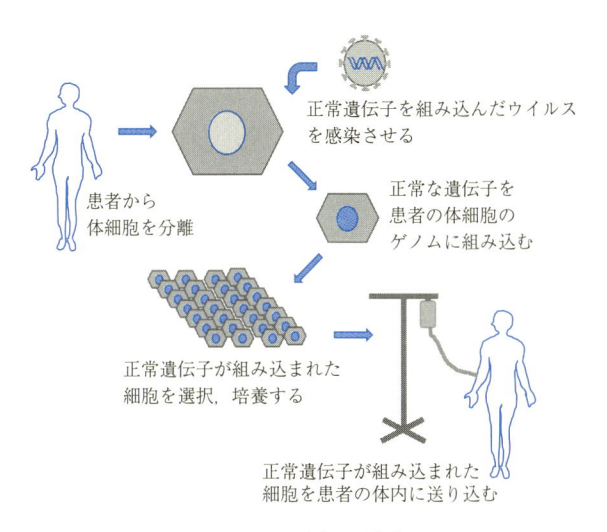

図 13.2 遺伝子治療

以上の病気に対する遺伝子治療が認められている．ただし，現時点では，ADA欠損症など一部の病気以外については，遺伝子治療の効果は確定されてはいない．1999年には，アメリカで遺伝子治療中に死亡事故が起きたこともあり，安全性に配慮しながら臨床研究が実施されているが，倫理的な側面も含め課題も多い．

13.1.4 生殖医療

生殖医療は，おもに不妊治療を意味するが，生殖を抑制する避妊や人工妊娠中絶なども含まれる．また最近では，「子どもの質を選択・向上させる技術」の開発にも及んでいる．生殖医療技術の進歩により，生命倫理に関する様々な問題が生じている．

不妊治療技術としては，すでに人工授精(体内人工授精)が存在していたが，1978年イギリスにおいて，試験管内で精子と卵子を体外受精させ，受精した卵(胚)を子宮内に戻して着床させる胚移植が成功した．誕生した女の子は「試験管ベビー」とよばれた．不妊症の治療に飛躍的な効果をもたらしたが，排卵誘発剤の副作用や多胎妊娠などの問題が生じている．その後，非配偶者間体外受精，子宮の提供による代理懐胎(代理母)も行われるようになった．配偶子(精子，卵子)および胚(受精卵)の提供や，第三者の子宮を借りて出産してもらうことも技術的には可能である．しかし，① 母親の遺伝子を受け継いでいない子どもの出産，② 生殖年齢を超えた母親の出現など，倫理的，社会的，法律的に大きな問題になってきている．

胎児の異常を調べる出生前診断が行われているが，「正常」と「異常」，「健常」と「障害」，「望ましい」と「望ましくない」といった評価は慎重にしなければならない．安易な人工妊娠中絶に繋がる可能性がある．

精子バンク：ドナーから採取した精子を格納保存する施設，機関のこと．血統を重んじる馬，肉質が求められる牛などの動物では，生産地のブランドを守るために厳重な管理の下に精子を保存している．人間の精子では，おもに不妊症者，同性愛者，シングルマザーの希望とともに提供されている．

デザイナーベビー: 受精卵の段階で遺伝子操作を行うことによって，親が望む外見，体力，知力などをもたせた子どものこと．親が子どもの特徴をデザインするかのようであるためそうよばれる．

さらに今後は，受精卵の段階で男／女を選ぶ性選別や，免疫力強化，高身長，高運動能力付加などのように，親が子どもを自分たちの好きなようにデザインする遺伝子改変ベビー (デザイナーベビー) の可能性が考えられる．これも倫理的問題についての議論が必要だろう．すでにアメリカでは，数百社の商業的精子バンク・卵子バンクが存在する．また，生殖補助医療技術の法律的な規制は国によって異なるので， 日本で許可されていない技術 (例えば，代理懐胎) を海外に求めるなど，生殖補助医療は国境を越えた問題となりつつある．

13.1.5 再 生 医 療

「再生」という現象は，生体の失われた細胞・組織・臓器の一部が，幹細胞の増殖・分化によって補われる現象である．例えば，プラナリアは際立った再生能力をもっていて，1 匹のプラナリアの身体をいくつかに切り分けても，それぞれが 1 匹の個体として再生する．脊椎動物では，イモリが優れた再生能力をもっていて，脚を切断したり，眼のレンズを取り除いたりしても再生する．しかし，ヒトの身体に備わる再生能力は肝臓など一部を除いて低く，臓器や手足がまるごと再生することはない．また，交通事故などで毎年 5000 人以上の脊髄損傷の患者が発生しているが，脊髄を含む中枢神経系は，一度損傷するとなかなか修復・再生されない．

ES 細胞: 胚性幹細胞 (embryonic stem cell) のこと．動物の発生初期段階である胚盤胞期の胚の一部に属する内部細胞塊よりつくられる．すべての組織に分化する多能性を保ちつつ，ほぼ無限に増殖させることができるため，再生医療への応用に注目されている (4.2.2 項参照)．

iPS 細胞: 人工多能性幹細胞 (induced pluripotent stem cell) のこと．体細胞へ数種類の遺伝子を導入することにより，ES 細胞のように多くの細胞に分化できる分化万能性と自己複製能をもたせた細胞のことである (4.2.2 項参照)．

再生医療 (再生医学) とは，損傷を受けた生体機能を幹細胞などを用いて復元させようとする医療である．1998 年にアメリカで，ヒト **ES 細胞** (胚性幹細胞) が樹立された．マウスの ES 細胞では，遺伝子に様々な操作を加えることが可能となっている．ヒト ES 細胞に応用することができれば，脊髄損傷や神経変性疾患，脳梗塞，糖尿病，肝硬変など治療が難しい疾患の治療法の開発に繋がるかもしれない．臓器移植と異なり，ドナー (臓器提供者) 不足などを克服できる革新的治療と期待されている．

しかし，ヒトの場合には，受精卵を材料として用いることが倫理的な論議をよんでいる．日本では体外受精の際に破棄されることが決定した余剰胚の利用に限って，ヒト ES 細胞の作製が認められている．ES 細胞の利用に伴う倫理的な問題が論議されているなか，2006 年に京都大学の山中伸弥のグループによって，世界初の革新的な万能細胞 (**iPS 細胞**) の作製が発表された．この技術が完成すれば，本人の体細胞由来の万能細胞からすべての臓器機能が再生できるということになる．iPS 細胞は，ヒト胚を使用する ES 細胞の倫理的問題を回避することができるので世界的な注目を集めている．一方で，臨床応用に際して，発がん性などの解決すべき問題が残されている．

13.1.6 遺伝子組換え食品

　遺伝子組換え作物は，従来の交配による育種法に比べて，目的とする性質をもった植物が短期間で得られ，費用も少なくてすむことから，現在盛んに行われている．

　1978 年にドイツで，細胞融合法によりジャガイモとトマトの植物体細胞雑種「ポマト」がつくられ，1985 年に日本で，オレンジとカラタチの雑種「オレタチ」が完成した．これらは，比較的相性のよい植物間で細胞融合した例であるが，実際的なメリットはそれほどなく，市販するには至らなかった．1994 年，遺伝子組換え作物第 1 号の日持ちのよいトマトが開発され，アメリカで販売許可された．その後，遺伝子組換え作物の開発は，害虫や病原ウイルスに対する抵抗性を目指すようになった．例えば，アメリカで開発された除草剤「ラウンドアップ」と，それに耐性があるダイズの組み合わせである．最近では，高栄養の作物，アレルギー原因物質の含有量が少ない作物といった従来の育種ではできなかったような品種を作り出す手段としても用いられている．

　日本では，現在，ダイズなど 8 種の作物について，安全性が確認され，販売・流通が認められている (表 13.2)．また数種の食品添加物 (チーズ生産過程で加えるキモシンなど) も流通が認められている．日本では，遺伝子組換え作物を大量に輸入していて，食品メーカーにより，主原材料や添加物 (液糖，でんぷん，植物油，調味料，食品添加物など) として使用され，身近な食品 (加工食品，菓子類，清涼飲料など) として流通，消費されている．世界中で，遺伝子組換え作物を最も多く食べているのは日本人かもしれない．アメリカでは，ダイズやトウモロコシは家畜の飼料になる割合が高く，ヨーロッパでは遺伝子組

ポマト (pomato)：ジャガイモとトマトはナス科の植物である．寒さに強いジャガイモの性質をトマトに付与することを目的として，双方の葉肉細胞を融合させポマトを開発した．実際にできたトマトは実が小さく，ジャガイモも親指くらいの大きさにしかならず実用化されなかった．

ラウンドアップ：必須アミノ酸の一種を合成する酵素を阻害するため，すべての植物がこの必須アミノ酸をつくれず枯れてしまう．しかし，「耐性大豆」には，その必須アミノ酸をつくるための別の酵素の遺伝子が組み込まれているため，ラウンドアップがあっても必須アミノ酸をつくれるため，枯れずに収穫できる．

表 13.2 日本で販売・流通が認められている遺伝子組換え食品 (作物)

名称 (作物)	性質
大豆 (ダイズ)	除草剤で枯れない 特定の成分 (オレイン酸など) を多く含む
じゃがいも	害虫に強い ウイルス病に強い
なたね	除草剤で枯れない
とうもろこし	害虫に強い 除草剤で枯れない
わた (綿)	害虫に強い 除草剤で枯れない
てんさい (砂糖大根)	除草剤で枯れない
アルファルファ	除草剤で枯れない
パパイヤ	ウイルス病に強い

(2012 年 3 月現在)

換え食品はほとんど流通していない．

　遺伝子組換え食品推進派は，メリットとして，① 消費者ニーズに沿った栄養成分や機能性成分に富む農作物，日持ちのよい農作物，アレルギー原因物質を除いた食品などの生産，② 生産力の飛躍的向上による食料問題解決への貢献，低温・乾燥・塩害などの不良環境や病虫害に強い農作物の開発，③ 遺伝子組換え食品は安全である，と主張している．一方，遺伝子組換え食品反対派は，① 食品としての安全性，アレルギー誘発の可能性，② 環境への組換え遺伝子の拡散，生態系の撹乱，③ 有機栽培など周囲の農業生産への影響，遺伝的多様性の喪失，④ 企業による食料支配，遺伝子特許の問題，⑤ 無意識での摂取や間接的な摂取 (ダイズやトウモロコシは飼料として使用されているので，間接的に畜産品や乳製品として摂取しているのではないか) などをあげている．

　最近，**バイオハザード**という言葉の意味が変化してきている．この言葉は，有害な生物による危険性を意味し，古くは病原体などを含有する危険物をさしてきたが，20世紀末頃からは，雑草や害虫を強化しかねない遺伝子組換え作物などもこの概念に含まれてきている．つまり，環境中に放出された改変遺伝子や生物はウイルスや生物体として増殖し，私たち自身や子孫，あるいは他の生物種を病気にさせる危険性がある．地球上の生態系そのものを脅かす可能性も懸念される．

13.2　生命技術と倫理

　「遺伝子操作は，自然の掟に反するのではないか」という考え方がある．しかし，一方で，「遺伝子組換え技術は，バクテリアなどが自然界で遺伝子を組み換える現象を人間が学び，応用したものである」という考え方もある．また，遺伝子操作に限らず，従来の品種改良でも同様の操作をしているともいえる．

　しかし，急速な生態系の変化が，予期せぬ結果をもたらす可能性もある．今日まで，人間中心主義が技術を進歩させてきたが，一方で，極度な自然破壊，環境破壊をも容認してきたという面もある．「病気や障害はごめんだ」，「長生きしたい」，「わが子には少しでも有利な特性を授けてやりたい」．人間は，これまで自分にとって価値のある生物を乱獲したり，あるいは保護したりして利用してきた．また，それ以外の生物は，知らないうちに絶滅させたり，有害であるという判断で積極的に排除したりしてきた．生態系全体を考えると，ある生物が絶滅すると，生態系自体に大きな変動が起きる可能性があり，次世代の人類や生態系に悪影響を与えるかもしれない．

　一般に，倫理的な問題は，時代背景，文化や宗教の違いなどの影響を大きく受けるという特徴があり，コンセンサスを見つけるのは難しい．1970年頃，バイオテクノロジーの発展を背景に，生命の意味を考え直し，新たな倫理を構築しようとする**バイオエシックス** (bioethics) という学問分野ができた．遺伝

まとめ

子診断，人工妊娠中絶，代理母出産，脳死，臓器移植，安楽死・尊厳死，インフォームドコンセント，終末期医療，ヒトクローン研究などが課題となっている．実験動物の扱い，遺伝子組換えによるバイオハザードの規制，遺伝子組換え作物による遺伝子汚染なども検討すべき課題である．

　生物多様性の保全に関する条約としては，1971年に湿地保全を目的としたラムサール条約，1973年に野生動物の国際取引管理を目的としたワシントン条約が締結された．1992年にリオ・デ・ジャネイロ(ブラジル)で国連環境開発会議(地球サミット)が開催され，「生物の多様性に関する条約」が採択された．この条約では，生物多様性の保全，その構成要素の持続可能な利用，遺伝資源の利用から生ずる利益の公正な配分を目的としている．

　生命技術は，それをどのように使うかによって善にも悪にもなりうる．ヒトの健康への影響はないからと判断して，改変された遺伝子や遺伝子組換え生物などを，無制限に環境に放出していると，いずれ自然界から直接的あるいは間接的に思わぬ生物学的危害(バイオハザード)を被るかもしれない．今，私たち(特に科学者や医療人)には，自然に対する畏れや，人類のみならず全生命を取り扱う倫理観が求められている．そのためには，生命の不思議さと尊さを理解しなければならない．

■まとめ
- 生命技術(バイオテクノロジー)は生物学の知見をもとに，生物のもっている働きを人々の暮らしに役立てる技術である．一方で，バイオハザードが懸念されている．
- ゲノムプロジェクトは，DNA塩基配列をすべて読みとるというプロジェクトである．生命の理解が深まると同時に，一方で，個人情報やプライバシーの問題や特許係争などが懸念されている．
- ポストゲノム科学は，ゲノム創薬やテーラーメイド医療など様々な分野で応用が期待されている．
- 同一の遺伝子をもつクローン動物を作り出すことができるようになり，医療や畜産漁業などへの応用が期待される．一方で，クローン人間を生み出す危険性などの問題がある．
- 遺伝病などに対して，遺伝子治療が開発された．一方で，副作用や発がん性が懸念されている．
- 不妊治療や出生前の遺伝子診断などの生殖医療が進歩している．遺伝子改変ベビーの誕生も可能性があり，子どもを産む親側の権利と遺伝子改変される子ども側の尊厳についての諸問題がある．
- 再生医療分野では，ES細胞，iPS細胞などの開発と応用が進められている．一方で，発がん性や倫理的問題がある．
- 食品の分野では，遺伝子組換えによる農産物の効率的な品種改良技術が開発されている．一方で，健康や生態系への影響が懸念されている．
- 生命技術と倫理に関して，様々な国際的取り決めが行われている．今後も新しい生命技術に対応できる倫理観をもつことが大切である．

■演習問題

13.1 以下の空欄にあてはまる適切な語句を下の選択肢から選べ．ただし，同じ語句を複数回使用してもよい．

(1) [①]技術 (バイオテクノロジーともいう) は生物学の知見をもとに，生物のもっている働きを人々の暮らしに役立てる技術である．一方で，思わぬ[②] (生物学的危害ともいう) が懸念されている．

(2) [③]は，DNA 塩基配列をすべて読みとるというプロジェクトである．生物種間のゲノムの比較を可能にし，生命の理解が深まった．一方で，個人情報や[④]の問題や特許係争が懸念されている．

(3) ポストゲノムの時代に入り，ゲノム創薬や，患者個人の遺伝子情報に基づいて最適な医療を提供する[⑤]医療など，様々な分野で応用が期待されている．一方で，その利用に伴い，差別や[⑥]などの問題が生じることが懸念されている．

(4) [⑦]動物という同一の遺伝子をもつ生物を作り出すことができるようになった．医療や畜産漁業などへの応用が期待される．一方で，[⑦]人間を生み出す可能性などの問題がある．

(5) [⑧]治療という，遺伝病などに対して，外から遺伝子を導入することで，治療する方法が開発された．一方で，副作用や[⑨]が懸念されている．

(6) 生殖医療として，不妊治療の技術が開発された．また，出生前の[⑩]診断が可能になった．さらには[⑪] (遺伝子改変ベビーともいう) の誕生も可能性が出てきた．そのような子どもをつくり産む親側の権利と，遺伝子改変される子ども側の人権や[⑫]やプライバシーについての諸問題が生じることが懸念されている．

(7) 再生医療の分野では，自分の細胞から臓器を再生し，移植する技術が開発されつつある．[⑬]細胞が開発され，臨床応用が急がれている．応用に際して，[⑭]など解決すべき問題も残されている．

(8) 遺伝子組換え生物や，品種改良を効率的に行う技術が開発されてきた．[⑮]食品は，すでに，多くの農産物に応用されている．私たちはそれらを加工食品として口にしていることが多い．一方で，ヒトの健康や[⑯]系や環境への影響が懸念されている．

(9) 世界各国や科学者の間で，生命技術に関する様々な取り決めが行われている．今後，新しい生命技術が出てくるだろう．私たちはそれに対応できるような高い[⑰]観をもつことが大切である．

【選択肢】 iPS, 遺伝子, 遺伝子組換え, クローン, ゲノムプロジェクト, 生態, 生命, 尊厳, デザイナーベビー, テーラーメイド, バイオハザード, 倫理, 発がん性のリスク, プライバシー

演習問題解答

1 章

1.1 ① ヌクレオチド　② 2-デオキシリボース　③ 4　④ 二重らせん　⑤ チミン　⑥ シトシン　⑦ 20　⑧ アミノ酸　⑨ ペプチド　⑩ 単糖　⑪ グリコシド　⑫ 糖転移酵素　⑬ グリセロリン脂質　⑭ 脂肪酸　⑮ リン酸

1.2 DNA は二重らせんであり，その太さは約 2 nm である．一方，長さは 10 塩基対あたり 3.4 nm であり，ヒト細胞に含まれる全遺伝子配列は 60 億塩基対であるから，0.34×10^{-9} (m) $\times 6 \times 10^9 =$ 約 2 m となる．実際には，染色体に分かれているので (ヒトの場合 23 対)，染色体あたり平均的には約 200 cm/23 = 約 9 cm となる．したがって，細長い糸状の分子である．

1.3 タンパク質の大きさの違いは，基本的にはアミノ酸残基数の違いである．タンパク質の電荷の違いは，基本的には塩基性アミノ酸と酸性アミノ酸の数の違いに基づく．翻訳後修飾によって塩基性の側鎖が修飾を受けて中性になったり，中性の側鎖に酸性基が付加したりすることによって，電荷が大きく影響を受けることもよく知られている．

1.4 この 2 つの単糖の構造の違いは 4 番目に付加しているヒドロキシ基の配位の違いである (図 1.9)．グリコサミノグリカンの中で，コンドロイチン硫酸とデルマタン硫酸は，N-アセチルガラクトサミンとウロン酸 (グルクロン酸またはイズロン酸) の繰返し構造である．ヘパラン硫酸は，N-アセチルグルコサミンとウロン酸 (グルクロン酸またはイズロン酸)，ケラタン硫酸は，N-アセチルグルコサミンとガラクトースの繰返し構造である (図 1.10).

2 章

2.1 (1)　**2.2** (1), (3)　**2.3** 粗面小胞体，糖鎖，分泌顆粒　**2.4** (1)　**2.5** (3), (4)

3 章

3.1 ① 酵素　② 触媒　③ タンパク質　④ 温度　⑤ pH　⑥ 酸性　⑦ 基質　⑧ 補酵素
3.2 (1)　**3.3** (2)　**3.4** 2 分子　**3.5** (1)　**3.6** (2)　**3.7** (2)
3.8 ① 独立栄養　② 光合成　③ デンプン　④ 光　⑤ 水　⑥ 二酸化炭素　⑦ NADPH

4 章

4.1 (1) ウ　(2) ア　(3) エ　(4) イ　**4.2** (2), (4)
4.3 ① オ　② カ　③ ケ　④ エ　⑤ ア　⑥ ク　⑦ ウ　⑧ キ　⑨ イ
4.4 ES 細胞は，受精卵の発生初期の未分化な細胞をさし，様々な組織細胞に変化することができる．一方，iPS 細胞は，分化した体細胞に特定の遺伝子を導入することで，本来不可逆である細胞分化を発生初期にまで戻し (初期化し) 未分化状態にした細胞をさす．

5 章

5.1 (1) 分離の法則　(2) 優性の法則　(3) 独立の法則
5.2 [丸形／黄色]：[丸形／緑色]：[シワ形／黄色]：[シワ形／緑色] = 1 : 1 : 1 : 1

5.3 A と B の間に C がある.

5.4 ① 女子　② 男子　③ X　④ X　⑤ 男子　⑥ 伴性遺伝　⑦ 酵素　⑧ 一遺伝子一酵素

5.5 (3)

5.6 (1) A 型または B 型　(2) A：B：O：AB ＝ 1：1：0：2　(3) AB 型と O 型の組み合わせ　(4) AB 型

6 章

6.1 ヒトインスリン遺伝子の遺伝暗号は，大腸菌でも同じように読み取ることができる.

6.2 セントラルドグマとは，遺伝情報を含む DNA が複製保存され，DNA から RNA へと転写，RNA からタンパク質へと翻訳されるという方向性を示したものであり，分子生物学の教義であった．ところが，テミンとボルティモアは，RNA を鋳型として DNA を合成する逆転写酵素を発見した．この酵素の遺伝子をもつウイルスはレトロウイルスとよばれ，感染した宿主細胞内でウイルスのゲノムである一本鎖 RNA を DNA に変換する．つまり，遺伝情報が RNA から DNA と伝達される場合があり，セントラルドグマの例外が発見された.

6.3 Met‐Val‐Arg‐Glu‐Cys‐Asn‐Leu‐Gly‐Gly‐Ala‐Gln‐‥‥‥‥

6.4 細菌のリボソームは 70 S の沈降係数をもつが，ヒトのリボソームは 80 S の沈降係数をもつ．タンパク質合成機能は同じだが，大きさが異なり，構造も構成分子も少しずつ違いがある．これらの抗生物質は細菌のリボソームの特異的構成分子に結合してタンパク質合成を阻害することで選択毒性を発揮する.

7 章

7.1 バリア機能とフェンス機能．バリア機能は，分子が上皮細胞どうしの間を通過するのを防ぐ働きのことである．一方，フェンス機能は，上皮細胞の頂端面側に局在する物質と基底面側に局在する物質が細胞膜上で混ざり合うのを防ぐ働きのことである.

7.2 (1) クローディン，アクチンフィラメント　(2) カドヘリン，アクチンフィラメント
(3) デスモソームカドヘリン，ケラチンフィラメント　(4) インテグリン，ケラチンフィラメント
(5) インテグリン，アクチンフィラメント

7.3 (1) 網様結合組織，骨髄・脾臓・リンパ節　(2) 骨組織，骨　(3) 線維性結合組織，腱組織・靭帯
(4) 膠質性結合組織，へその緒

7.4 ① G タンパク質　② 7　③ GDP　④ GTP　⑤ エフェクター　⑥ サイクリック AMP (cAMP)　⑦ 二次メッセンジャー

8 章

8.1 (1) リパーゼ　(2) アミラーゼ　(3) ペプシン　(4) トリプシン

8.2 口→ (5) → (8) → (2) → (7) → (11) → (1) → (3) → (6) → (10) → (9) → (4) →肛門

8.3 (3)　　**8.4** (7) → (10) → (5) → (2) → (3) → (8) → (9) → (1) → (4) → (6)

8.5 (1) 水晶体　(2) 桿体細胞　(3) 半規管　(4) 表皮 (メラニン細胞)　(5) 表皮 (メルケル細胞)

9 章

9.1 ① 中枢神経系　② 末梢神経系　③ 体性神経系　④ 自律神経系　⑤ 運動神経　⑥ 感覚神経
⑦ 交感神経　⑧ 副交感神経　**9.2** (3)

9.3 (1) アセチルコリン　(2) ノルアドレナリン　(3) α 受容体，β 受容体
(4) ニコチン性受容体，ムスカリン性受容体

9.4 (1) ミクログリア　(2) オリゴデンドログリア　(3) アストロサイト

演習問題解答　　　185

9.5 ① 静止　② 脱分極　③ 活動電位　④ 有髄　⑤ 髄鞘　⑥ ランビエ絞輪　⑦ 跳躍　⑧ シナプス　⑨ 樹状突起　⑩ 効果器

9.6 (1) パーキンソン病　(2) 重症筋無力症　(3) アルツハイマー病

10 章

10.1 (1) ① 細菌　② 真菌　③ ウイルス　④ 常在菌　⑤ 日和見
(2) ① 抗原　② 記憶　③ 急速　④ 大量
(3) ① グロブリン　② 2　③ H(重)　④ 2　⑤ L(軽)　⑥ 可変　⑦ 定常　⑧ 5
(4) ① 組織適合　② HLA
(5) ① アレルゲン　② 肥満　③ ヒスタミン
(6) ① 寛容　② 自己免疫
(7) ① HIV　② ヘルパー T

10.2 (1) B 細胞　(2) マクロファージ　(3) 好中球　(4) T 細胞
(5) ナチュラルキラー細胞 (NK 細胞)　(6) 樹状細胞

10.3 ヒント：10.2.3 項，10.2.5 項を参照せよ

11 章

11.1 (1) がんは，がん細胞を完全に除去すれば完治する．その方法は，おもに外科的手術，放射線，薬物の使用であるが，どの場合も完全な除去が達成できない場合もあり，それらの効果の改善が望まれている．
(2) がんは変異など，遺伝子の傷によって生じるので，がん細胞を構成するタンパク質には変異がある場合も多く，また成熟個体では発現の低い分子が発現することも多く，強い免疫応答を起こす．
(3) 伝統的に使われているがん治療薬は，細胞毒性の強いものがほとんどであり，正常な増殖性の細胞に傷害を与えることが多かった．最近では，分子標的薬や，本文中には述べていない分化誘導薬，血管新生阻害薬などでは，細胞毒性に由来する副作用はみられない．
(4) 多くのがんでその発生における遺伝的背景の関与の方が，タバコなどの生活習慣や環境因子の関与より軽微である．

11.2 (1), (2), (3) は正しい．(4) は正しくない (これ以外にも存在するから)．

11.3 ① 免疫　② 肺　③ 基底層　④ 門脈　⑤ 肝臓　⑥ 間葉　⑦ がん幹　⑧ 増殖因子

12 章

12.1 (1), (2) 真正細菌界　(3) 菌界　(4) 植物界　(5), (6) 動物界　(7) 原生生物界　(8) 古細菌界

12.2 (3), (4)　**12.3** (3)

12.4 (1) 遺伝的浮動　(2) 遺伝的多様性　(3) 自然選択

12.5 (1) 成層圏において，紫外線により酸素分子が酸素原子に解離し，生じた酸素原子が酸素分子と結びついて生成する．
(2) 生物に有害な紫外線のエネルギーを吸収する役目を果たしている．
(3) 紫外線によってクロロフルオロカーボン類から塩素原子が生成し，これらがオゾンを酸素と一酸化塩素に分解する．

13 章

13.1 ① 生命　② バイオハザード　③ ゲノムプロジェクト　④ プライバシー　⑤ テーラーメイド　⑥ プライバシー　⑦ クローン　⑧ 遺伝子　⑨ 発がん性のリスク　⑩ 遺伝子　⑪ デザイナーベビー　⑫ 尊厳　⑬ iPS　⑭ 発がん性のリスク　⑮ 遺伝子組換え　⑯ 生態　⑰ 倫理

索　引

英数字

7回膜貫通型受容体　95
ABO式血液型　64
ADA欠損症　176
ADCC　141
AIDS　143
ATP　18, 35
ATP合成酵素　36
β酸化　33
B細胞　137
DNA　2, 70
DNAポリメラーゼ　74
DNAリガーゼ　74
ES細胞　49, 178
Fアクチン　24
Fc領域　141
Gアクチン　24
Gタンパク質　95
Gタンパク質共役型受容体　95
H鎖　139
HIV　143, 144
HLA　66, 142
iPS細胞　50, 178
L鎖　139
MHC　142
mRNA　75
NK細胞　137
PCR　82
RNA　4, 71
RNA干渉　84
RNA酵素　75
RNAポリメラーゼ　75
rRNA　75
T細胞　137
T細胞抗原受容体　137
TCAサイクル　21, 33
tRNA　75
VEGF　155
X染色体　61
Y染色体　61

あ行

アクチビン　51
アクチン　93, 114
アクチンフィラメント　24
アストロサイト　125
アセチルコリン　123
アディポネクチン　37
アデニン　4
アナフィラトキシン　140

アポ酵素　30
アポトーシス　21, 53
アミド結合　7
アミノアシルtRNA　79
アミノ酸　6
アルカプトン尿症　63
アルギニン　62
アルコール発酵　33
アルツハイマー病　129
アレルギー　142
アレルギー性疾患　142
アレルゲン　142
アンカプラー　36
アンチコドン　79
胃　101
イオンチャネル共役型受容体　94
異化　32
易感染状態　143
閾値　126
移植　149
移植片拒絶反応　142
一遺伝子一酵素説　63
一遺伝子一ポリペプチド説　63
一倍体　44, 69
一倍体細胞　16
遺伝　3
遺伝暗号　78
遺伝形質　55
遺伝子　2, 69
遺伝子改変ベビー　178
遺伝子組換え技術　173
遺伝子組換え作物　179
遺伝子工学　173
遺伝子セット　69
遺伝子操作　173
遺伝子ターゲティング法　84
遺伝子治療　176
遺伝子ノックアウトマウス　84
遺伝子ノックダウン　84
遺伝情報　69
遺伝多型　66
遺伝的組換え　45
遺伝的多様性　45, 169
遺伝的浮動　169
医薬品　10
インスリン　37, 104
インテグリン　91
イントロン　76
ウイルス　133
ウラシル　4
運動神経　119, 120, 122

エイズ　143
栄養生殖　43
栄養要求性　62
エキソサイトーシス　20
エキソン　76
エディアカラ化石群　163
エーテル結合　11
エネルギー代謝　34
エピジェネティクス　151
エムデン-マイヤーホフ経路　32
塩基配列　71
塩基配列決定法　81
延髄　120, 121
エンドサイトーシス　21
横紋筋　92, 114
岡崎フラグメント　74
オーガナイザー　51
オゾン　170
オゾン層　163
オゾン層破壊　170
オゾンホール　171
オータコイド　114
オートファジー　53
オプソニン作用　140
オープンリーディングフレーム (ORF)　78
オリゴデンドログリア　125
オルガネラ　17
温室効果ガス　171

か行

科　164
界　164
開始コドン　78
回腸　102
解糖系　32
海馬　121
外鼻　112
化学合成細菌　165
化学進化説　161
蝸牛　111
核　2, 19, 170
核酸　4
核質　19
核小体　19
獲得免疫　136
核内受容体　98
核膜　19
角膜　110
核膜孔　19
カスパーゼ　53

索　引

家族性がん　151
割球　48
活性化エネルギー　30
滑走　93
活動電位　126
滑面小胞体　20
カドヘリン　90, 154
カルシノーマ　147
カルタヘナ議定書　176
カルタヘナ法　176
カルビン-ベンソン回路　40
がん　147
　　——の個性診断　157
　　——の個別化医療　158
　　——の診断　157
　　——の治療　157
　　——の予防　156
癌　147
がん遺伝子　150
がんウイルス　148
がん化　148
感覚器　110
感覚神経　119, 120, 122
がん幹細胞　154
眼球　110
がん原遺伝子　148
幹細胞　48, 154
がん細胞　150, 153
癌腫　147
冠状動脈　107
肝小葉　103
感染　133
感染症　133
肝臓　103
がん転移　155
間脳　120, 121
カンブリア大爆発　163
がん抑制遺伝子　151, 152
がんワクチン　156
偽陰性　157
記憶　134
記憶 B 細胞　140
気管　105
気圏　170
基質　29
基質特異性　31
基底膜　88
基底面　88
キネシン　25
逆転写酵素阻害薬　144
ギャップ結合　90
嗅細胞　112
橋　120
競合的阻害　31
偽陽性　157
胸腺　129, 137
共優性　64
拒絶反応　66
キラー T 細胞　141
筋　113
菌界　164
筋原線維　92
金属酵素　30

筋組織　87, 92
筋肉細胞　17
グアニン　4
空腸　102
クエン酸回路　21, 32, 33
屈筋反射　122
クッパー細胞　104
組換え　60
組換え DNA 技術　81
グリア細胞　94, 125
グリコシド結合　11
クリステ　21
グリパニア　163
グルカゴン　104
グルコーストランスポーター (GLUT)
　19
クロマチン　5, 19
クロロフィル　38
クロロフルオロカーボン類　170
クローン選択説　139
クローン動物　175
軽鎖　139
形質　55
形成体　51
形態形成　50
系統　164
外科的切除　157
血液型　64
血液型物質　65
血管　108
血管新生　155
血管内皮細胞増殖因子　155
血球　108
結合組織細胞　17
血清療法　144
血友病　62
ゲノム　5, 16, 69, 174
ゲノム創薬　175
ケモカイン　155
ケラチノサイト　112
ケラチンフィラメント　90
原核細胞　2, 15
嫌気呼吸　33
減数分裂　22, 44
原生生物界　164
コアセルベート仮説　161
綱　164
高エネルギーリン酸結合　35
抗炎症薬　157
効果器　119
交感神経　120, 122
好気性生物　163
口腔　101
攻撃システム　135
抗原　138
抗原抗体反応　138
抗原断片　140
抗原提示　136, 140
光合成　2, 38, 39, 165
交叉　45, 60
虹彩　110
恒常性　114

抗生物質　134
酵素　10, 29
酵素タンパク質　29
酵素反応　29
酵素連結型受容体　96
抗体　138
抗体依存性細胞傷害　141
抗体医薬品　145
好中球　137
後天性免疫　136
後天性免疫不全症　143
興奮　126
五界説　15, 164
呼吸器　105
極長鎖脂肪酸　22
古細菌　15
古細菌ドメイン　164
骨格筋　114
骨髄　137
コドン　5, 78
コネキシン　90
鼓膜　111
ゴルジ体　2, 20
コルヒチン　25
コレステロール　12

さ　行

細菌　133
再生医学　178
再生医療　178
最適温度　29
サイトカイン　94, 97, 137
細胞　2
細胞外マトリックス　11, 91
細胞結合　89
細胞骨格　24
細胞質　2
細胞周期　23
細胞小器官　17
細胞浸潤　149
細胞性免疫　135, 136, 138, 142
細胞体　93, 124
細胞分化　49
細胞分裂　22
細胞膜　2, 18
細胞膜糖タンパク質　142
細胞融合　175
酸化的リン酸化　36
三ドメイン説　164
シアノバクテリア　162
紫外線　170
軸索　93, 124
シグナル配列　25
自己抗体　129
自己貪食作用　53
自己複製　3
自己免疫疾患　143
支持細胞　93
支持組織　87, 91
脂質　4, 12
視床　121
視床下部　121

耳小骨　111
ジスルフィド結合　7
自然選択　169
自然免疫　135
舌　112
膝蓋腱反射　122
シトクロム　35
シトクロム P450　38
シトシン　4
シナプス　124, 127
脂肪酸　12
脂肪酸 β 酸化系　21
姉妹染色分体　45
縞状鉄鉱層　163
種　164
重鎖　139
終止コドン　78
重症筋無力症　128
従属栄養生物　31, 166
十二指腸　101
樹状細胞　136, 156
樹状突起　93, 124
受精　47
出芽　43
出生前診断　177
受動輸送　18
シュペーマンの実験　51
腫瘍　147, 153, 155
受容器　119
主要組織適合遺伝子複合体　142
主要組織適合抗原　66
受容体　94
腫瘍マーカー　157
シュワン細胞　93, 124
循環器　106
消化器　101
硝化細菌　167
常在菌　133
硝子体　111
常染色体　61
小腸　102
焦点接着　91
小脳　120, 121
上皮間葉転換　154
上皮細胞　17, 89, 154
消費者　165
上皮組織　87, 88
小胞体　2, 20
初期化　50
食作用　135, 140
植物界　164
食物網　166
食物連鎖　166
自律神経系　120, 122
腎盂　109
進化　163, 168
真核細胞　2, 15
真核生物　163
真核生物ドメイン　164
心筋　114
真菌　133
神経系　119

神経膠細胞　94, 125
神経細胞　93, 124
神経鞘細胞　93
神経組織　87, 93
神経組織細胞　17
心室　106
真正細菌　15
真正細菌ドメイン　164
心臓　106
腎臓　109
心房　106
随意運動　122
随意筋　92
水圏　170
髄鞘　93, 124
水晶体　111
膵臓　104
ストップコドン　78
ストロマトライト　163
スーパーソレノイド　19
スプライシング　77
制限酵素　81
生合成　4
生産者　165
静止期　23
静止電位　126
生殖医療　177
生殖細胞　16, 46
精製　10
性染色体　61
成層圏　170
生態系　165
生体高分子　4
生体防御　135
生体膜　12, 17
生物学的危害　181
生物群集　165
生物圏　170
生物工学　173
生物多様性　164
生物の多様性に関する条約　181
生命技術　173
赤外線　171
脊髄　120, 122
脊髄反射　122
接合　44
接合子　44
接続複合体　89
接着結合　90
染色質　19
染色体　19, 22
染色体説　59
染色分体　22
全身性疾患　143
先天性代謝異常症　63
先天性免疫　135
先天性免疫不全症　143
セントラルドグマ　77
走化性因子　140
臓器特異的疾患　143
相同染色体　22, 45, 59
相補性　72
属　164

促進拡散　19
組織　87
組織適合抗原　142
疎水結合　13
ソマトスタチン　104
粗面小胞体　20
ソレノイド　19

た 行

第一相反応　38
体液性免疫　135, 136, 138, 141
体外受精　177
体外診断　157
対合　45
体細胞　16, 175
体細胞クローン羊　175
体細胞分裂　44
代謝　32
体性幹細胞　49
体性神経系　120, 122
大腸　103
第二相反応　38
ダイニン　25
大脳　120
大脳基底核　121
対立遺伝子　57, 169
対立形質　55
対流圏　170
大量絶滅　163
多細胞生物　2, 87, 163
多段階発がん　153
脱共役剤　36
脱窒素細菌　167
多分化能　175
単細胞生物　2, 87
胆汁酸　104
単純拡散　19
単糖　10
胆嚢　103
タンパク質　4, 6
地殻　170
地球温暖化　170, 171
地球サミット　181
地圏　170
窒素固定細菌　167
チミン　4
中間径フィラメント　24
中間圏　170
中枢神経　119
中枢神経系　120
中脳　120, 121
中立説　169
中立突然変異　168
超界　164
超生物界　16
頂端面　88
跳躍伝導　94, 127
デオキシリボ核酸　2, 70
デザイナーベビー　178
デスモソーム　90
デスモソームカドヘリン　90
テーラーメイド医療　175

索引

転移　149
電子伝達系　21, 36
転写　4, 75
伝達　125
伝導　125
糖　10
洞　106
同化　32
瞳孔　110
糖鎖　4, 11
糖新生　36
糖タンパク質　11
糖転移酵素　11
動物界　164
独立栄養生物　31, 166
独立の法則　57
独立分配　169
突然変異　168
ドーパミン　131
ドメイン　16, 164
トランスファー RNA　75
トランスポーター　19
トランスポート　18
トリアシルグリセロール　36
トリプレット　78

な 行

内分泌系　114, 119
内分泌腺　114
ナチュラルキラー細胞　137
二価染色体　45
ニコチン性アセチルコリン受容体　95
二次応答　144
二重らせん　4, 72
二倍体　44, 69
二倍体細胞　16
二命名法　164
乳酸発酵　33
乳頭　112
ニューロン　124
尿管　109, 110
尿細管　109
尿道　110
ヌクレオソーム　5, 19
ヌクレオチド　4
ネガティブフィードバック　116
ネクローシス　53
熱圏　170
ネフロン　109
脳　120
脳幹　120
能動輸送　18
乗換え　60, 169
ノルアドレナリン　123

は 行

肺　106
胚移植　177
バイオエシックス　180
バイオテクノロジー　173
バイオハザード　180, 181
配偶子　44
肺サーファクタント　106
胚性幹細胞　49, 178
胚のう　46
肺胞　106
パーキンソン病　130
バソプレシン　110
発がん性　148
白血球　136
鼻　112
バリア機能　89
バリアシステム　135
ハロン類　170
半規管　111
反射　122
伴性遺伝　62
半保存的複製　74
非競合的阻害　31
鼻腔　112
微小管　24, 25
ヒストン　5
脾臓　138
ヒトゲノム　69, 174, 175
ヒトゲノム計画　174
ヒトゲノムプロジェクト　174
ヒト免疫不全ウイルス　143
泌尿器　108
皮膚　112
肥満細胞　137
病理診断　149
日和見感染　134, 143
ピリミジン　4
ビリルビン　104
ファーマコゲノミクス　175
部位特異的突然変異導入法　82
フィードバック調節　31
フェニルケトン尿症　63
フェンス機能　89
副交感神経　120, 122
複製　73
複製フォーク　74
複対立遺伝子　64
不随意筋　92
物質代謝　32
物質輸送　18
不飽和脂肪酸　14
プリン　4
プログラム細胞死　52
プロテアーゼ阻害薬　144
プロテアソーム　20
フロン　170
分解者　166
分子生物学　3
分子標的治療薬　151
分子標的薬　157
分離の法則　57
分裂　43
平滑筋　92, 114
ベクター　81
ヘテロ接合体　60
ペプシノーゲン　101
ペプチドグリカン　19
ペプチド結合　7
ヘミデスモソーム　91
ペルオキシソーム　22
ヘルパー T 細胞　140
扁桃体　121
膀胱　110
抱合反応　38
放射線治療　157
紡錘体　46
補酵素　30
ホスホジエステル結合　4
補体　140
補体成分　140
ポマト　179
ボーマン嚢　109
ホメオスタシス　114
ホメオティック遺伝子　50
ホモ接合体　60
ポリペプチド　6
ポリメラーゼ連鎖反応　82
ホルモン　114
ホロ酵素　30
翻訳　77
翻訳後修飾　7

ま 行

膜侵襲複合体　140
膜輸送　26
マクロファージ　37, 136
マスター遺伝子　50
マスト細胞　137
末梢神経系　120
マトリックス　21
マトリックス分解酵素　155
マントル　170
ミエリン鞘　93
ミオシン　25, 92, 114
ミクログリア　125
密着結合　89
ミトコンドリア　2, 21
未分化細胞　48
耳　111
味蕾　112
無糸分裂　22
無髄神経線維　124
無髄線維　94
娘細胞　22
無性生殖　43
眼　110
メタボリックシンドローム　37
メッセンジャー RNA　75
メラニン細胞　112
免疫　134
免疫応答　144, 148, 156
免疫寛容　143
免疫記憶　144
免疫グロブリン　139
免疫不全　143
免疫不全症　143
免疫不全マウス　149
免疫抑制　156
免疫抑制薬　156
メンデルの研究　56

メンブレントラフィック　26
網膜　111
目　164
モータータンパク質　25
門　164
門脈　103

や　行

薬剤耐性菌　134
薬物代謝　37
薬物代謝酵素　37
薬物治療　157
有糸分裂　22
有髄神経線維　124
有髄線維　94
優性形質　56
有性生殖　43
優性の法則　56
誘導　51

輸送体　18
ユビキノン　35
葉緑体　2, 39
予防接種　134
予防接種法　144

ら　行

ラウンドアップ　179
ラギング鎖　74
ラムサール条約　181
卵割　48
ランゲルハンス島　104
藍藻類　162
ランビエ絞輪　94, 124
リガンド　94
リソソーム　21
リーディング鎖　74
リボ核酸　4, 71

リボザイム　75
リボソーム　80
リボソーム RNA　75
リン酸化　96
リンネ式階層分類体系　164
リンパ器官　137
リンパ節　138
倫理観　181
類洞　103
レセプター　94
劣性形質　56
連鎖　59
六界説　164

わ　行

ワクチン　134, 144, 156
ワクチン療法　144
ワシントン条約　181

■編者

辻　勉（つじ　つとむ）　5章
1976年　東京大学薬学部薬学科卒業
1981年　東京大学大学院薬学系研究科博士課程修了
現　在　星薬科大学教授，薬学博士

入村達郎（いりむら　たつろう）　編集委員長，1, 11章
1971年　東京大学薬学部薬学科卒業
1974年　東京大学大学院薬学系研究科博士課程中退
現　在　聖路加国際病院医療イノベーション部，薬学博士

■著者

田沼靖一（たぬま　せいいち）　2章
1975年　東京理科大学薬学部薬学科卒業
1980年　東京大学大学院薬学系研究科博士課程修了
現　在　東京理科大学教授，薬学博士

杉浦隆之（すぎうら　たかゆき）　3章
1977年　東京大学薬学部薬学科卒業
現　在　帝京大学教授，薬学博士

渡辺恵史（わたなべ　よしふみ）　4章
1981年　東京大学薬学部薬学科卒業
1986年　東京大学大学院薬学系研究科博士課程修了
現　在　武蔵野大学教授，薬学博士

山口直人（やまぐち　なおと）　6章
1978年　千葉大学薬学部製薬化学科卒業
1983年　東京大学大学院薬学系研究科博士課程修了
現　在　千葉大学教授，薬学博士

川島博人（かわしま　ひろと）　7章
1988年　東京大学薬学部薬学科卒業
1993年　東京大学大学院薬学系研究科博士課程修了
現　在　静岡県立大学准教授，博士（薬学）

阿刀田英子（あとうだ　ひでこ）　8章
1972年　千葉大学薬学部製薬化学科卒業
1978年　東京大学において薬学博士の学位取得（論文博士）
現　在　明治薬科大学教授，薬学博士

中舘和彦（なかだて　かずひこ）　8章
1994年　東北大学理学部生物学科卒業
2001年　大阪大学大学院医学系研究科博士課程修了
現　在　明治薬科大学准教授，博士（医学）

宇都宮 郁（うつのみや いく） 9章
1984年 東京大学薬学部薬学科卒業
現　在 昭和薬科大学教授，博士（薬学）

築地 信（ついじ まこと） 10章
1994年 東京大学薬学部薬学科卒業
1997年 東京大学大学院薬学系研究科博士課程中退
現　在 星薬科大学准教授，博士（薬学）

酒巻利行（さかまき としゆき） 12章
1992年 東京大学薬学部薬学科卒業
1998年 東京大学大学院薬学系研究科博士課程修了
現　在 新潟薬科大学教授，博士（薬学）

平野和也（ひらの かずや） 13章
1987年 東京大学薬学部薬学科卒業
1993年 東京大学薬学系大学院博士課程修了
現　在 東京薬科大学講師，博士（薬学）

Ⓒ　辻 勉・入村達郎　2014
2014年2月28日　初版発行

薬学生のための基礎シリーズ 6
基 礎 生 命 科 学

編　者　辻　　　　勉
　　　　入 村 達 郎
発行者　山 本　　格

発行所　株式会社　培 風 館
東京都千代田区九段南 4-3-12・郵便番号 102-8260
電 話 (03) 3262-5256 (代表)・振替 00140-7-44725

D.T.P. アベリー・中央印刷・牧 製本
PRINTED IN JAPAN

ISBN 978-4-563-08556-8 C3345